全国高等职业院校计算机教育规划教材

影视合成与特效

邓雪峰　主　编
张　健　沈翠新　韩　枫　副主编
乌云高娃　主　审

中国铁道出版社有限公司
CHINA RAILWAY PUBLISHING HOUSE CO., LTD.

内 容 简 介

Premiere Pro CC 和 After Effects CC 是由 Adobe 公司推出的非常优秀的视频剪辑和图形视频处理软件，目前广泛应用于电视台、动画制作公司、个人后期制作工作室以及多媒体工作室。

本书共 17 章，通过精心挑选和制作的范例进行讲解，在范例讲解的同时将 Premiere 和 After Effects 的知识点融入其中，通过这些范例的学习，读者可以举一反三，更容易掌握影视剪辑与特效的精髓。

本书按照软件功能及应用来进行编排，范例遵循从易到难、循序渐进的原则，每章既有基础的实例，也有综合的实例。读者将从中学到数字音频格式与素材准备、非线性编辑技术、转场效果、运动效果、不透明度与抠像、字幕、视频效果、音频效果、影片的输出、After Effects 基础、蒙版与抠像、文字效果、3D 图层、内置特效、粒子运动、跟踪运动与稳定运动、综合实例《环保宣传短片》等内容。每个大型案例都有非常详细的讲解。本书配套光盘内容为本书案例相关的素材、工程文件、效果文件。

本书适合作为高等职业院校影视动画、计算机多媒体等相关专业的教材，也可作为广大影视动画工作者的参考书。

图书在版编目（CIP）数据

影视合成与特效/邓雪峰主编．—北京：中国铁道出版社，2016.8（2020.7 重印）
全国高等职业院校计算机教育规划教材
ISBN 978-7-113-22013-6

Ⅰ．①影… Ⅱ．①邓… Ⅲ．①图象处理软件－高等职业教育－教材
Ⅳ．①TP391.41

中国版本图书馆 CIP 数据核字（2016）第 181112 号

书　　名：影视合成与特效
作　　者：邓雪峰

策　　划：王春霞　　　　**读者热线**：（010）63551006
责任编辑：王春霞
封面设计：刘　颖
封面制作：白　雪
责任校对：王　杰
责任印制：樊启鹏

出版发行：中国铁道出版社有限公司（100054，北京市西城区右安门西街 8 号）
网　　址：http://www.tdpress.com/51eds/
印　　刷：北京虎彩文化传播有限公司
版　　次：2016 年 8 月第 1 版　　2020 年 7 月第 2 次印刷
开　　本：787 mm×1 092 mm　1/16　**印张**：15　**字数**：362 千
印　　数：2 001～2 500 册
书　　号：ISBN 978-7-113-22013-6
定　　价：45.00 元

版权所有　侵权必究

凡购买铁道版图书，如有印制质量问题，请与本社教材图书营销部联系调换。电话：（010）63550836

打击盗版举报电话：（010）51873659

前言

FOREWORD

Premiere Pro CC 和 After Effects CC 是由 Adobe 公司推出的视频剪辑和图形视频处理软件。其中，Premiere Pro CC 是一款编辑画面质量很好的软件，有较好的兼容性，可以与 Adobe 公司推出的其他软件相互协作。After Effects CC 则可以高效且精确地创建引人注目的动态图形和震撼人心的视觉效果，利用其数百种预设的效果和动画，可为电影、视频、DVD 和 Flash 作品增添令人耳目一新的效果。上述软件适用于从事设计和视频特技的从业者或机构，包括电视台、动画制作公司、个人后期制作工作室以及多媒体工作室。

为此，本书选取 Premiere Pro CC 和 After Effects CC 作为教学软件，两者有很强的互补性，Premiere Pro 适合用来进行视频剪辑、音频编辑及特效，After Effects CC 则长于制作粒子爆炸、烟雾、破碎、三维动画、运动跟踪与稳定等特效效果。掌握了这些影视剪辑与合成技术，就能较好较快地适应影视动漫等行业的工作需要。

本书与其他同类书相比，具有以下特色：

（1）信息量大，大量范例能让每位初学者融会贯通、举一反三，从而快速掌握 Premiere Pro CC 和 After Effects CC 软件的使用和操作；

（2）理论与实践有机统一，以理论知识为引领，以范例制作方法的讲解与技巧总结来印证理论；

（3）实用性强，所有范例都经过精心设计，不仅效果精美，而且非常实用。

本书建议教学 64 学时，其中理论教学 10 学时，实践教学 54 学时。为了保证学习效果，每章结尾都有一些不带操作步骤的、自主发挥创意的作业。

本书由邓雪峰任主编，由张健、沈翠新、韩枫任副主编，蒋韶生参与编写，由深圳职业技术学院乌云高娃任主审。同时感谢在出书过程中给予帮助的老师。

限于编者水平，疏漏之处在所难免，敬请读者批评指正。

编　者

2016 年 4 月

目 录

CONTENTS

第1章 数字音视频格式与素材准备

本章将介绍数字音频、视频的基本概念以及数字音视频格式之间的相互转换等。

学习目标

- 熟悉数字音频、数字视频的概念；
- 了解数字音视频格式；
- 掌握音视频格式转换。

1.1 数字音视频格式

数字音频是一种利用数字化手段对声音进行录制、存放、编辑、压缩或播放的技术，它是随着数字信号数字音频处理技术、计算机技术、多媒体技术的发展而形成的一种全新的声音处理手段。

数字视频（Digital Video）是指记录数字信号的数字影像。和数字视频相对应的是过去流行的模拟视频，例如过去的荧光屏电视机（CRT）和录影带（VHS）等。但是数字视频也常被记录在录影带上，如DV录影带或专业的Digital BetaCam录影带，通常也以光盘的形式，如DVD来发行。

1.1.1 数字音频格式

数字音频是指一个用来表示声音强弱的数据序列，由模拟声音经抽样、量化和编码后得到的。简单地说，数字音频的编码方式就是数字音频格式，我们所使用的不同的数字音频设备一般都对应着不同的音频文件格式。常见的数字音频格式有：

（1）WAV格式，是微软公司开发的一种声音文件格式，也称波形声音文件，是最早的数字音频格式，被Windows平台及其应用程序广泛支持。WAV格式支持许多压缩算法，支持多种音频位数、采样频率和声道，采用44.1 kHz的采样频率，16位量化位数，因对存储空间需求太大而不便于交流和传播。

（2）MIDI（Musical Instrument Digital Interface）称作乐器数字接口，是数字音乐/电子合成乐器的统一国际标准。它定义了计算机音乐程序、数字合成器及其他电子设备交换音乐信号的方式，规定了不同厂家的电子乐器与计算机连接的电缆和硬件及设备间数据传输的协议，可以模拟多种乐器的声音。MIDI文件就是MIDI格式的文件，在MIDI文件中存储的是一些指令，把这些指令发送给声卡，由声卡按照指令将声音合成出来。

(3) CD，扩展名 CDA，其取样频率为 44.1 kHz，16 位量化位数，跟 WAV 一样，但 CD 存储采用了音轨的形式，又称“红皮书”格式，记录的是波形流，是一种近似无损的格式。

(4) MP3 全称是 MPEG−1 Audio Layer 3，它能够以高音质、低采样率对数字音频文件进行压缩。换句话说，音频文件（主要是大型文件，比如 WAV 文件）能够在音质丢失很小的情况下（人耳根本无法察觉这种音质损失）把文件压缩到更小的程度。

(5) WMA (Windows Media Audio) 是微软在互联网音频、视频领域的力作。WMA 格式是以减少数据流量但保持音质的方法来达到更高压缩率的目的，其压缩率一般可以达到 1:18。此外，WMA 还可以通过 DRM（Digital Rights Management）方案加入防止拷贝，或者加入限制播放时间和播放次数，甚至是播放机器的限制，可有力地防止盗版。

(6) MP4 采用的是美国电话电报公司（AT&T）所研发的以“知觉编码”为关键技术的 a2b 音乐压缩技术，由美国网络技术公司 (GMO) 及 RIAA 联合公布的一种新的音乐格式。MP4 在文件中采用了保护版权的编码技术，只有特定的用户才可以播放，有效地保证了音乐版权的合法性。另外 MP4 的压缩比达到了 1:15，体积较 MP3 更小，但音质却没有下降。不过因为只有特定的用户才能播放这种文件，因此其流传与 MP3 相比差距甚远。

(7) QuickTime 是苹果公司于 1991 年推出的一种数字流媒体，它面向视频编辑、Web 网站创建和媒体技术平台，QuickTime 支持几乎所有主流的个人计算平台，可以通过互联网提供实时的数字化信息流、工作流与文件回放功能。现有版本为 QuickTime 7，在该版本中可以将文件转换为多种格式，还可录制并剪辑作品。

(8) DVD Audio 是新一代的数字音频格式，与 DVD Video 尺寸以及容量相同，为音乐格式的 DVD 光盘，取样频率可选择“48 kHz/96 kHz/192 kHz”和“44.1 kHz/88.2 kHz/176.4 kHz”，量化位数可以为 16 bit、20 bit 或 24 bit，它们之间可自由地进行组合。低采样率的 192 kHz、176.4 kHz 虽然是 2 声道重播专用，但它最多可收录到 6 声道。而以 2 声道 192 kHz/24 b 或 6 声道 96 kHz/24 b 收录声音，可容纳 74 min 以上的录音，动态范围达 144 dB，整体效果出类拔萃。

1.1.2 数字视频格式

视频是一种多格式的媒体，而且模拟信号和数字信号的展现方式也大不相同。虽然现在已进入全面数字化的时代，但目前在输入与输出端仍然十分依赖于传统视频，我们先大致介绍数字视频和电影影片等的格式。

(1) AVI（Audio Video Interleaved，音频视频交错）格式是一种可以将视频和音频交织在一起进行同步播放的数字视频文件格式。AVI 格式由 Microsoft 公司于 1992 年推出，随 Windows 3.1 一起被人们所认识和熟知。它采用的压缩算法没有统一的标准，除 Microsoft 公司之外，其他公司也推出有自己的压缩算法，只要把该算法的驱动加到 Windows 系统中，就可以播放该算法压缩的 AVI 文件。AVI 格式的优点是图像质量好，可以跨多个平台使用，但是其缺点是体积过于庞大。其文件扩展名为 .avi。

(2) MPEG（Moving Pictures Experts Group，动态图像专家组）格式是 1988 年成立的一个专家组，其任务是负责制订有关运动图像和声音的压缩、解压缩、处理以及编码表示的国际标准。MPEG 格式是采用了有损压缩方法从而减少运动图像中的冗余信息的数字视频文件格式。

目前MPEG格式有三个压缩标准，分别是MPEG–1、MPEG–2、和MPEG–4。MPEG–1制定于1992年，它是针对1.5 Mbit/s以下数据传输率的数字存储媒体运动图像及其伴音编码而设计的国际标准。使用MPEG–1的压缩算法，可以把一部时长120 min的电影（视频文件）压缩到1.2 GB左右。这种数字视频格式的文件扩展名包括.mpg、.mlv、.mpe、.mpeg以及VCD光盘中的.dat等。MPEG–2制定于1994年，是为高级工业标准的图像质量以及更高的传输率而设计的。这种格式主要应用在DVD和SVCD的制作（压缩）方面，同时在一些HDTV（高清晰电视广播）和一些高要求视频编辑、处理方面也有较广的应用。使用MPEG–2的压缩算法，可以把一部时长120 min的电影压缩到4 ～ 8 GB。这种数字视频格式的文件扩展名包括. mpg、. mpe、.mpeg、.m2v及DVD光盘中的.vob等。MPEG–4制定于1998年，是为播放流式媒体的高质量视频而专门设计的，它可利用很窄的带度，通过帧重建技术，压缩和传输数据，以求使用最少的数据获得最佳的图像质量。MPEG–4能够保存接近于DVD画质的小体积视频文件，还包括了以前MPEG压缩标准所不具备的比特率的可伸缩性、动画精灵、交互性甚至版权保护等一些特殊功能。使用MPEG–4的压缩算法的ASF格式可以把一部120 min的电影（视频文件）压缩到300 MB左右的视频流，可供在线观看。这种数字视频格式的文件扩展名包括.asf和.mov。

（3）RMVB格式是一种由RM视频格式升级延伸出的新视频格式，它的先进之处在于RMVB视频格式打破了原先RM格式那种平均压缩采样的方式，在保证平均压缩比的基础上合理利用比特率资源，也就是说，静止和动作场面少的画面场景采用较低的编码速率，这样可以留出更多的带宽空间，而这些带宽会在出现快速运动的画面场景时被利用。这样在保证了静止画面质量的前提下，大幅地提高了运动图像的画面质量，使图像质量和文件大小之间达到了微妙的平衡。这种数字视频格式的文件扩展名为.rmvb和.rm。

（4）WMV（Windows MediaVideo）格式Microsoft公司将其名下的ASF（Advanced Stream Format）格式升级延伸来得一种流媒体格式。WMV格式的主要优点包括：本地或网络回放、可扩充的媒体类型、可伸缩的媒体类型、多语言支持、环境独立性、丰富的流间关系以及扩展性等。其文件扩展名为.wmv。

（5）MOV格式是美国Apple公司开发的一种视频格式，默认的播放器是Apple公司的Quick Time Player，MOV格式不仅能支持MacoS，同样也能支持Windows系列计算机操作系统，有较高的压缩比率和较完美的视频清晰度。MOV格式定义了存储数字媒体内容的标准方法，使用这种文件格式不仅可以存储单个的媒体内容，如视频帧或音频采样数据，而且还能保存对该媒体作品的完整描述。因为这种文件格式能用来描述几乎所有的媒体结构，所以它是不同系统的应用程序间交换数据的理想格式。这种数字视频格式的文件扩展名包括.qt、.mov等。

（6）3GP格式是一种3G流媒体的视频编码格式，主要是为了配合3G网络的高传输速度而开发的一种媒体格式，具有很高的压缩比，特别适合手机上观看电影。3GP格式的视频文件体积小，移动性强，适合在手机、PSP等移动设备使用，缺点是在PC上兼容性差，支持软件少，且播放质量差，帧数低，较AVI等格式相差很多。其文件扩展名为.3gp。

（7）F4V格式是Adobe公司为了迎接高清时代而推出继FLV格式后的支持H.264的F4V流媒体格式。它和FLV主要的区别在于，FLV格式采用的是H.263编码，而F4V则支持H.264编码的高清晰视频，码率最高可达50 Mbit/s。使用最新的Adobe Media Encoder CC软件即可编码F4V格式的视频文件。现在主流的视频网站（如土豆、酷6、优酷）都开始用H.264编码的

F4V 文件，相同文件大小情况下，清晰度明显比 H.263 编码的 FLV 要好。

1.1.3 AE 和 AP 支持的视频格式

现在的计算机或新一代的数字电视是以像素来表示分辨率，如一般的计算机屏幕分辨率为 1366×768 像素，它们的最大优点就是分辨率高，并且不因隔行扫描而闪烁伤眼，而 Full HD 的计算机屏幕或液晶电视的分辨率更高，达 1920×1080 像素，几乎看不见光点形成的粒子。Premiere Pro 和 After Effects 所支持的数字视频，就有许多不同的帧速率和分辨率，具体见表 1–1。

表 1–1 AE 和 AP 支持的视频格式

Adobe After Effect 和 Premiere Pro CC 预设数字视频规格				
制　式	视觉比例	水平分辨率	垂直分辨率	帧 / 秒
AVC–Intra	16:9	960	720	23.976，25，29.97，50，59.94
	16:9	1280	720	23.976，25，29.97，50，59.94
	16:9	1440	1080	23.976，25，29.97
	16:9	1920	1080	23.976，25，29.97
AVCHD	16:9	1280	720	23.976，25，29.97，50，59.94
	16:9	1440	1080	23.976，25，29.97
	16:9	1920	1080	23.976，25，29.97
Canon XF MPEG2	16:9	1280	720	23.976，50，59.94
	16:9	1920	1080	23.976，25，29.97
Digital SLR	4:3	640	480	50，59.94
	16:9	1280	720	23.976，24，50，59.94
	16:9	1920	1080	23.976，25，29.97，30
DV–24P	16:9/4:3	720	480	23.976
DV–NTSC	16:9/4:3	720	480	59.94
DV–PAL	16:9/4:3	720	576	25
DVCPRO		720	480	23.976，29.97
		720	576	25
		960	720	23.976，50，59.94
		1280	1080	23.976，29.97
		1440	1080	25
HDV	16:9	1280	720	23.976，25，29.97
	16:9	1920	1080	23.976，25，29.97
XDCAM EX	16:9	1280	720	23.976，25，29.97，50，59.94
	16:9	1440	1080	25，29.97
	16:9	1920	1080	23.976，25，29.97
XDCAM HD422	16:9	1290	720	23.976，50，59.94
	16:9	1920	1080	23.976，25，29.97
XDCAM HD	16:9	1920	1080	23.976，25，29.97

1.2　范例制作——《视频格式转换》

音视频格式转换的原因很多，比如电影网站，由于服务器空间的原因，直接放 DVD 影片是不行的，所以需要转换格式。

接下来，将给大家介绍一款常见的格式转换软件，以及如何使用该软件。

1.2.1　格式工厂软件简介

格式工厂（Format Factory）是一款多功能的多媒体格式转换软件，适用于 Windows。可以实现大多数视频、音频以及图像不同格式之间的相互转换。转换可以具有设置文件输出配置，增添数字水印等功能。只要装了格式工厂无须再去安装多种转换软件提供的功能。软件支持多种语言，安装界面只显示英文，软件启动后才会是中文，可在软件官网“http://www.formatoz.com/”中下载免费版本。

1.2.2　格式工厂使用过程

（1）下载软件并安装成功后，双击“格式工厂”图标打开格式工厂，可以看到，格式工厂不但能够转换视频，还有音频、图片、光驱设备，甚至还有视频合并和音频合并，如图 1–1 所示。

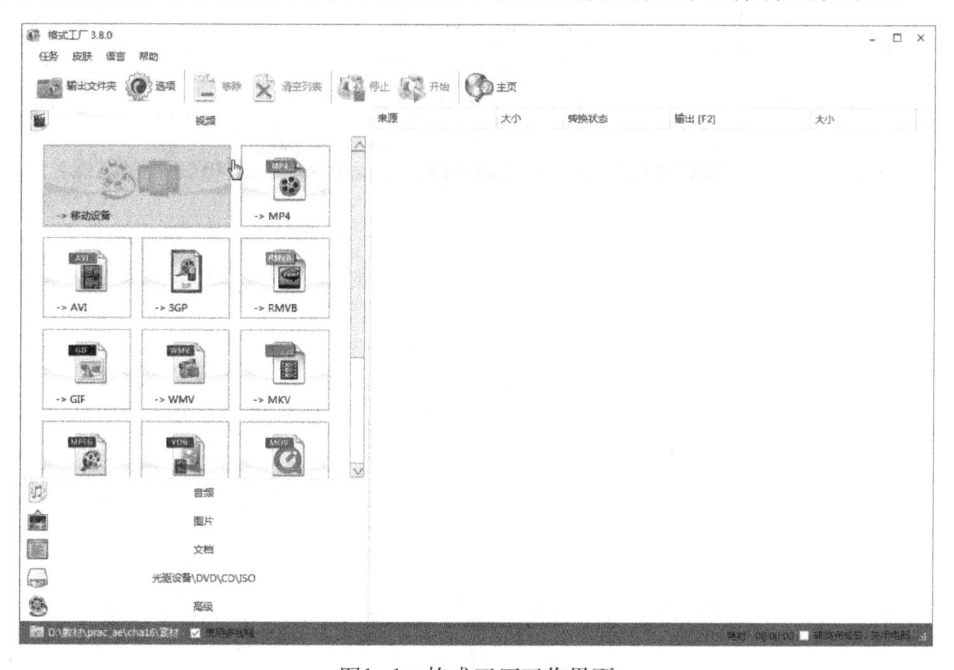

图1–1　格式工厂工作界面

（2）如果需要将 MP4 格式的文件转换为 AVI 格式的文件，则单击“AVI”图标，如图 1–2 所示。

（3）在弹出的操作对话框中设置“输出配置”选项，选择要进行转换的文件，然后设置“输出文件夹”选项，所有选项的设置，就不在此做详细的介绍了，如图 1–3 所示。

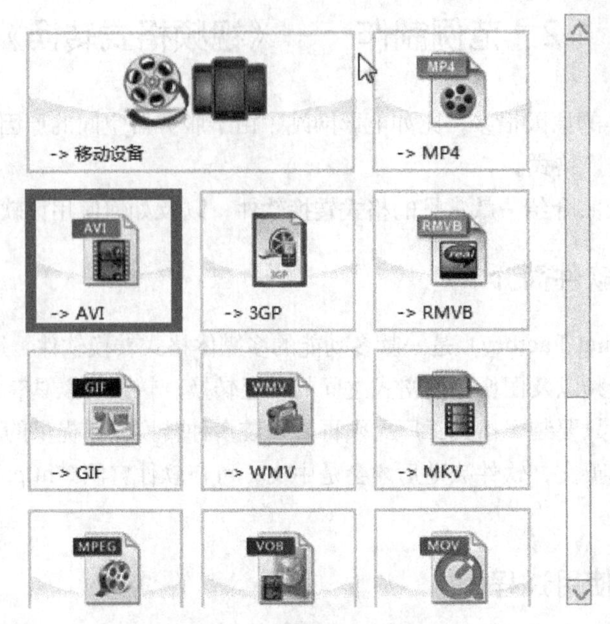

图1-2　转换为AVI格式

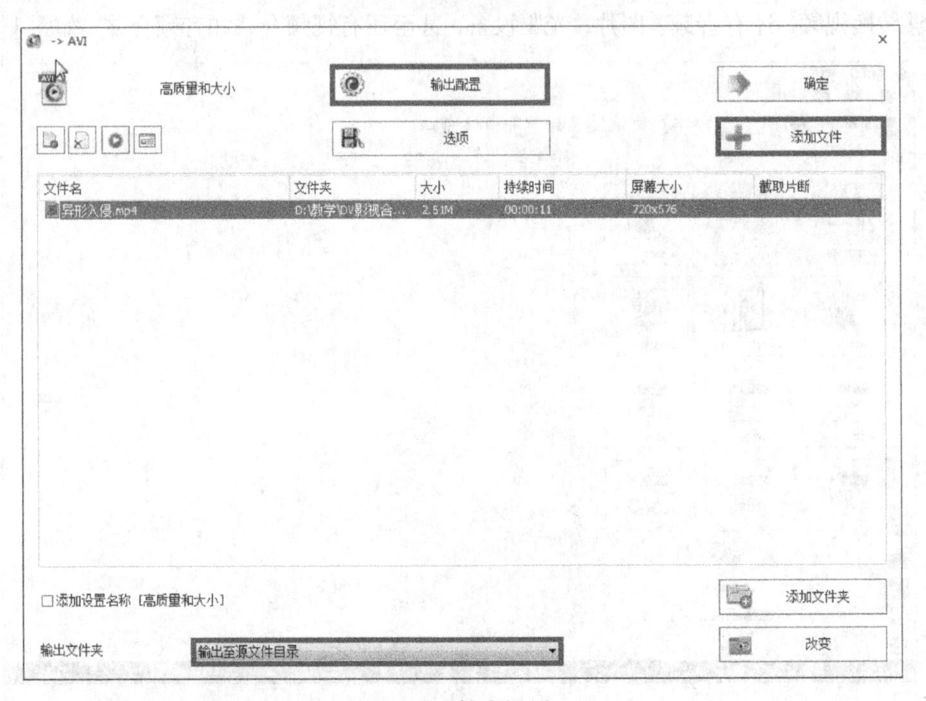

图1-3　输出设置

（4）单击“确定”按钮，进入转换界面，单击“开始”按钮，进行文件格式的转换，如图 1-4 所示。转换的过程可能有点慢，需要耐心等待。格式转换界面的下方有一个“转换完成后：关闭电脑”选项，如果有大批的视频进行转换，而转换完成后可能到深夜，可以勾选此选项，完成转换工作后计算机会自动关闭。

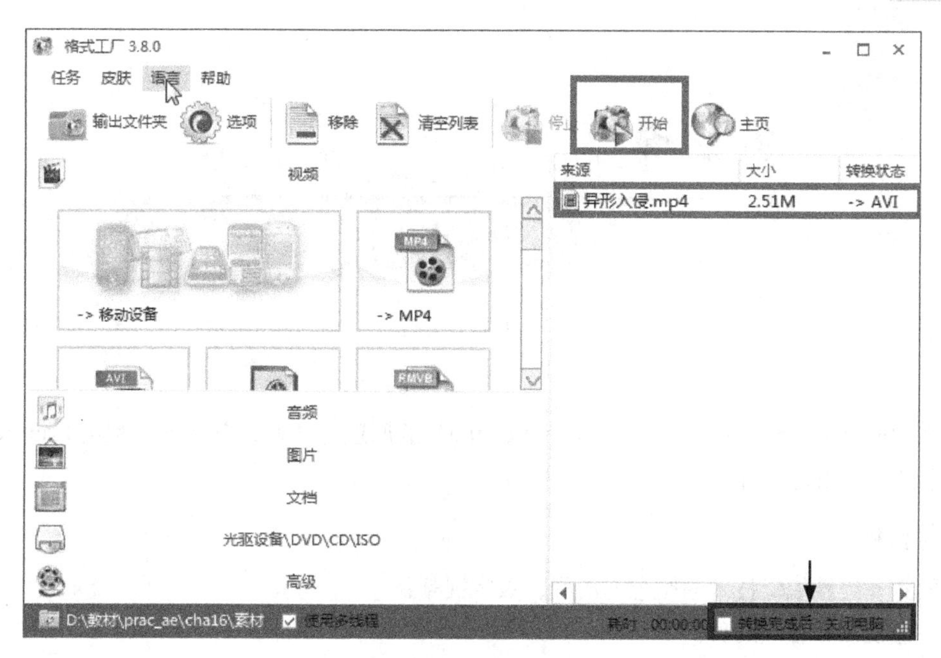

图1-4　开始视频转换

本章小结

本章主要介绍数字音频、视频的概念与格式，常见的视频与影片格式，以及Adobe Premiere、Adobe After Effects软件支持的数字视频与影片格式，同时介绍了软件格式工厂的使用，为后面章节的学习打下基础。

本章作业

（1）使用格式工厂合并两段尺寸大小不一的视频。

（2）使用格式工厂将一视频分割为两段视频。

第2章 非线性编辑技术

本章主要讲解非线性编辑（Nonlinear Editing）的原理与流程，以及如何利用 Premiere Pro 制作一个简单实用的项目。

学习目标

- 熟悉非线性编辑技术的概念与流程、数字视频；
- 掌握视频和音频的剪辑。

2.1　非线性编辑技术简述

传统线性视频编辑是按照信息记录顺序，从磁带中重放视频数据来进行编辑，需要较多的外围设备，如放像机、录像机、特技发生器、字幕机，工作流程十分复杂。

非线性编辑的概念是相对于传统上以时间顺序进行线性编辑而言的。非线性编辑借助计算机来进行数字化制作，几乎所有的工作都在计算机里完成，不再需要那么多的外围设备，对素材的调用也是瞬间实现，不用反反复复在磁带上寻找，突破单一的时间顺序编辑限制，可以按各种顺序排列，具有快捷简便、随机的特性。

2.2　Premiere Pro CC 简介

有许多非线性编辑的应用软件，不过它们的操作原理都类似，其中 Adobe Premiere Pro CC 2014 界面如图 2–1 所示。

（1）项目窗口（Project）：将所有要编辑的素材放在此处，包括视频、图片或文字等。不过，这些素材并没有真正“导入”项目，它们只是被标记、连接起来。

（2）素材窗口（Source）：可以在此观看或聆听源素材，以及设置素材的起点与终点。

（3）剪辑窗口（Program）：观看或聆听所剪辑的内容，与时间线进行同步操作。

（4）时间轴窗口：将所编辑的内容安排在此，就像把许多录像带摊开，相互交叉剪接。

（5）效果窗口（Effects）：包括影像和声音的转场与特殊效果。

（6）音量指示器：显示当前的播放音量。

（7）工具窗口（Tools）：包括选择、微调、裁切、移动等工具。

其他如信息（Info）、历史记录（History）、效果控件（Effect Controls）、混音器（Audio

Mixer）、场景顺序（Sequence）等，只要单击它们，就会以橙色外框线显示。

图2－1　Adobe Premiere Pro CC 2014界面

2.3　项目制作步骤

任何非线性编辑的工作流程，都可以简单地看成输入、编辑、输出这样三个步骤。以 Premiere CC 为例，其使用流程主要分成素材准备（包括素材采集与输入）、节目制作（包括素材编辑、特效处理、字幕制作等）、节目输出等步骤。

2.3.1　素材准备

在使用非线性编辑系统编辑节目之前，一般需要向系统中输入素材。大多数非线性编辑系统是实时地把磁带上的视音频信号转录到磁盘上的，这比传统编辑增加了额外的操作时间。某些非线性编辑系统，例如，BETACAMSX 和 DVCAM、DVCPR，可以通过 QSDI 等数字接口实现素材的 4 倍速上载，这在一定程度上提高了编辑效率。在输入素材时，应该根据不同系统的特点和不同的编辑要求，决定使用的接口方式和压缩比。

2.3.2　节目制作

非线性编辑的特点集中体现在以下编辑环节中。

（1）素材浏览，在查看存储在磁盘上的素材时可以用正常速度播放，也可以快速重放、慢放和单帧播放，播放速度可无级调节，还可以反向播放。

（2）编辑点定位，在确定编辑点时，非线性编辑系统的最大优点是可以实时定位，既可以手动操作进行粗略定位，也可以使用时间码精确定位编辑点。

（3）素材长度调整，在调整素材长度时，非线性编辑系统可以参考编辑点前后的画面进行直接手工剪辑。

（4）素材的组接，非线性编辑系统中各段素材的相互位置可以随意调整。编辑过程中，可以在任何时候删除节目中的一个或多个镜头，或向节目中的任一位置插入一段素材，也可以实现磁带编辑中常用的插入和组合编辑。

（5）素材的复制和重复使用，非线性编辑系统中使用的素材全都以数字格式存储，因此在复制一段素材时，不会像复制磁带那样引起画面质量的下降。

（6）特效，在非线性编辑系统中制作特效时，一般可以在调整特技参数的同时观察特效对画面的影响，尤其是软件特效，还可以根据需要扩充和升级，只需增加相应的软件升级模块就能增加新的特效功能。

（7）字幕，字幕与视频画面的合成方式有软件和硬件两种。软件字幕实际上使用了特效抠像的方法进行处理，生成的时间较长，一般不适合制作字幕较多的节目，但它与视频编辑环境的集成性好，便于升级和扩充字库；硬件字幕实现的速度快，能够实时查看字幕与画面的叠加效果，但一般需要支持双通道的视频硬件来实现。

（8）声音编辑，大多数基于PC的非线性编辑系统能直接从CD唱盘、MIDI文件中录制波形声音文件，波形声音文件可以非常直接地在屏幕上显示音量的变化，使用编辑软件进行多轨声音的合成时，一般不受总的音轨数量的限制。

（9）动画制作与合成，由于非线性编辑系统的出现，动画的逐帧录制设备已基本被淘汰。非线性编辑系统除了可以实时录制动画以外，还能通过抠像实现动画与实拍画面的合成，极大地丰富了节目制作的手段。

2.3.3 非线性编辑节目输出

非线性编辑系统可以用三种方法输出制作完成的节目。

（1）输出到录像带上，这是联机非线性编辑最常用的输出方式，对连接非线性编辑系统的录像机和信号接口的要求与输入时的要求相同。

（2）输出EDL表，如果对画面质量要求很高，即使以非线性编辑系统的最小压缩比处理仍不能满足要求，可以考虑在非线性编辑系统上进行草编，输出EDL表至DVW或BVW编辑台进行精编。

（3）直接用硬盘播出，这种输出方法可减少中间环节，降低视频信号的损失。但必须保证系统的稳定性或准备备用设备，同时对系统的锁相功能也有较高的要求。

2.4 导入与管理素材

2.4.1 导入影音素材

将捕获好的视频和音频文件，以及各种动画文件，图形文件、向量文件等导入项目窗口做一个整合，若原来已经管理好文件夹，导入项目时就可保持归类不变，当然也可以另行管理。

由于数字图片文件的像素在计算机中是正方形，而在DV的原始画质的像素却是长方形，如标准画面的像素比例是高瘦的0.9091 ，所以720 × 480像素的图片组合起来的视觉比例是4:3；而宽幅画面的像素比例是扁长的1.2121 ，所以图片720 × 480像素的图片组合起来的视觉比例是 16:9。所以当我们要在 Photoshop 中绘制图像给 Premiere Pro 使用时需要注意。

在开启一个新的图片时，就要决定将来要导入到何种比例的项目中，否则将来出现在影片中的图片就会变形。

2.4.2　管理素材文件夹

一段影片的制作可能包含了多个录像带、各式主题、图片、动画、音乐和音效等不同的素材，这些不同类型的素材必须要做好分类与管理，因为导入项目之后，这些素材的相对文件夹和路径就不宜变更，否则会产生遗漏文件（Missing Files）的情形，具体如图 2–2 所示。

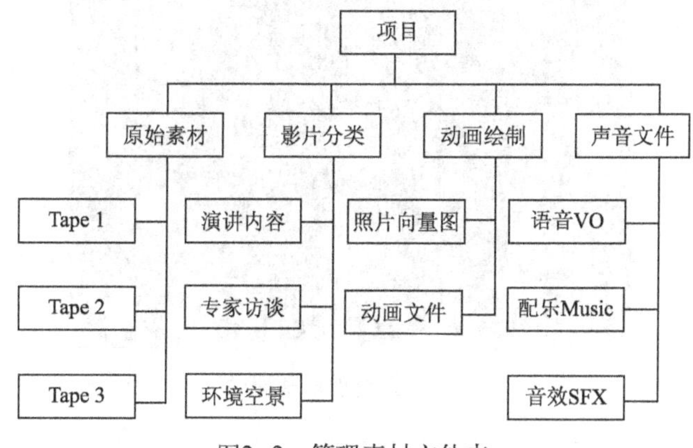

图2–2　管理素材文件夹

2.5　范例制作——《素材选取与制作》

现在利用一个简单的项目制作来学习 Premiere Pro 的制作方式。通过该项目，练习基本的剪辑技巧和 Premiere Pro 的操作方法。

2.5.1　设置与导入

（1）启动 Premiere Pro，进入欢迎界面，单击“新建项目”按钮，如图 2–3 所示。

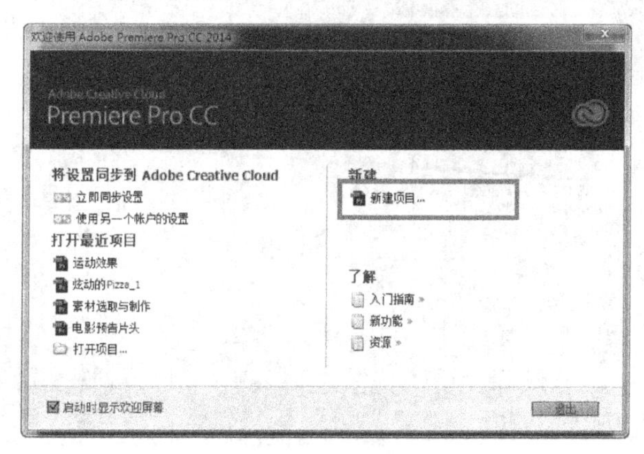

图2–3　欢迎界面

（2）在弹出的对话框中，设置项目名称以及保存位置，在常规 (General) 选项卡中设置视频显示格式为“时间码 (Timecode)”、音频显示格式为“音频采样 (Audio Samples)”、捕捉 (Capture) 格式为“DV”，然后单击“确定”按钮，如图 2–4 所示。

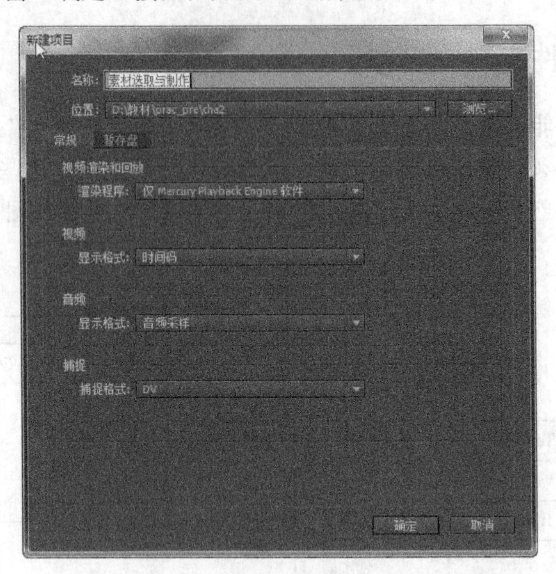

图2–4　新建项目常规设置

（3）选择“文件”|“新建”|“序列”命令。

（4）在“序列预设”中选择“有效预设”为 DV–PAL–Wide screen 48 kHz 的标准模式。设置序列名称为“素材选取与制作”，并指定存储位置，如图 2–5 所示。

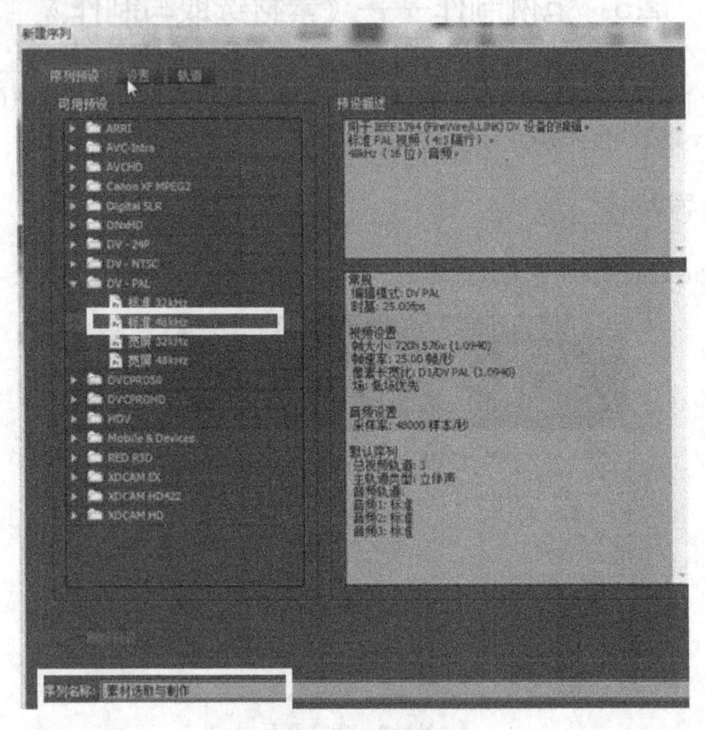

图2–5　序列预设

（5）选择“文件”|“导入”命令，导入“素材选取与制作”|“素材”文件夹中的素材。可以用按住【Ctrl】键连续单击的方式选取“pizza00.avi”～“pizza05.avi”。

（6）在左下方的项目窗口中，双击“pizza00.avi”或拖动到上方的源窗口，就可以“播放(Play)”、滑动“时间码（Timecode）”或拖拉“播放指针”来查看这个片段的内容，如图2–6所示。

图2–6　Source窗口

（7）将此片段拖动至“场景顺序（Sequence）”中，就等同于将来源素材录制到项目中。将“pizza01.avi”和“pizza02.avi”拖动至“场景顺序（Sequence）”中，再将此片段放至V1轨道上“pizza00.avi”的后面。这样一个接一个的动作就是“粗剪”，或称为“卡接”，实际上就是最简单的剪辑了，如图2–7所示。

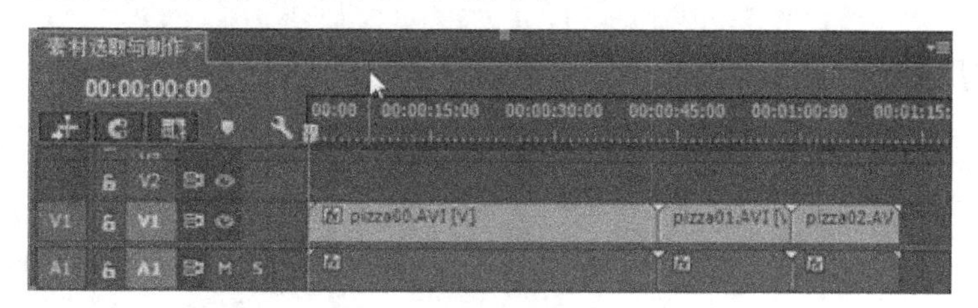

图2–7　简单剪辑

2.5.2　设置起点与终点

通常情况下，简单剪辑很少使用，因为并非每一段影片的长度都是合适的，并且每一个场景的人物切入点也很重要，因此在剪辑之前都必须好好地斟酌考虑。

（1）将时间线移至00:00:07:28处，设置“起点（in点）”，这表示00:00:07:28之前的部分将会剪去，如图2–8所示。

图2–8　标记起点

（2）再移动到00:00:33:18处，设置“终点（out点）”，这表示00:00:33:18之后的部分将会剪去，如图2–9所示。

图2–9　标记终点

(3) 将此片段从源窗口中拖动到如图 2-10 所示的“时间轴 (Timeline)”窗口中的 V1 轨道上，像这样设定起点、终点的操作方式才是一般性的剪辑。

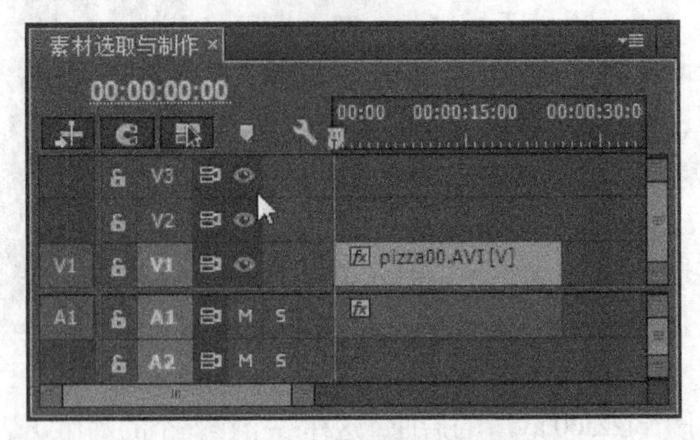

图2-10 “时间轴”窗口

2.5.3 插入剪辑

利用某片段的起点、终点，再加上另一片段的起点或终点所设置的三点进行剪辑，就称为“三点剪辑”。

(1) 双击“pizza00.avi”或拖动到源窗口，在 00:00:07:28 处设置起点，然后将“pizza00.avi”拖动到右下方的“时间轴”窗口的 V1 轨道上。

(2) 在实物摄影时，我们常常会前后多拍一些影像，此处，让我们先设置起点，终点可以暂时不设置，而在插入剪辑时才做。在时间线窗口中，移动“时间线”，使它停在 00:00:25:14 处，此点就是将来的切入点，按一下右上边“节目 (Program)”窗口的起点按钮，如图 2-11 所示。

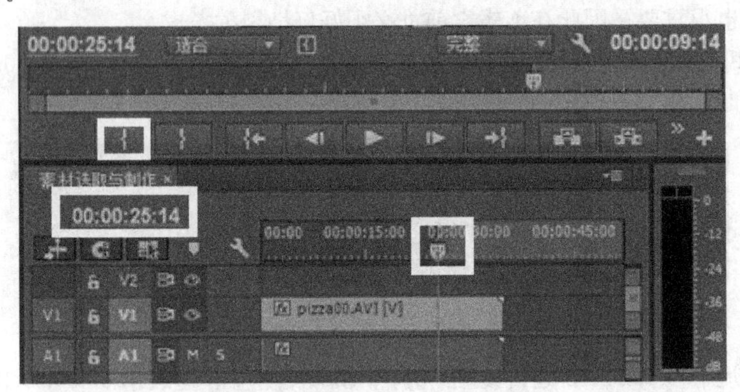

图2-11 切入点设置

(3) 将“pizza01.avi”放入源窗口中，设置起点：00:00:05:28，终点：00:00:11:25，现在有了“pizza01.avi”的起点、终点，再加上节目窗口的起点，就可以将所设的片段接在“pizza00.avi”后半段了。

(4) 单击源窗口左下方的“覆盖 (overlay)”按钮，如图 2-12 所示。

图2–12　Source窗口中插入

（5）再接再厉，将“pizza02.avi”“pizza03.avi”和“pizza04.avi”用上述的起点、终点剪辑法依序接在后面。

（6）有时候我们也可插入一些额外的画面以增加影片的丰富性，这些画面可能与被插入的影片没有时间顺序的关系，这时可能就会用到“插入（Insert）”命令。“插入”命令使用方法：将这些额外的画面置入“源（Source）”窗口，用上述的起点、终点设定法取其适当的影片内容，再到节目窗口中设定被插入的起点，然后按插入按钮，就可以把它们分别插入“pizza01.avi”和“pizza02.avi”里了。

（7）与插入和覆盖完全相反的做法是“提升（Lift）”和“提取（Extract）”，先在“时间线（Timeline）”或“节目（Program）”窗口中设定起点和终点，再单击“Lift”按钮，就可使这个区间片段移除；而Extract是移除后，后面的所有片段都会连接过来。

2.5.4　细微调整

Ripple、Rolling剪辑经常不是一次就可以成功的，如果在剪辑之后，发现某些地方并不是很精确，就可以利用以下的功能进行调整.

（1）在时间线左边的工具箱中选择“波纹编辑”工具。这是一个裁剪工具，向哪边移动，哪边就会缩短。例如，将鼠标压在“pizza03.avi”和“pizza04.avi”两个片段之间，并且开始向右边移动，“pizza04.avi”会被压缩变短；向左移动，“pizza03.avi”会被压缩变短，整体来说，影片总长度都会变短了。拉动的时候可以看见节目窗口分隔成两个屏幕了，分别显示左右两段影像目前的状态。

（2）“滚动编辑”工具并不改变影片长度，而是改变剪接点，例如向左移动时，“pizza04.avi”虽然会被压缩变短，但“pizza05.avi”却会被拉长，整体来说影片总长度并不会改变。

（3）将“外滑”工具压在中间片段“pizza04.avi”，并开始左右移动，将会发现当“pizza04.avi”向右移动时（起点、终点都延后），“pizza03.avi”就会跟着右移（终点延后）；而后面的“pizza05.avi”就会变短（起点延后）。

（4）将“内滑”工具压在中间片段“pizza04.avi”，并开始左右移动，将会发现无论如何移动，三个片段似乎都不动，但实际上“pizza04.avi”的起点、终点都已经改变了。标示时间码（Timecode）的两个画面是“pizza04.avi”的起点、终点。

（5）通常情况下，拍摄的视频的后面有几帧是黑画面，我们可以应用“剃刀”工具将它切掉。例如，某一视频长度为00:00:10:29，其中从第00:00:10:25帧起都为黑画面，这时，我们可以选取剃刀工具对准第00:00:10:24帧切下去，该视频立刻将被分割成两段了；然后，返回到选取指针工具，选中后一段视频，按键盘的【Delete】键来删除它们。

（6）可以改变影片的速度，如这段“pizza02.avi”，用“比率拉伸”工具往左拉动，就可以再延伸出来。所延伸出来的就不是原来的黑画面了，而是放慢速度的影片。

2.5.5　影音分轨剪辑 L-Cut

L－Cut 是指影音轨不是同步剪辑，而是各自独立剪辑。也就是说其中的影像轨或音频轨延伸到另一个片段中去了，因为像 L 形，所以有 L－Cut 之称。

（1）回到“pizza04.avi”和“pizza05.avi”的交接处，将“pizza05.avi”的影像部分延伸并跨到“pizza04.avi”去。首先将两个片段的影音链接断开（选中影像，右击，在弹出菜单中选择“取消链接”命令），这样可以使影像轨和音频轨独立开来。

（2）选用“内滑”工具，“pizza04.avi”和“pizza05.avi”的交接处向右边滑动约 18 ～ 30 帧（根据实际情况而定），使得小男孩还在制作时候就可以听到小女孩的声音了，这种做法就是 L－Cut 的一种方式，如图 2－13 所示。

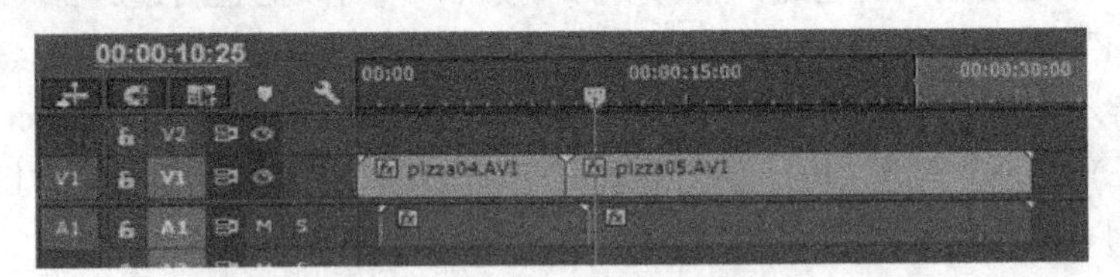

图2－13　影音分轨剪辑

2.5.6　序列设置

每个项目都可以拥有多个序列（场景），多个场景又可以组合成另一个场景，成为一种树状结构的项目管理。一般而言，每个场景都是一个独立的故事结构或剧情，或不同版本的结构。

（1）在主菜单上选择“文件”|“新建”|“序列”命令，生成一个新的 Sequence 02。

（2）依照剧情的需要对 Sequence 02 做适当的剪辑，这个组合的序列 Sequence 02 就如同一段素材，可以用来剪辑或导入另一个序列中。

本 章 小 结

本章首先介绍了非线性编辑的概念以及非线编的工作流程，然后介绍了如何导入和管理素材文件夹，最后通过一个范例详细地讲解了粗剪、两点与三点剪接、微调以及影音分轨剪辑。

本 章 作 业

（1）应用各种剪接方法将素材文件夹里其他的视频剪接。

（2）试着新建两个序列，然后将第一个序列作为素材导入到第二个序列中，最后将第二个序列导出为视频。

（3）导入一段带音频的视频，解除该视频的音频链接，然后链接一段其他的音频，最后导出影片。

第3章 转场效果

本章主要讲解 Premiere Pro 软件的视频转场效果，通过灵活使用转场效果，可以使得编辑后的视频效果流畅、艺术感染力增强。

学习目标

- 掌握转场效果的导入以及参数的设置；
- 掌握各种转场特效的效果以及应用。

3.1 转场效果概述

影视镜头是组成电影及其他影视节目的基本单位，一部电影或者一个电视节目是由很多组镜头构成的，如果影片片段以一段接一段的方式放置在一起，一般称为“整齐剪辑 (Straight Cut)”，大部分影片的描述方式部是以整齐剪辑来进行。但有时候因为剧情的需要，必须含有时间或空间的转换，就可以将两个片段以渐进的方式接在一起，这样的剪辑方式称为切换或转场。

转场可用于广告片、预告片或节目片头等特殊场合，但不宜滥用。

3.2 转场效果的导入与设置

对于 Premiere Pro CC 提供的转场，可以对它们的效果进行设置，以使最终的显示效果更加丰富多彩，在“效果控件”窗口中，可以设置每一个转场的参数，从而改变转场的方向、开始和结束帧的显示，以及边缘效果等。

3.2.1 使用镜头切换

视频镜头转场效果在影视制作中比较常用，镜头转场效果可以使两段不同的视频之间产生各式各样的过渡效果，下面通过“旋转离开”这一转场特效来讲解一下镜头转场效果的操作步骤：

（1）在“项目”窗口的空白处双击，在弹出的“导入”对话框中选择“素材”文件夹中的“pic00.jpg”“pic01.jpg”两个素材文件。

（2）选中“pic00.jpg”，右击，在弹出的菜单中选择“速度 / 持续时间”命令，如图 3–1 所示。

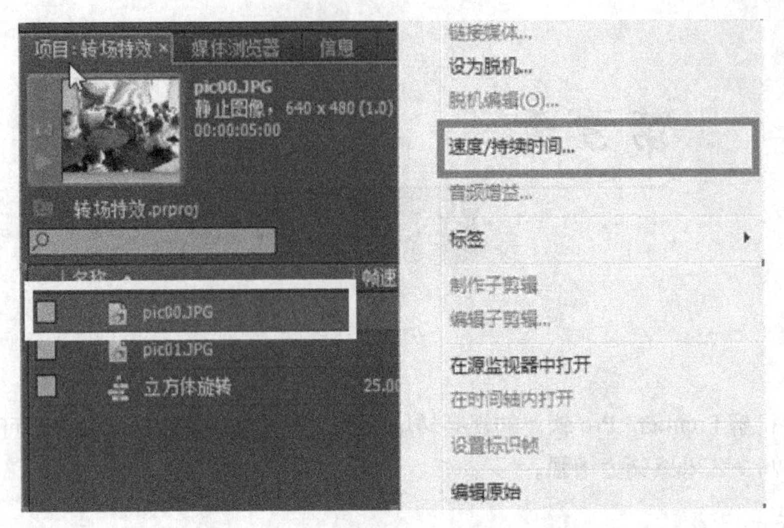

图3-1　选择“速度/持续时间”命令

（3）设置持续时间为 2 s（00:00:02:00），单击“确定”按钮，如图 3-2 所示。

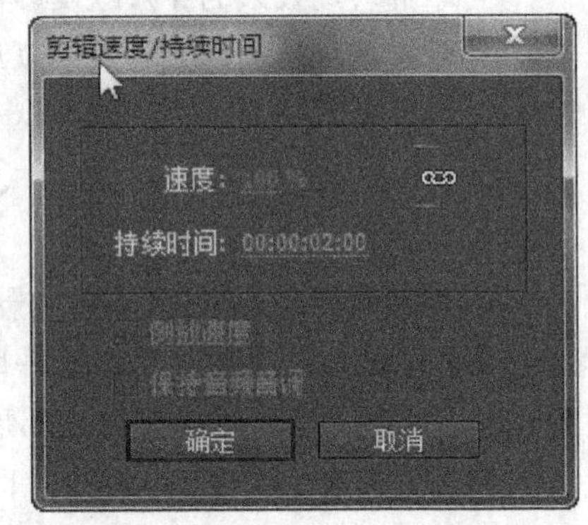

图3-2　“剪辑速度/持续时间”窗口

（4）将“pic01.jpg”的持续时间也设置为 2 s。

（5）在“项目”窗口中选择导入的素材文件“pic00.jpg”和“pic01.jpg”，将其拖动至“时间轴”窗口的“视频 1”轨道上。

（6）切换到“效果”窗口，打开“视频过渡”文件夹，选择“3D 运动”文件夹下的“立方体旋转离开”转场特效，如图 3-3 所示，按下鼠标左键，将该特效拖至两个素材之间，如图 3-4 所示。

图3-3　效果窗口

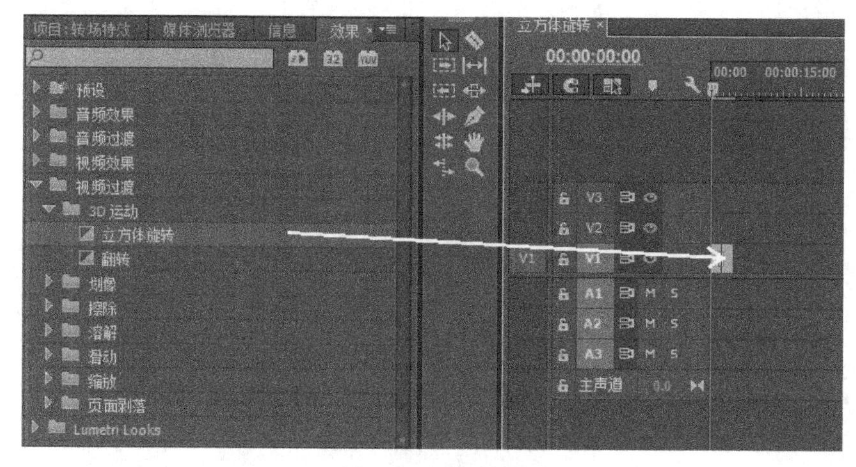

图3–4 添加转场

（7）按空格键进行播放，播放中的转场效果如图 3–5 所示。

为影片添加切换后，可以改变切换的长度。最简单的方法是在序列中拖动素材边缘，还可以在“效果控件”窗口中对切换进行进一步调整。

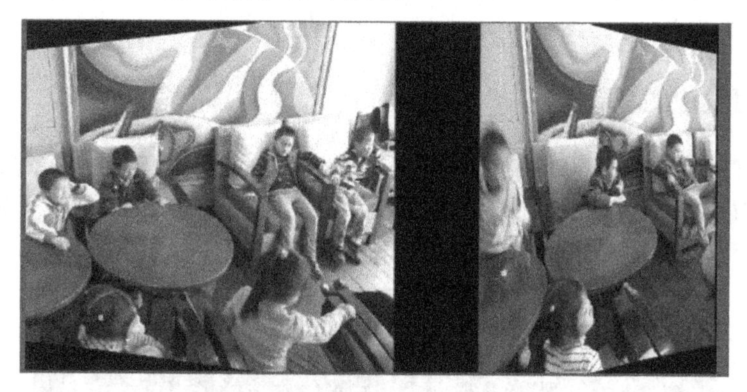

图3–5 转场效果

3.2.2 调整切换区域

（1）首先观察右侧的时间线区域，在这里可以设置切换的持续时间和校准。在两段影片间加入切换后，“时间轴”窗口中会有一个重叠区域，这个重叠区域就是发生切换的范围。同“时间轴”窗口中只显示起点和终点间的影片不同，在“效果控件”窗口的时间线中，会显示影片的完全长度。边角带有小三角即表示影片到头。这样设置的好处是可以随时修改影片参与切换的位置。

（2）将时间标示点移动到影片上，按住鼠标拖动，即可移动影片的位置，改变切换的影响区域。

（3）可以拖动切换来改变影响区域，如图 3–6 所示。

（4）在左边的“对齐”下拉列表框中提供了几种切换对齐方式，如图 3–7 所示。

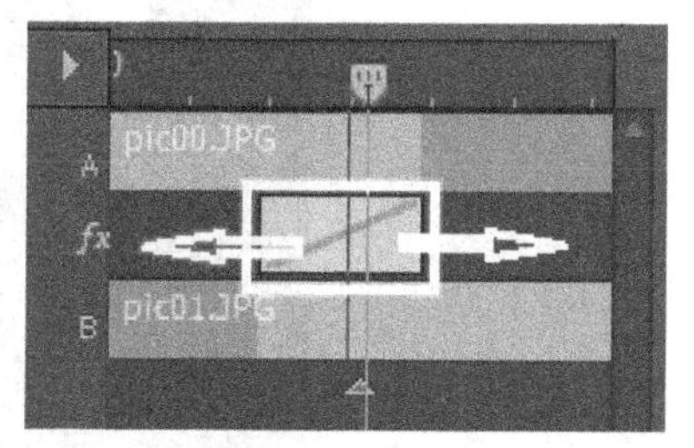

图3–6 拖动切换

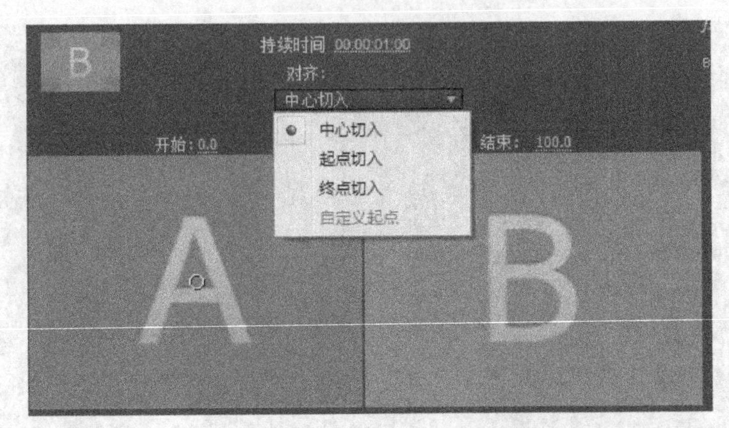

图3-7 “对齐”列表

“中心切入”：在两段影片之间加入切换；“起点切入”：以片段B的入点位置为准建立切换；“终点切入”：以片段A的出点位置为准建立切换。

注意：只有通过拖动方式才可以设置自定义起点选项。如果加入切换影片的终点和起点没有可扩展区域。加入切换时会提出警告，并且系统会自动在终点和起点处，根据切换的时间加入一段静止画面来过渡。

3.2.3 改变切换设置

使用“效果控件”窗口可以改变时间线上的切换设置，包括切换的中心点、起点和终点的值、边界，以及防锯齿质量设置。默认情况下，切换都是从A到B完成的，按住【Shift】键并拖动滑块可以使开始和结束滑块以相同的数值变化，如图3-8所示。

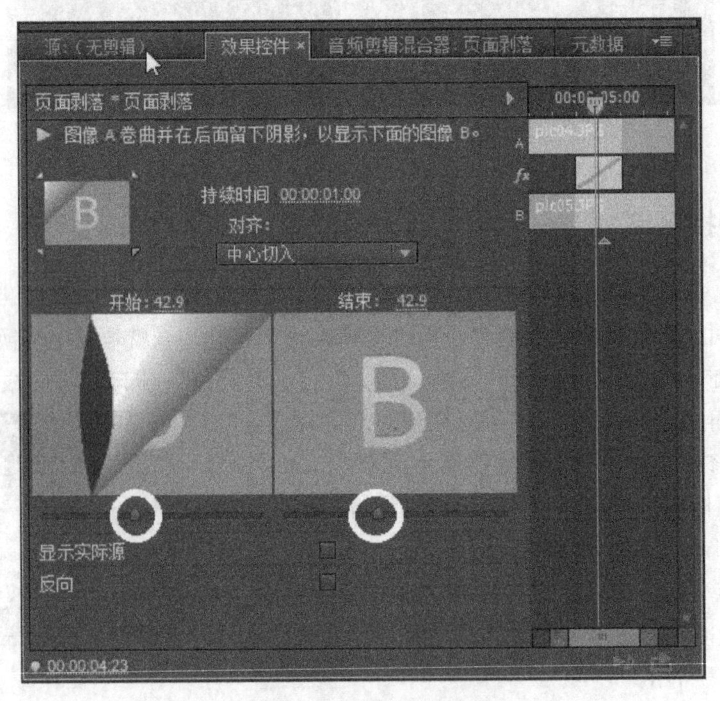

图3-8 切换设置

3.2.4 设置默认切换

选择“编辑”|“首选项”|“常规”命令，可以在弹出的对话框中进行切换的默认设置。这样，在使用如“自动导入”这样的功能时，所建立的都是该切换。并可以分别设定视频和音频切换的默认时间，如图 3-9 所示。

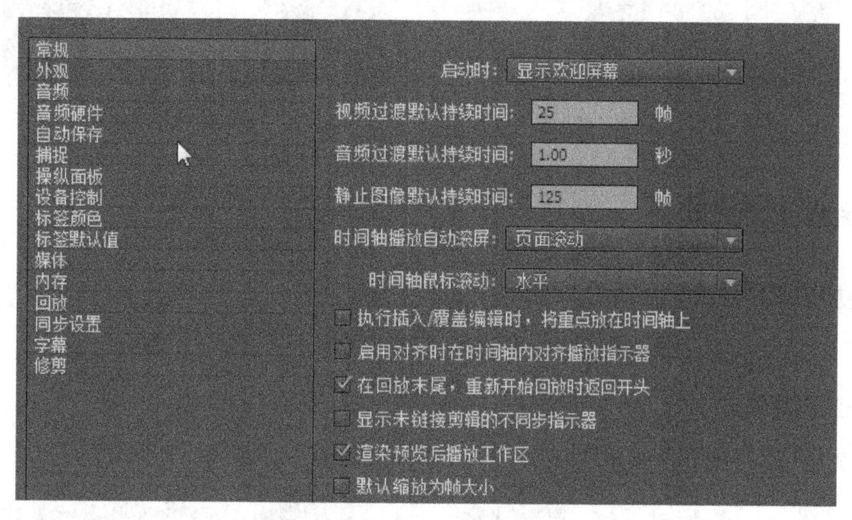

图3-9 切换默认持续时间设置

Premiere Pro CC 将各种转场效果根据类型的不同，分别放在“效果”窗口中“视频过渡”文件夹下的不同子文件夹中，用户可以根据使用的转换类型，方便地进行查找。

3.3 各种视频转场特效

在 Adobe Premiere Pro 中，根据功能可分为 10 大类 70 多种转场特效。按照不同的类型放在不同的分类文件夹中。单击分类文件夹可以将其展开，从而选择不同的视频转场特效，再次单击分类文件夹可以将其折叠起来。每一种转场特效都有其独到的特殊效果，但其使用方法基本相同。

本节就转场特效的具体内容以分组的形式予以详尽的分析与论述。

3.3.1 3D 运动转场特效

1. 立方体旋转特效

这种特效用来产生类似于立方体转动的过渡效果，但是该效果中的立方体转动使得图像会产生透视变形，立体感非常强烈，如图 3-10 所示。

2. 翻转特效

这种特效用来产生一段素材像一块板一样翻转，并显示出另一段素材的效果，如图 3-11 所示。

图3-10 立体旋转特效

图3-11 翻转特效

3.3.2 溶解转场特效

1．叠加溶解特效

这种特效用以产生一段素材与另一段素材淡变的效果，如图 3-12 所示。

2．交叉溶解特效

这种特效用以产生一段素材叠化到另一段素材的效果，如图 3-13 所示。

图3-12 叠加溶解特效

图3-13 交叉溶解特效

3．渐隐为黑色特效

这种特效用来产生一段素材以点的形式淡入到另一段素材的效果，如图 3-14 所示。

4．渐隐为白色特效

这种特效用来产生一段素材的亮度图被映射到另一段素材上的效果，如图 3-15 所示。

图3-14 渐隐为黑色特效

图3-15 渐隐为白色特效

5．胶片溶解特效

这种特效用来产生一段素材先以自由碎块的形式翻转成负片然后消失，同时再以自由碎块的形式显示出另一段素材的效果，如图 3–16 所示。

6．非叠加溶解特效

这种特效用以产生一段素材与另一段素材淡变的效果，如图 3–17 所示。

图3–16　胶片溶解特效

图3–17　非叠加溶解特效

3.3.3　划像转场特效

1．交叉划像特效

这种特效用来产生一段素材以十字的形状从另一段素材上展开，并逐渐覆盖另一段素材的效果，如图 3–18 所示，这种效果可以调整十字展开的中心位置。

2．菱形划像特效

这种特效用来产生一段素材以菱形在另一段素材上展开的效果，如图 3–19 所示，这种效果可以调整菱形展开的开始位置。

图3–18　交叉划像特效

图3–19　菱形划像特效

3．圆划像特效

这种特效用于产生一段素材以圆形的形状在另一段素材上展开的效果，如图 3–20 所示，这种效果圆形展开的开始位置可以调整。

4．盒形划像特效

这种特效用于产生一段素材以矩形的形状在另一段素材上展开的效果，这种效果可以调整矩形的开始点，如图 3–21 所示。

图3–20　圆划像特效

图3–21　盒形划像特效

3.3.4　页面剥落转场特效

1．翻页特效

这种特效用于产生一段素材从四个角中的某一个向中心移去，同时展开另一段素材的效果，如图 3–22 所示。

2．页面剥落特效

这种特效用于产生一段素材以银白色的背页色卷曲，卷曲方向从四个角开始，逐渐显露出另一段素材的效果，如图 3–23 所示。

图3–22　翻页特效

图3–23　页面剥落特效

3.3.5　滑动转场特效

1．带状滑动特效

这种特效用于产生一段素材以带状推入，逐渐盖上另一段素材的效果，如图 3–24 所示。

2．中心拆分特效

这种特效用于产生一段素材分裂成四块并滑向中心或者滑向相反方向，同时展露出另一段素材的效果，如图 3–25 所示。

图3–24 带状滑动特效

图3–25 中心拆分特效

3. 推特效

这种特效用于产生一段素材把另一段素材推出画面的效果，如图 3–26 所示，这种效果可以调整推出的方向。

4. 滑动特效

这种特效用于产生一段素材可以像插入幻灯片一样，从八个不同的方向出现在另一段素材上的效果，如图 3–27 所示。

图3–26 推特效

图3–27 滑动特效

5. 拆分特效

这种特效用于产生一段素材像被拉开或者合上的幕布一样运动，从而显露出另一段素材的效果，如图 3–28 所示。

图3–28 拆分特效

3.3.6 擦除转场特效

1. 带状擦除特效

这种特效用于产生一段素材以带状划入逐渐取代另一段素材的效果。该效果与“带状滑动（Band Slide）”特效的效果相似但不相同，划变过渡时两路过渡的素材在画面中均不移动，如图 3–29 所示。

2. 双侧平推门特效

这种特效用于产生一段素材像门一样打开或关闭，随之展现出另一段素材的效果，如图 3–30 所示。

图3–29 带状擦除特效

图3–30 双侧平推门特效

3. 棋盘擦除特效

这种特效用于产生一段素材下面的另一段素材以棋子的形式逐渐展示出来的效果，如图 3–31 所示，这种效果中棋子的多少和方向是可以调整的。

4. 棋盘特效

这种特效用于产生一段素材下面的另一段素材以方格棋盘的形式展示出来的效果，如图 3–32 所示，这种效果中棋盘格数的多少和方向是可以调整的。

图3–31 棋盘擦除特效

图3–32 棋盘特效

5. 时钟式擦除特效

这种特效用于产生一段素材以顺时针或者逆时针方向转动，从而覆盖另一段素材的效果，如图 3–33 所示。

6. 渐变擦除特效

这种特效用于产生两段素材依据所选择的图形的灰度进行渐变的效果，如图 3–34 所示。

图3–33 时钟式擦除特效

图3–34 渐变擦除特效

7. 插入特效

这种特效用于产生一段素材从另一段素材的角上以方形划变出现的效果，如图 3–35 所示。

8. 油漆飞溅特效

这种特效用于产生一段素材在另一段素材上以涂料的点形逐渐过渡的效果，如图 3–36 所示。

图3–35 插入特效

图3–36 油漆飞溅特效

9. 风车特效

这种特效用于一段素材在另一段素材上以风车叶轮转动的形式逐渐出现的效果，如图 3–37 所示。

10. 径向擦除特效

这种特效用于产生一段素材从另一段素材的四个角之一以放射线的形式划过另一段素材的效果，如图 3–38 所示。

11. 随机块特效

这种特效用于产生一段素材在另一段素材上以自由碎块的形式逐渐出现的效果，如图 3–39 所示。

12. 随机擦除特效

这种特效用于产生一段素材以自由边界碎块组成的边界形式划入另一段素材的效果，如图 3–40 所示。

图3-37　风车特效

图3-38　径向擦除特效

图3-39　随机块特效

图3-40　随机擦除特效

13．螺旋框特效

这种特效用于产生一段素材在另一段素材上以螺旋盒的形状逐渐出现的效果，如图 3-41 所示。

14．百叶窗特效

这种特效用于产生位于百叶窗窗帘上的一段素材在水平或者垂直的方向上以百叶窗窗帘的形式显示出来的效果，如图 3-42 所示。

图3-41　螺旋框特效

图3-42　百叶窗特效

15．楔形擦除特效

这种特效用于产生一段素材从另一段素材的中心以楔形旋转划过的效果，如图 3-43 所示。

16．划出特效

这种特效用于产生一段素材以水平、垂直或者斜向划变到另一段素材的效果，如图 3-44 所示。

图3-43　楔形擦除特效

图3-44　划出特效

17．水波块特效

这种特效用于产生一段素材以“之”字形碎块的形式出现在另一段素材上的效果，如图3-45所示。

图3-45　水波块特效

3.3.7　缩放转场特效

交叉缩放特效

这种特效用于产生随着一段素材的放大，另一段素材逐渐缩小而显示的效果，如图3-46所示。

图3-46　交叉缩放特效

3.4　范例制作3-1——《风车效果》

本例以风车特效的形式实现两个素材的转场，制作过程如下：

（1）开启一个“风车效果”序列，将素材“pic02.jpg”和“pic03.jpg”导入。

（2）将素材拖入“时间轴”窗口的视频轨道 1 上，具体如图 3−47 所示。

（3）在“效果”窗口中，选择“视频过渡”|“擦除”|“风车”特效，将其拖放至两个素材之间，如图 3−48 所示。

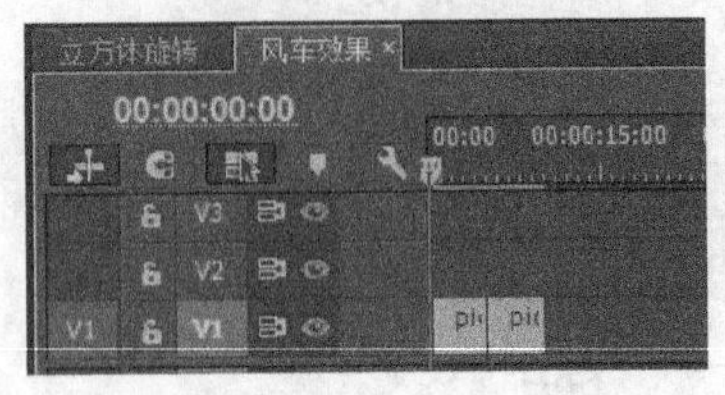

图3−47　“时间轴”窗口

图3−48　添加视频过渡特效

（4）选中“风车”特效，在“效果控件”面板中，设置“持续时间”为 00:00:02:00，“边框宽度”为 3，“边框颜色”为蓝色，如图 3−49 所示。

（5）至此，风车效果制作完成，效果如图 3−50 所示。

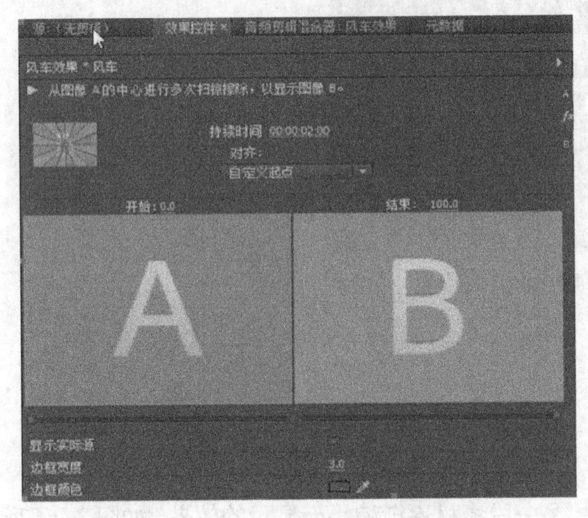

图3−49　“效果控件”参数设置

图3−50　风车效果图

3.5　范例制作 3−2——《页面剥落效果》

本例主要制作一段素材以银白色的背页色卷曲，逐渐显露出另一段素材的页面剥落效果，制作过程如下：

（1）开启一个“页面剥落效果”序列，将素材“pic04.jpg”和“pic05.jpg”导入。

（2）将素材拖入“时间轴”窗口的视频轨道 1 上，具体如图 3−51 所示。

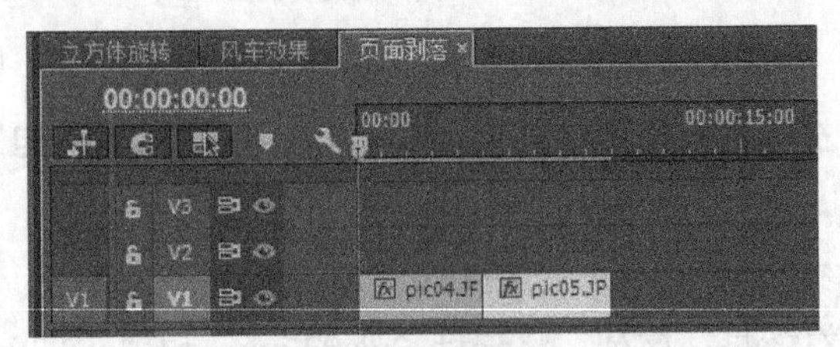

图3−51　“时间轴”窗口

（3）在“效果”窗口中，选择“视频过渡”|“页面剥落”|“页面剥落”特效，将其拖放至两个素材之间，如图 3-52 所示。

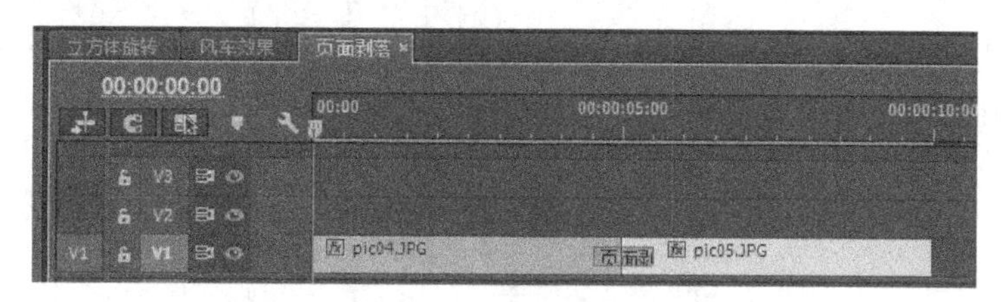

图3-52 添加视频过渡特效

（4）选中“页面剥落”特效，在“效果控件”面板中，设置“持续时间”为 00:00:01:00，“剥落方向”为自东南向西北，如图 3-53 所示。

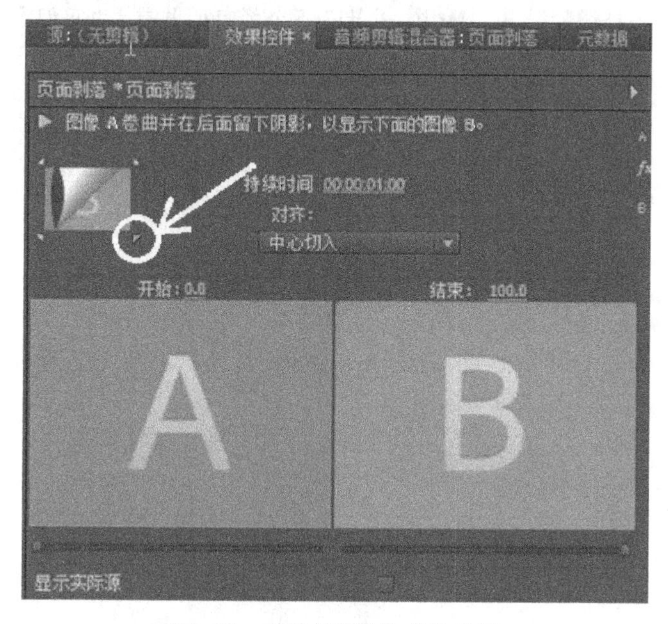

图3-53 “效果控件”参数设置

（5）至此，页面剥落效果制作完成，效果如图 3-54 所示。

图3-54 页面剥落效果图

本章小结

本章介绍了转场的概念并详细介绍了各种转场特效，然后通过项目“风车效果”和“页面剥落效果”的制作讲解了如何使用转场特效，为后面章节的学习打下了基础。

本章作业

（1）导入两个视频素材，添加“交叉溶解”转场特效，导出影片。

（2）导入三段视频素材，为第一、第二段视频添加“摆入”转场特效，为第二、第三段视频添加“摆出”转场特效，导出影片。

（3）寻找素材“廊桥遗梦”，粗览影片，找出3~5个经典的片段，为它们添加合适的转场特效，然后导出影片。

第4章 运动效果

影视作品的创作，除了要有好的创意与丰富的素材外，如果能为素材添加运动效果，将使得作品的画面具有更好的视觉效果和观赏性。

Premiere Pro CC是一款功能强大的非线性编辑软件，可以为素材添加、删除、复制粘贴和设置关键帧等关键帧操作以及加入诸如变形运动、旋转飞入和缩放移动等运动效果。

学习目标

- 清楚位移、旋转和缩放等运动效果的原理；
- 掌握位移、旋转和缩放等运动效果的参数设置；
- 综合上述各种运动效果实现绚丽的动画效果。

4.1 关　键　帧

在动画软件中，一组连续运动的画面中具有转折点的那一帧即为关键帧(Keyframe)。它是指在不同的时间点对对象属性进行变化，而时间点间的变化则由计算机通过算法计算来完成。

4.1.1 动画的基本原理

Premiere Pro CC是基于关键帧的概念对目标的运动、缩放、旋转及特效等属性进行动画设定的。它的原理，即在不同的时间点对对象属性进行变化，而时间点间的变化则由计算机来完成。例如，设置两处关键帧，在第一处设置对象旋转度数为10°，在第二处设置对象旋转度数为30°，则在两处产生两个关键帧，计算机通过给定的关键帧，可以计算出对象在两处之间旋转的变化过程。在一般情况下，为对象指定的关键帧越多，所产生的运动变化越复杂。但是关键帧越多，计算机的计算时间也就越长。

4.1.2 添加一个或多个关键帧

按照之前章节介绍的方法，向素材框中导入一个图片文件，并将其拖动到视频轨道上。单击素材，然后在左上方的调板中选择“效果控件”，如图4-1所示。

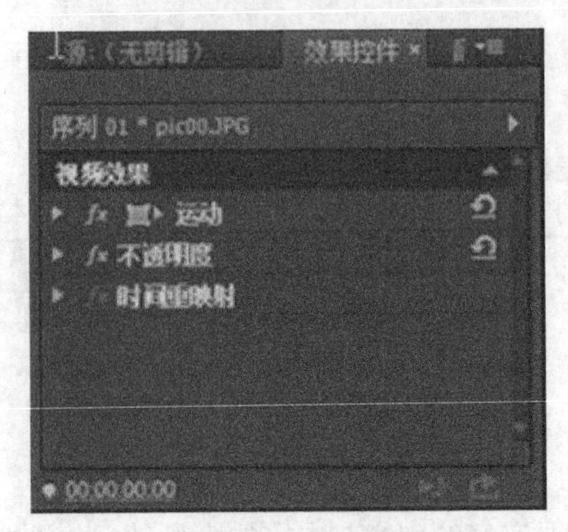

图4-1　选择“效果控件”

展开“运动”，可以对图片的位置、缩放、旋转等参数进行调整，如图 4-2 所示。

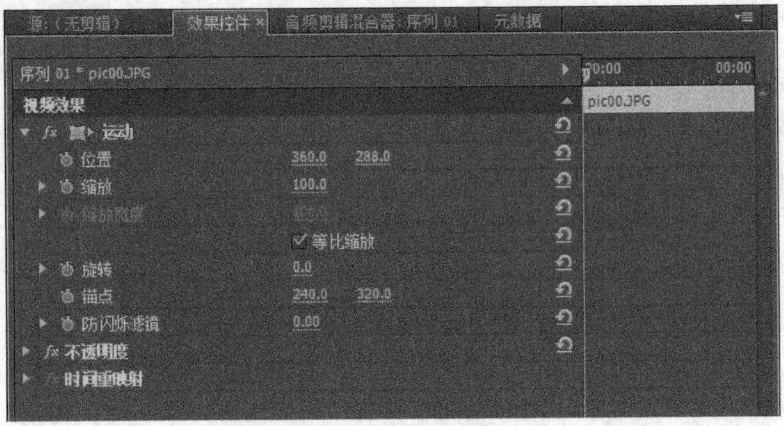

图4-2　“运动”选项设置

在“效果空间”面板中，可以建立关键帧，来实现一些特殊的效果变化。以一个简单的缩放运动特效来做举例。

（1）首先，将时间线放置在需要进行特效变化的起始位置（比如 00:00:00:00 处），点击“缩放”左侧的白色秒表，建立第一个关键帧，此时可以设置图片的起始参数为 100，如图 4-3 所示。

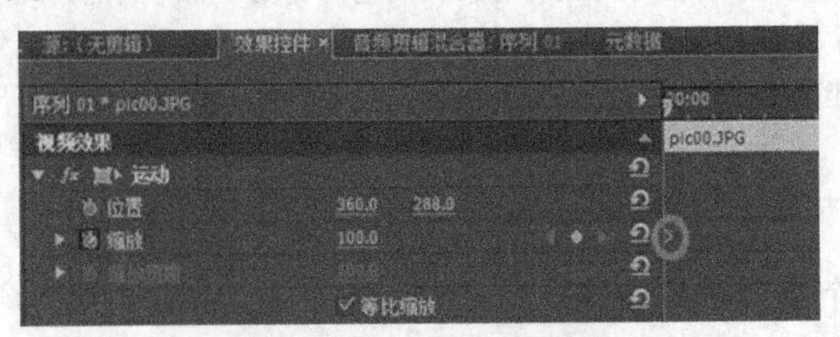

图4-3　为“运动”设置第1个关键帧

（2）然后，将时间线移动到位置 00:00:02:10 处，修改缩放参数为 50，系统自动生成第二个关键帧，此时就完成了关键帧的建立，如图 4-4 所示。

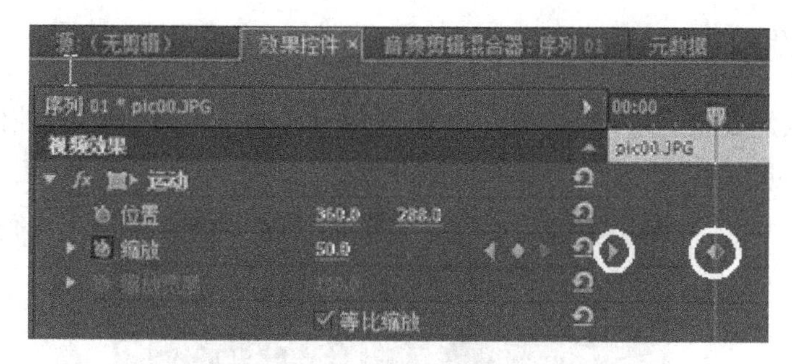

图4-4　为“运动”设置第2个关键帧

（3）将时间线移动到位置 00:00:04:24 处，修改缩放参数为 100，如图 4-5 所示。

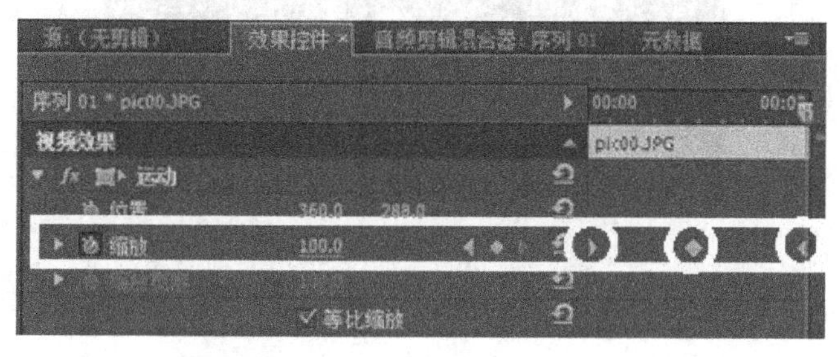

图4-5　为“运动”设置第3个关键帧

（4）将时间线拖至起始位置 00:00:00:00 处，在节目窗口点击播放键效果如图 4-6 所示。

图4-6　效果预览

素材的调整和关键帧的建立，可以应用在视频、音频、图片以及特效的修改上，而且可以同时建立起不同类型的关键帧，做出非常华丽的特效。

4.2　运动效果设置

视频运动是一种后期制作与合成的技术，它包括视频在画面上的运动、缩放、旋转等效果。运动设置是利用关键帧技术，将素材进行位置、动作及不透明度等相关参数的设置。在 Premiere Pro CC 中，运动效果是在“效果控件”选项卡中设置的。

4.2.1 “运动设置”窗口

任何素材只要添加至“时间轴”窗口的轨道上，都可以切换到“效果控件”窗口，可以看到 Premiere Pro CC 的运动设置窗口，如图 4-7 所示。

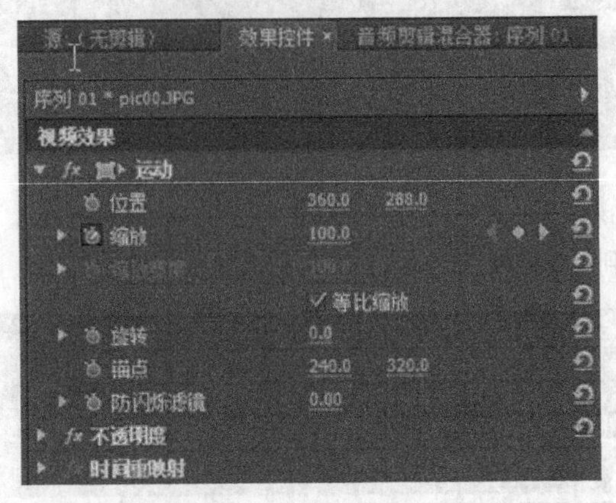

图4-7 效果控件窗口

- “位置”：可以设置对象在屏幕中的位置坐标；
- “缩放”：可调节对象的缩放度；
- “缩放宽度”：在不选择“等比缩放”复选框的情况下可以设置对象的宽度；
- “旋转”：可以设置对象在屏幕中的旋转角度；
- “锚点”：可以设置对象的旋转或移动控制点；
- “防闪烁滤镜”：消除视频中闪烁的现象。

下面通过制作一个“外星人入侵”的项目，来详细介绍位移、缩放及旋转动画的制作。

4.2.2 创建位移动画

（1）新建一个项目“外星人入侵”，导入素材“ship.ai”“earth.ai”和“star.avi”到项目窗口中。

（2）分别选中上述素材，右击，将素材“ship.ai”“earth.ai”的“持续时间（duration）”设置为 00:00:09:23，然后拖动到“时间轴”窗口的视频轨道上，如图 4-8 所示。

（3）在视频轨道上选中“star.avi”，然后在节目窗口中将该视频的屏幕大小调整为整屏；选中“earth.ai”，调整大小，并拖动到节目窗口的左下方；选中“ship.ai”，调整大小，并拖动到节目窗口的右上方，如图 4-9 所示。

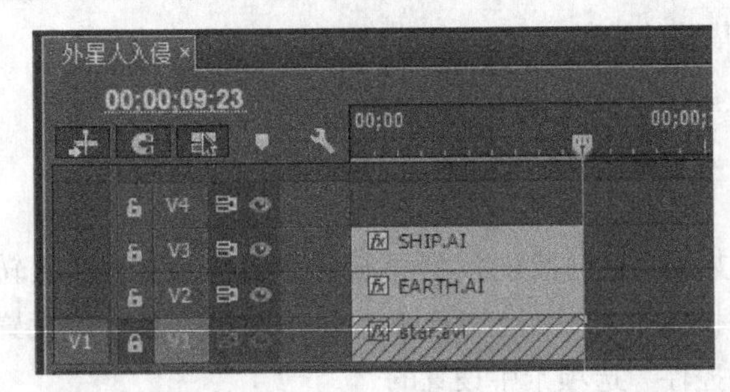

图4-8 视频轨道

图4-9 节目窗

（4）选中“ship.ai”，打开“效果控件”选项卡。单击“运动”项目前的小三角旋转按钮，展开其设置参数。

（5）把时间指针拖到素材 0 s 的位置，按下“位置”栏左边的“秒表”图标按钮，这样将在素材的 0 S 处创建了一个关键帧，如图 4–10 所示。

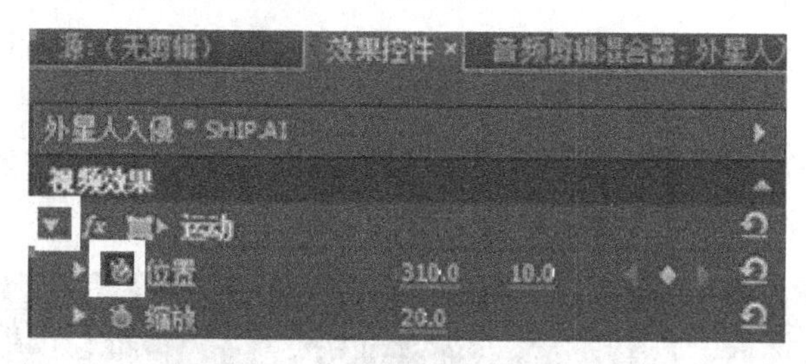

图4–10　为“位置”设置第1个关键帧

（6）然后将时间指针拖到 00:00:03:23 的位置，并往左下方拖动飞船，如图 4–11 所示。

图4–11　为“位置”设置第2个关键帧

（7）接下来将时间指针拖到 00:00:06:23 的位置，并拖动飞船的位置。依次类推，每隔 2 s，添加一个关键帧，如图 4–12 所示。

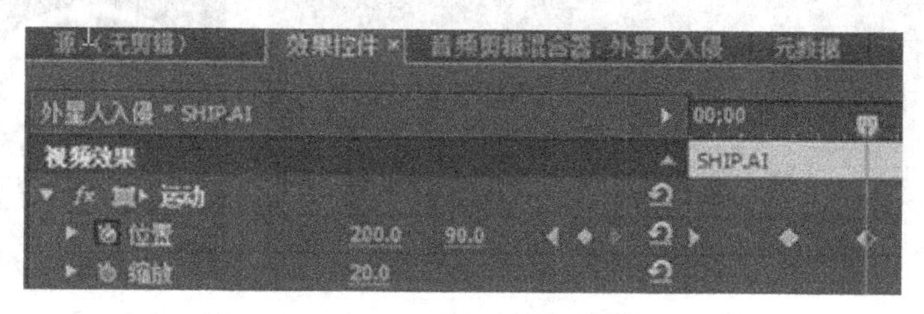

图4–12　为“位置”设置第3个关键帧

（8）最后将时间指针拖到 00:00:09:23 的位置，并拖动飞船的位置，路径如图 4–13 所示。

（9）参数设置完成后，按节目视窗中的“播放”键，可以看到图像运动变化的效果如图 4–14 所示。

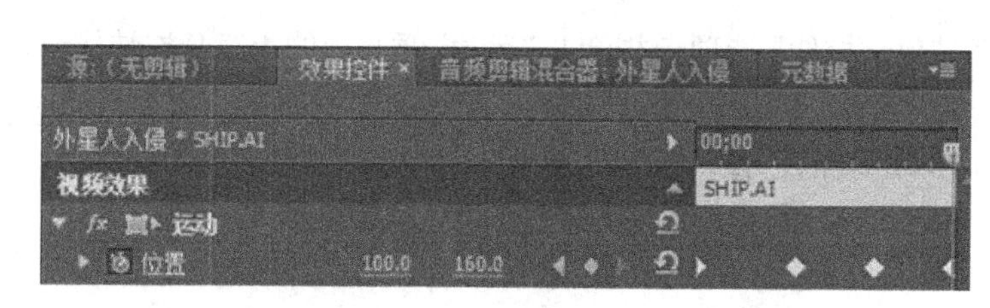

图4–13　为“位置”设置最后1个关键帧

图4–14　位移动画效果

（10）观看效果后，会感觉到动画不真实，因为飞船从遥远的星空飞到地球来，视觉大小一直没变，按道理应该是一个由小到大的过程，所以接下来将给飞船制作缩放动画。

4.2.3 创建缩放动画

（1）重新选中“ship.ai”，打开“效果控件”选项卡，并单击“运动”项目前的小三角旋转按钮，展开其设置参数。

（2）把时间指针拖到 0 s 的位置，按下 “缩放比例”栏左边的“秒表”图标按钮，这样将在素材的 0 s 处创建一个关键帧，如图 4−15 所示。

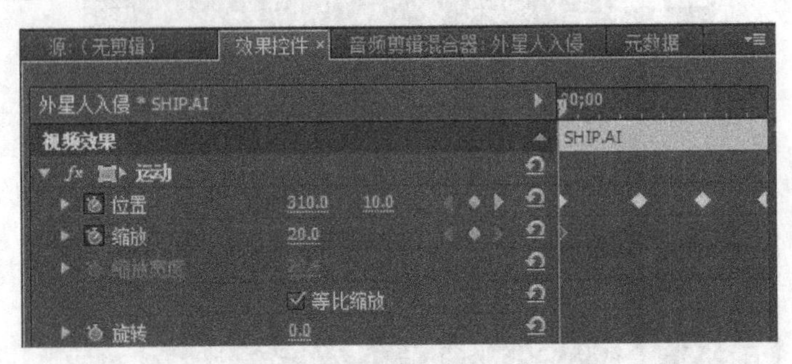

图4−15 为“缩放”设置第1个关键帧

（3）然后将时间指针拖到 00:00:09:23 的位置，并设置“缩放比例”的值为 80，如图 4−16 所示。

（4）参数设置完成后，按节目视窗中的“播放”键，可以看到图像运动变化的效果如图 4−17 所示。

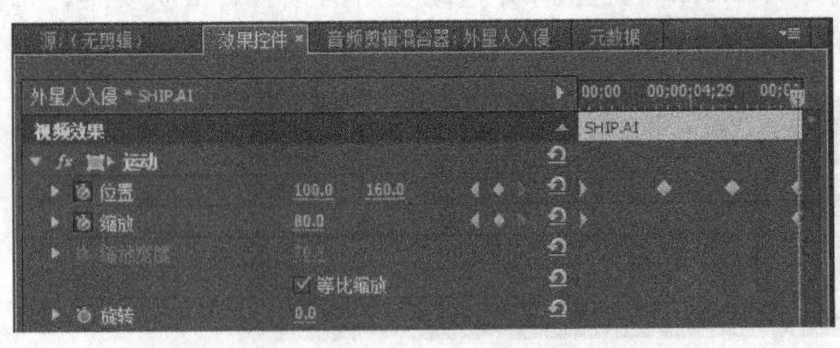

图4−16 为“缩放”设置最后1个关键帧

图4−17 缩放动画效果

（5）再次观看效果后，会感觉到动画比较真实了，但是还有不真实之处，因为飞船在飞行过程中肯定会有轻微晃动，所以，接下来需要继续完善。

4.2.4 创建旋转动画

（1）再次选中“ship.ai”，打开“效果控件”选项卡并单击“运动”项目前的小三角旋转按钮，展开其设置参数。

（2）将时间指针拖到素材 00:00:00:00 的位置，按下 “旋转”栏左边的“秒表”图标按钮，这样将在素材的 0 s 处创建一个关键帧，此时的旋转角度应设置为 0° ，如图 4−18 所示。

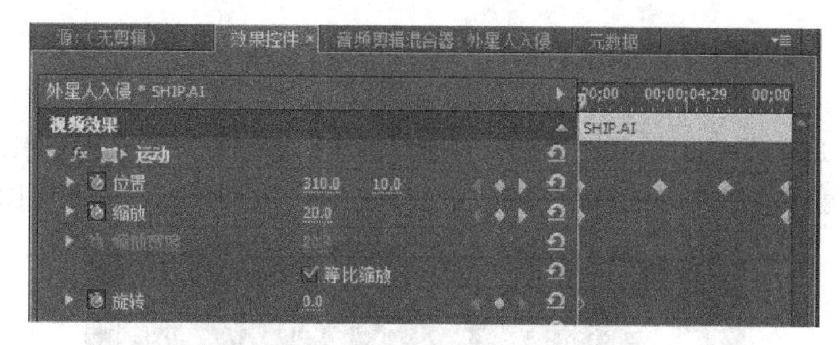

图4-18 为“旋转”设置第1个关键帧

(3) 然后将时间指针拖到 00:00:03:23 的位置，将旋转角度设置为 -20°，如图 4-19 所示。

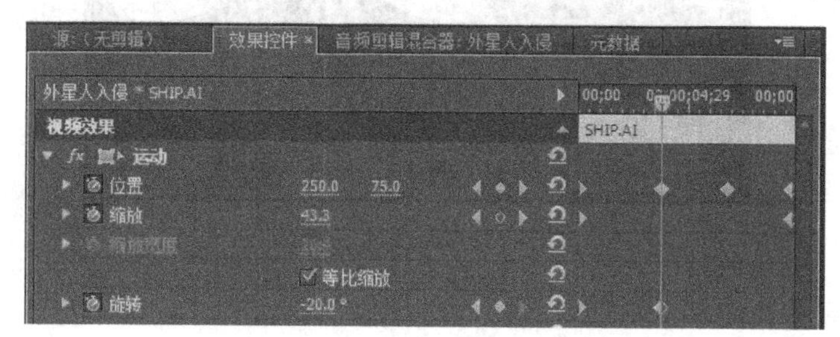

图4-19 为“旋转”设置第2个关键帧

(4) 再将时间指针拖到 00:00:06:23 的位置，将旋转角度设置为 20°，如图 4-20 所示。

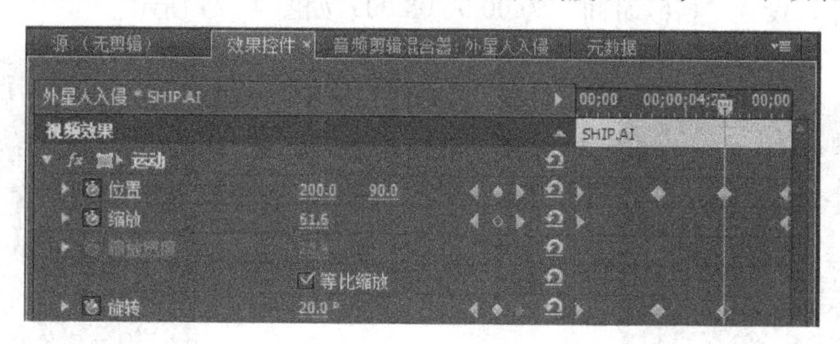

图4-20 为“旋转”设置第3个关键帧

(5) 将时间指针拖到 00:00:06:23 的位置，将旋转角度设置为 0°，如图 4-21 所示。

(6) 参数设置完成后，按节目视窗中的“播放”键，效果如图 4-22 所示。

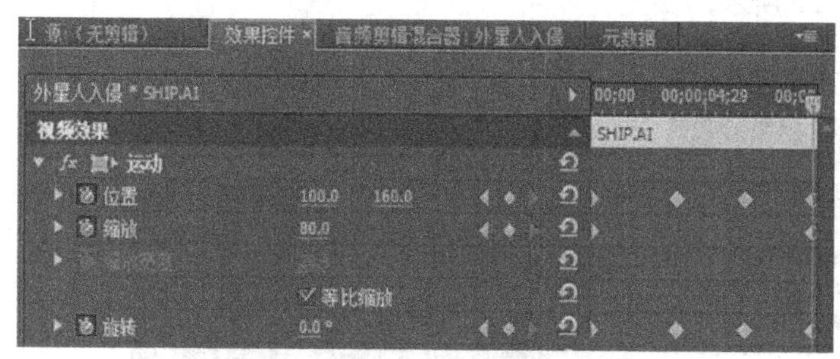

图4-21 为“旋转”设置最后1个关键帧

图4-22 旋转动画效果

4.3 范例制作 4–1——《炫动的 Pizza》

本例将用 Adobe Premiere CC 自带的片头通用倒计时素材来制作影片的倒计时片头，同时通过改变素材的位置（Position）和缩放（Scale）参数，来模拟画中画的效果，效果图如图 4–23 所示。

图4–23 片头动画效果

具体的操作步骤为：

（1）新建序列“炫动的 Pizza”，导入“pic01.jpg”～“pic04.jpg”。

（2）在项目窗口中，选择“pic01.jpg”，右击，在弹出的菜单中“选择速度 / 持续时间（Speed/Duration）”命令，设置“持续时间”为 00:00:08:00，如图 4–24 所示。

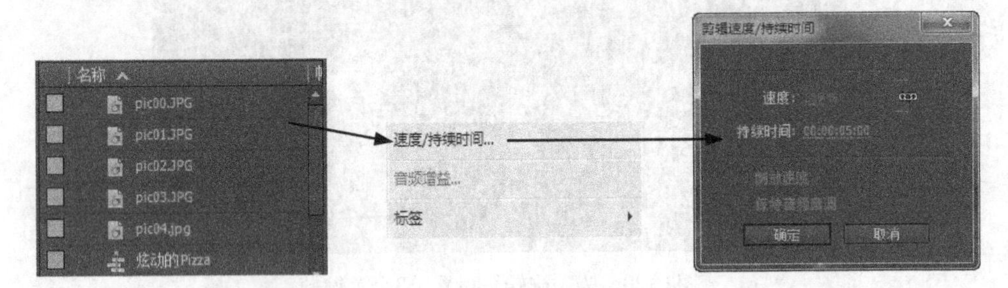

图4–24 “速度/持续时间”设置

（3）单击项目窗口底部的“新建素材”按钮，在弹出的列表中选择“通用倒计时片头（Universal Counting Leader）”选项，如图 4–25 所示。

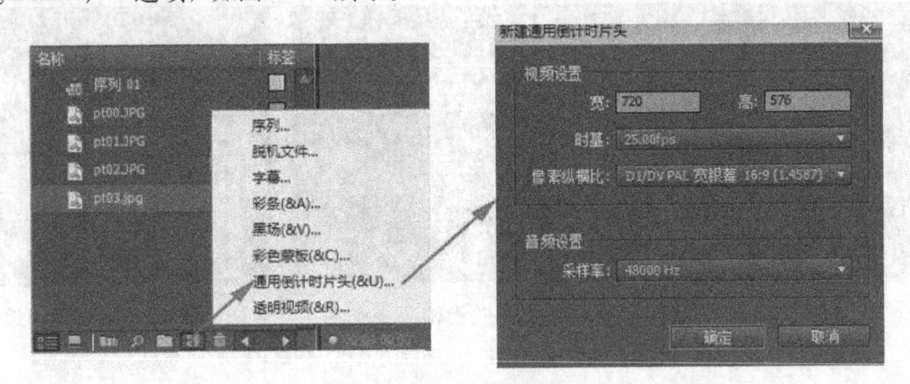

图4–25 新建片头通用倒计时设置

（4）在弹出的“片头通用倒计时设置”对话框中设置颜色值，从上往下分别为{（110，60，5），（218，218，218），（135，30，0），（0，115，5），（255，255，255）}，如图 4–26 所示。

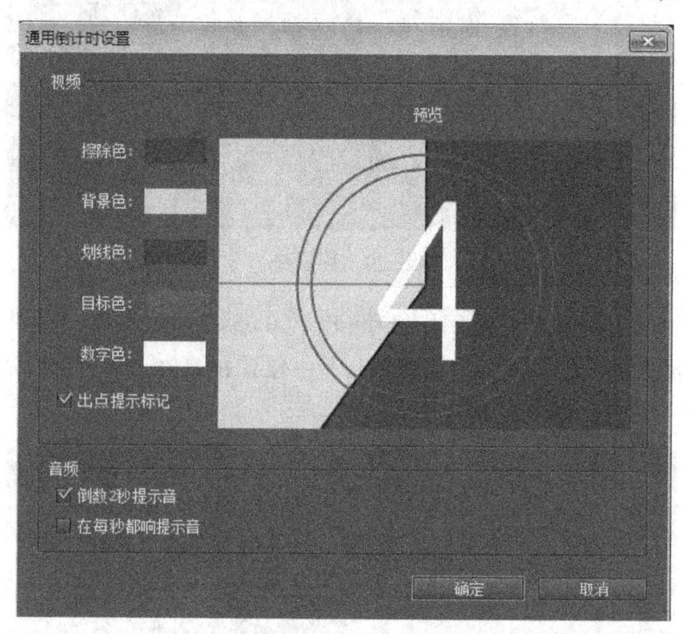

图4–26 通用倒计时设置

（5）单击项目窗口底部的“新建素材”按钮，在弹出的列表中选择“颜色遮罩（Color Matter）”选项，创建一个白色（255，255，255）背景，如图 4–27 所示。

（6）在项目窗口中，选择“彩色蒙版”素材，右击，在弹出的菜单中选择“速度 / 持续时间（Speed/Duration）”命令，设置持续时间为 00:00:00:02。

（7）设置“通用倒计时片头”素材的持续时间为 5 s。

（8）如图 4–28 所示，在箭头处右击，在弹出的菜单中选择“添加轨道”命令。

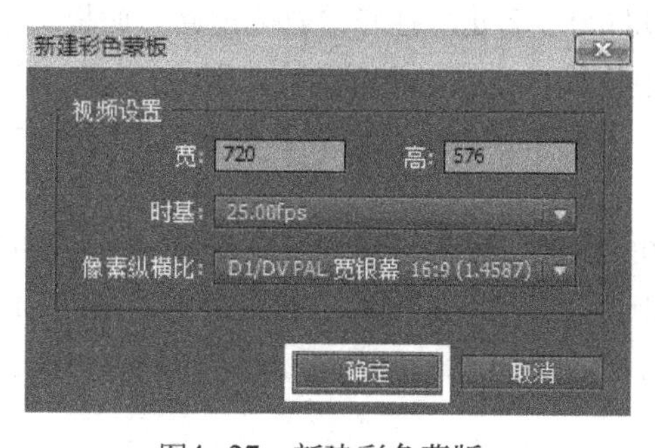

图4–27 新建彩色蒙版

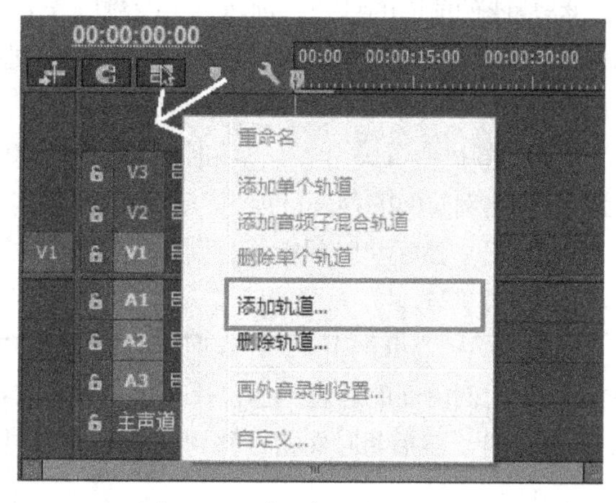

图4–28 “添加轨道”命令

（9）在“添加轨道”窗口，添加 1 条视频轨道。

（10）将所有素材拖动到“时间轴”窗口的视频轨道上，如图 4–29 所示（注意素材“颜色遮罩”放在最右边）。

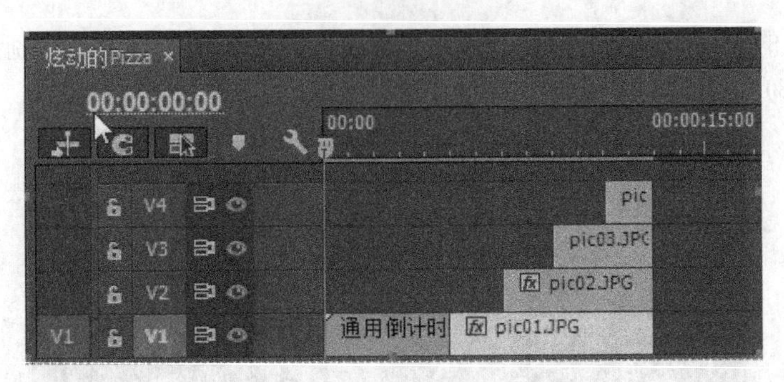

图4-29　视频轨道

（11）选中“pic01.jpg”，将时间指针移到 00:00:05:02 处，打开“效果控件”面板，单击位置和缩放比例前面的秒表，创建一个关键帧，其中位置和缩放比例的参数分别为（358，298）和（124.0，165.0），如图 4-30 所示。

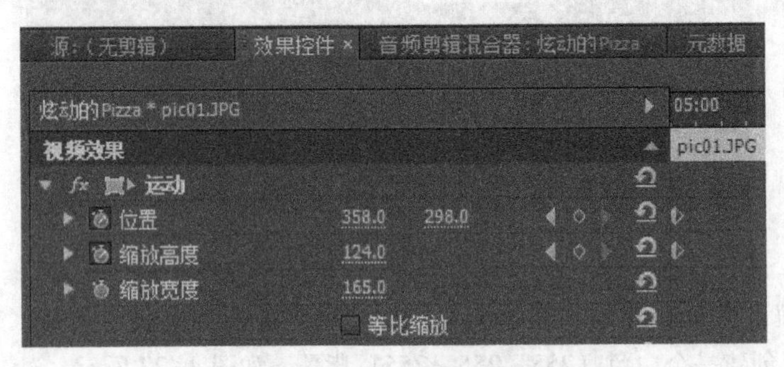

图4-30　运动参数设置

（12）将时间指针移到 00:00:07:02 处，将位置和缩放比例的参数分别改变为（172，149）和（63，78）。

（13）选中“pic02.jpg”，将时间指针移到 00:00:07:02 处，打开“效果控件”面板，单击位置和缩放比例前面的秒表，创建一个关键帧，其中位置和缩放比例的参数分别为（359，290）和（119，163），然后将时间指针移到 00:00:09:02 处，将位置和缩放比例的参数分别改变为（180，439）和（57，83）。

（14）选中“pic03.jpg”，将时间指针移到 00:00:09:02 处，打开“效果控件”面板，单击位置和缩放比例前面的秒表，创建一个关键帧，其中位置和缩放比例的参数分别为（359，289）和（120，163），然后将时间指针移到 00:00:11:02 处，将位置和缩放比例的参数分别改变为（543，437）和（57，82）。

（15）选中“pic04.jpg”，将时间指针移到 00:00:11:02 处，打开“效果控件”面板，单击位置和缩放比例前面的秒表，创建一个关键帧，其中位置和缩放比例的参数分别为（359，289）和（121，163），然后将时间指针移到 00:00:12:24 处，将位置和缩放比例的参数分别改变为（540，148）和（62，82）。

（16）预览，导出片头为“.avi”格式的影片。

4.4 范例制作 4–2——《沿路径运动的字幕》

本例通过更改字幕的位置以及缩放使“幸福降临”等字幕沿着心形路径进行运动，效果如图 4–31 所示。

具体的操作步骤为：

（1）新建序列“沿路径运动的字幕”，导入“pic05.tif”，拖放到 V1 轨道上。

（2）选中“pic05.tif”，打开“效果控件”面板，设置该素材的缩放为 118，如图 4–32 所示。

图4–31 片头动画效果

图4–32 “效果控件”面板

（3）选择“字幕”|“新建字幕”|“默认静态字幕”命令，在弹出的对话框中保持默认设置，单击“确定”按钮。输入文字“幸”，在“变换”选项组中将“X 位置”设为 170，“Y 位置”设为 318。

（4）新建静态“字幕 02”，输入文字“福”，在“变换”选项组中将“X 位置”设为 315，“Y 位置”设为 318。

（5）使用同样的方法设置其他字幕。关闭“字幕”对话框。将“字幕 01”拖放到 V2 轨道上，将时间线对准 00:00:00:00。选中“字幕 01”，打开“效果控件”面板，将“缩放”设为 32，“位置”设为 408、467，分别单击“位置”和“缩放”右侧的“添加 / 删除关键帧”按钮，如图 4–33 所示。

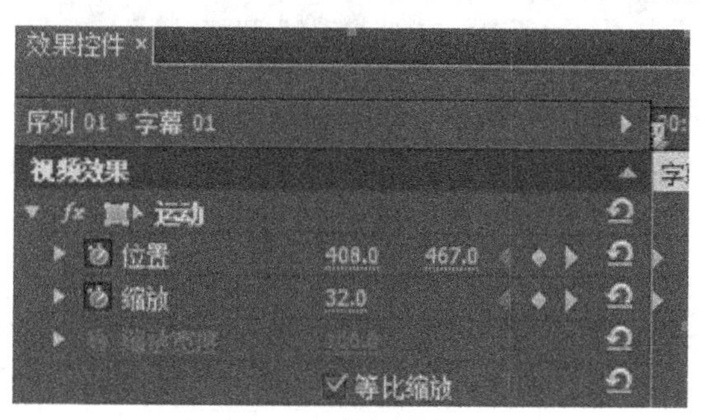

图4–33 “运动”设置

（6）将时间线移至 00:00:00:11，将“位置”设为 311、357；将时间线移至 00:00:00:20，将“位置”设为 284、233；将时间线移至 00:00:01:05，将“位置”设为 359、183；将时间线移至 00:00:01:12，将“位置”设为 413、218；将时间线移至 00:00:01:17，将“位置”设为 413、302，单击“缩放”右侧的“添加 / 删除关键帧”按钮。

（7）将时间线移至 00:00:01:24，将“位置”设为 360、288，“缩放”设为 100，如图 4–34 所示。

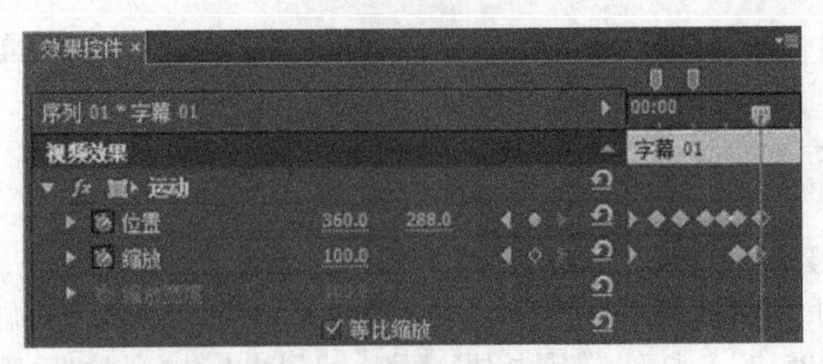

图4–34 “运动”设置

（8）将时间线移至 00:00:00:05，将“字幕 02”拖放到 V3 轨道上（将其开始位置与时间线对齐，结束位置与 V2 轨道尾部对齐），“位置”设为 382、467，“缩放”设为 32，分别单击“位置”和“缩放”右侧的“添加 / 删除关键帧”按钮。

（9）将时间线移至 00:00:00:16，将“位置”设为 273、357；将时间线移至 00:00:01:00，将“位置”设为 238、274；将时间线移至 00:00:01:09，将“位置”设为 273、194；将时间线移至 00:00:01:16，将“位置”设为 370、206；将时间线移至 00:00:01:21，将“位置”设为 370、284，单击“缩放”右侧的“添加 / 删除关键帧”按钮。

（10）将时间线移至 00:00:02:01，“位置”设为 360、288，“缩放”设为 100，如图 4–35 所示。

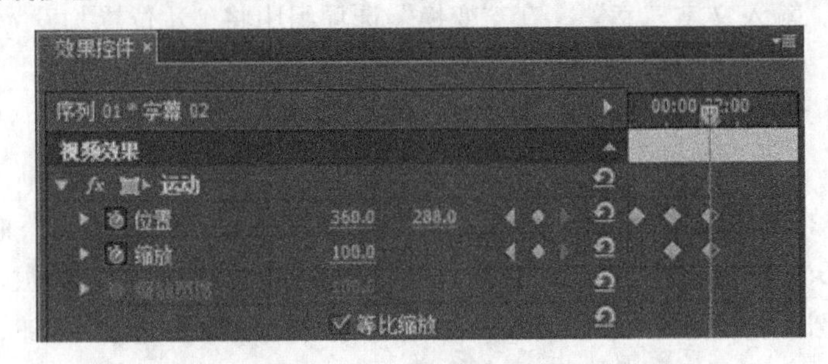

图4–35 “运动”设置

（11）使用同样的方法设置其他参数，导出影片。

本章小结

本章首先介绍动画原理以及如何添加关键帧，然后通过一个实例的制作详细讲解了如何利用 Adobe Premiere Pro CC 自带的片头通用倒计时素材来制作片头以及制作位移、缩放、旋转动画，为后续的学习打下基础。

本章作业

1. 上网寻找“雪花”素材，导入并拖动到“时间轴”窗口的视频轨道上，为“雪花”做“位置”动画，最终效果为许多雪花从空中缓缓飘落，导出影片。

2. 制作一个文本旋转、从小变大的动画，导出影片。

第5章 不透明度与抠像

在影视作品的创作过程中，如果能为素材添加不透明动画，将使得作品的画面产生时间流逝的效果，比如淡入淡出的字幕、两幅或多幅画面依次相互叠加的效果、季节或时间的变换等。

“抠像（Keying）”是一种去除背景的工具，它可以将蓝色或绿色的背景部分去除（电视主播常用这种方法）。

学习目标

- 掌握不透明度效果和不透明度动画的制作；
- 知道抠像原理、各种类型蒙版的功能与使用方法；
- 使用不同的蒙版实现抠像。

5.1 不透明度

5.1.1 使用淡化线实现不透明度效果

使用“不透明度(Opacity)”可以为素材制作淡入淡出或相互叠加的视觉动画效果。当素材添加至“时间轴”窗口的轨道上，在“效果控件”窗口，可以看到不透明度参数设置。

为素材设置不透明度效果，可通过“效果控件”窗口中的不透明度参数来设置，也可通过“时间轴”窗口中轨道的透明淡化线来完成。首先，我们使用透明淡化线来实现不透明度效果，步骤如下。

（1）新建序列，导入素材“pic00.jpg”，然后拖动到V1轨道。

（2）在“时间轴”窗口的轨道中选择要进行不透明度设置的素材片段，素材中央位置有一条白色的横线，如图5-1所示。

图5-1　白色淡化线

(3) 选择钢笔工具，按住【Ctrl】键，将光标移到素材的淡化线上，单击鼠标左键一次，便可添加一个关键帧，如图 5-2 所示。

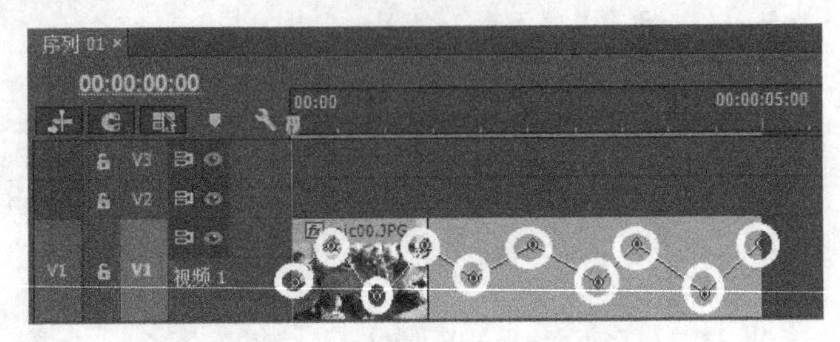

图5-2　使用钢笔工具添加关键帧

(4) 选择某个关键帧，用钢笔工具垂直移动关键帧（设置关键帧的不透明度），或水平移动关键帧（设置关键帧的时间位置），如图 5-3 所示。

图5-3　使用钢笔工具调节关键帧的不透明度

(5) 选择某个关键帧，右击，在弹出的菜单中选择一种关键帧插值，如图 5-4 所示。

(6) 如果上一步骤的关键帧插值选择了“贝塞尔曲线（Bezier）”，则可以用钢笔工具调节曲线的手柄，从而调整曲线的曲率。

(7) 重复上述步骤，快速地为素材设置不透明度效果，如图 5-5 所示。

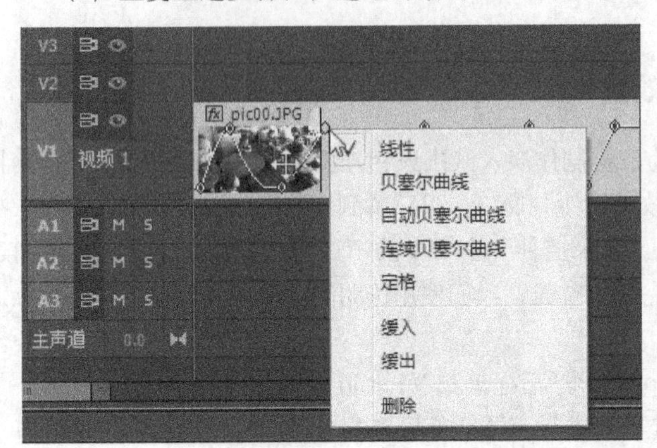

图5-4　选择关键帧插值

图5-5　不透明度效果

5.1.2　在效果控件面板中实现不透明度效果

在效果控件面板中实现不透明度效果的步骤如下。

(1) 使用“时间轴”窗口淡化线创建不透明度关键帧并改变关键帧属性的同时，效果控件面板的不透明度参数也发生了相应的变化，图 5-6 所示为上一节的实例的淡化线和效果控件参数的对照图。两者区别在于：淡化线用来制作一些要求不严格的动画，如果想精确控制，则要使用效果控制。

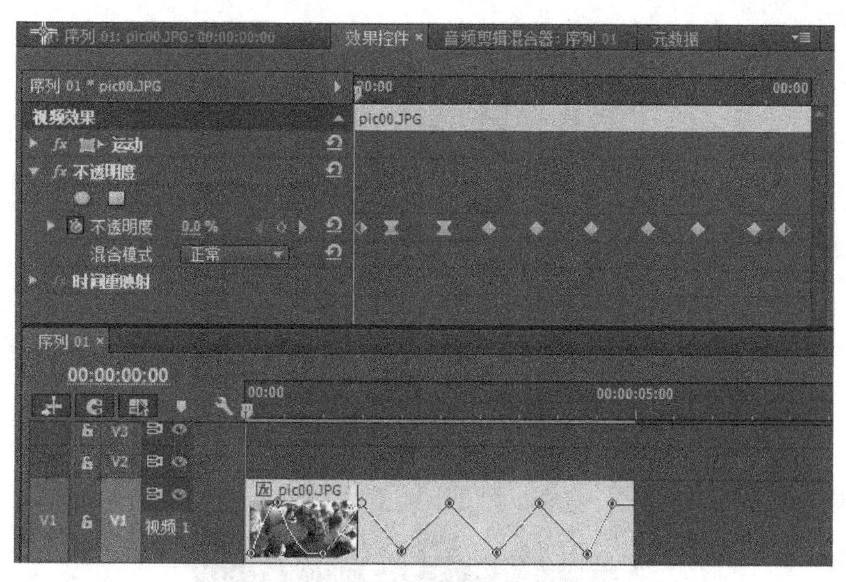

图5–6 淡化线和效果控件参数的对照

（2）回到上例，打开效果控件，并展开不透明度，选中第二个关键帧，右击，在弹出的菜单中选择“自动曲线”，将发现关键帧的图标发生变化。与此同时，淡化线上的关键帧图标也发生变化，如图 5–7 所示。

图5–7 “时间轴”窗口与效果控件的关键帧图标变化对比

（3）通过上述实例的对比，只有将两者结合使用，才能提高操作效率。

5.2 抠 像

在 Adobe Premere Pro CC 中，“抠像（Keying）”是一种视频特效，被分组在“效果（Effects）”窗口的“视频效果”组中，如图 5–8 所示。

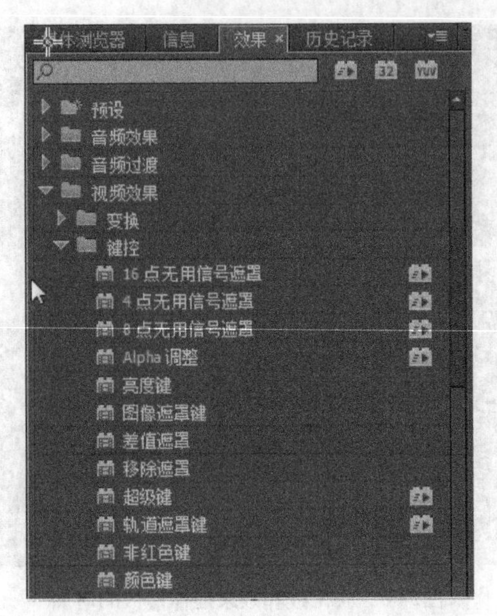

图5-8　抠像特效

1．Alpha 调整（Alpha Adjust）

功能概述：该滤镜适合对带有 Alpha 通道的素材进行抠像，可以按照前面滤镜的灰度等级来决定叠加的效果。

不透明度（Opacity）：调整前面画面的不透明度。反转（Invert Alpha）：把通道进行反相处里。蒙板（Mask Alpha）：将通道作为蒙板使用。

2．颜色键（Color Key）

该滤镜和 Chroma 滤镜的功能相似，使用该滤镜时，可首先用吸管获取一颜色值，然后再调节该颜色的容差值等参数。

键色（Key Color）：用吸管获取一颜色，将其作为透明处理的基本色。色彩宽容度（Color Tolerance）：设置透明色的容差度。边缘细化（EdgeThin）：设置透明边缘的扩展和收缩度。边缘羽化（Edge Feather）：设置透明边缘的羽化程度。

3．差值遮罩（Difference Matte）

该滤镜可在两个图像的相同区域叠加，从而保留他们的不同区域。

相似（Similarity）：确定颜色的范围。反转（Reverse）：消除静态背景。阴影（Drop Shadow）：在画面的透明区域添加一个 50% 的灰度阴影。提示：这种滤镜可以用来抠像，可以将一个移动物体后面的静态背景移走，更换成其他的背景。

4．4 点无用信号遮罩（Four -Point Garbage Matte）

该滤通过对前面画面的四个角的位置定位而显露出后面的画面的效果，原点在左上。

5．图像遮罩键（Image Matte Key）

该滤镜允许用户为被叠加的静止图文素材选择一种当作遮罩的背景素材，选择的素材可以

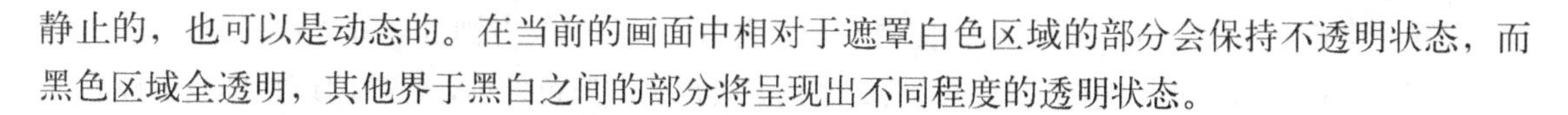

静止的，也可以是动态的。在当前的画面中相对于遮罩白色区域的部分会保持不透明状态，而黑色区域全透明，其他界于黑白之间的部分将呈现出不同程度的透明状态。

6．亮度键控（Luma Key）

该滤镜可以将被被叠加的图像的较暗区域的灰度设置为透明，而且保持色度不变。也就是说该滤镜对明暗对比十分强烈。

7．非红色键（Non Red Key）

该滤镜的原理与蓝屏键控（Blue Screen Keying）和绿屏键控（Green Screen Keying）是相同的，主要来叠加有蓝色和绿色背景的素材。

阈值 (Threshold)：选定颜色内阴影部分的大小。屏蔽（Cutoff）：使阴影加黑或加亮。去边（Defringing）：下面的菜单可以选择绿色（Green Screen）或蓝色（Blue Scren）。

8．移除遮罩（Remove Matte）

该滤镜可以把遮罩移除，移除画面中遮罩的白色区域或黑色区域。

9．轨道遮罩键（Track Matte Key）

该滤镜使用相邻轨道上的素材作为遮罩，可以有两种类遮罩使用方法，一种是 Alpha 通道透明，另一种是亮度叠加，由于轨道上的素材可以是动态内容，也可以进行编辑，故轨道遮罩是一种灵活的遮罩滤镜。

10．超级键控（Ultra Key）

该滤镜通过指定某种颜色值，然后再调节该颜色的容差值等参数，来决定素材的透明效果。

5.3 范例制作——《Pizza 出炉》

本例首先运用不透明度的方法制作动画效果，然后将实景抠像后与动画进行合成，制作过程如下：

（1）新建项目“Pizza 出炉”，序列 01 的编辑模式为 DV−PAL（标准 48 kHz）。

（2）导入素材文件夹的“pizza1.avi”“pizza2.avi”“pizza3.avi”和“背景 .jpg”。

（3）将“背景 .jpg”拖放到视频轨道（V1）上。

（4）选中轨道上的“背景 .jpg”，将持续时间设置为 29 s。

（5）将“pizza1.avi”的起点设置为 00:00:00:00，终点设置为 00:00:18:20，然后拖放到视频轨道（V2）上，让该视频从第 1 s 处开始播放，如图 5−9 所示。

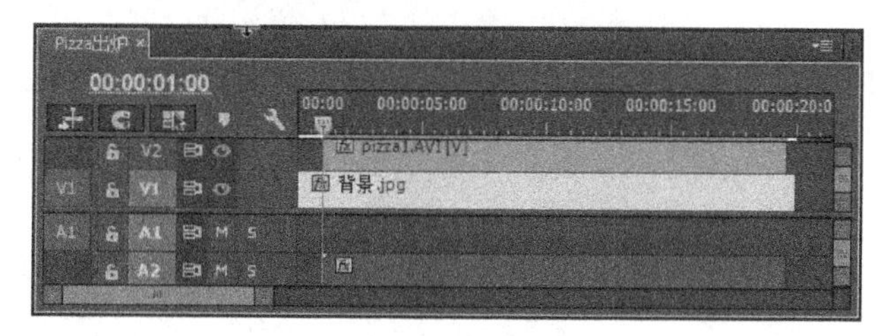

图5−9 添加视频“pizza1.avi”

（6）调整“pizza1.avi”的大小，使得它与“背景.jpg”中的电视机屏幕大致相等。

（7）为视频添加遮罩键控。目前，素材遮挡了电视机的黑色外框，需要将遮挡部分去掉，以便显示电视机的黑色外框。由于电视机屏幕是四方形，因而可使用4点无用信号遮罩。

（8）在“效果”面板中选择“视频效果”|“键控”|“4点无用信号遮罩”，将其拖放至“pizza1.avi”上。接下来开始设置效果参数。选中轨道上的“pizza1.avi”，打开“效果控件”面板，展开“4点无用信号遮罩”的参数栏，设置4个控制点的位置参数，将视频截去一点，如图5-10所示。

fx 4点无用信号遮罩		
上左	24.0	26.0
上右	600.0	26.0
下右	600.0	550.0
下左	24.0	550.0

图5-10　设置“4点无用信号遮罩”的参数

（9）为素材“pizza1.avi”添加淡入效果。打开“效果控件”面板，将“时间轴”窗口的时间线拖至1 s处，将不透明度的值设为0，然后将时间线拖至5 s处，将不透明度的值设为100。

（10）为素材“pizza1.avi”添加淡出效果。打开“效果控件”面板，将“时间轴”窗口的时间线拖至14 s处，将不透明度的值设为100，然后将时间线拖至00:00:19:16处，将不透明度的值设为0。

（11）将“pizza2.avi”拖放到视频轨道（V3）上，调整视频大小，添加“视频效果”|“键控”|“4点无用信号遮罩”，设置效果参数，让该视频从第14 s处开始播放，如图5-11所示。选中“pizza2.avi”，右击，设置视频的持续时间为7 s。

图5-11　添加视频“pizza2.avi”

（12）为素材“pizza2.avi”添加淡入效果。打开“效果控件”面板，将“时间轴”窗口的时间线拖至14 s处，将不透明度的值设为0，然后将时间线拖至16 s处，将不透明度的值设为100。

（13）为素材“pizza2.avi”添加淡出效果。打开“效果控件”面板，将“时间轴”窗口的时间线拖至19 S处，将不透明度的值设为100，然后将时间线拖至21 s处，将不透明度的值设为0。

（14）选中“V3”，右击，添加一个视频轨道（V4）。

（15）将“pizza3.avi”拖放到视频轨道（V4）上，调整视频大小，添加“视频效果”|“键控”|“4 点无用信号遮罩”，设置效果参数，让该视频从第 19 s 处开始播放，如图 5–12 所示。调整视频大小，选中“pizza3.avi”，右击，设置视频的持续时间为 10 s。

图5–12 添加视频“pizza3.avi”

（16）为素材“pizza3.avi”添加淡入效果。打开“效果控件”面板，将“时间轴”窗口的时间线拖至 19 s 处，将不透明度的值设为 0，然后将时间线拖至 21 s 处，将不透明度的值设为 100。

（17）为素材“pizza3.avi”添加淡出效果。打开“效果控件”面板，将“时间轴”窗口的时间线拖至 27 s 处，将不透明度的值设为 100，然后将时间线拖至 00:00:28:24 s 处，将不透明度的值设为 0。

（18）生成影片。

本章小结

本章通过实例讲解如何用 Premiere 对素材进行不透明度调节，从而制作“淡入淡出”动画，同时介绍了各种抠像特效。希望读者多加练习，尽可能掌握各种抠像技巧，为以后的合成打下基础。

本章作业

（1）使用“钢笔”和“淡化线”制作“不透明度”动画，最终实现素材的“淡入淡出”效果，导出影片。

（2）寻找一具有蓝屏背景的素材，抠除蓝色背景，替换为红色，然后导出影片。

第 6 章 字幕

字幕是动画、影视作品不可分割的部分，好的字幕可让作品变得非常有意思，起到画龙点睛的作用。

学习目标

- 掌握简单字幕的制作；
- 掌握运动、路径字幕的制作。

6.1 字幕窗口及面板

对于 Premiere Pro CC 来说，字幕是一个独立的文件，只有把字幕文件加入到“时间轴”窗口的视频轨道中才能真正地成为影视节目的一部分。

字幕的制作主要是在“字幕”窗口中进行的。在菜单栏中选择“文件”|“新建”|“字幕”命令，此时会弹出“新建字幕”对话框，如图 6–1 所示。

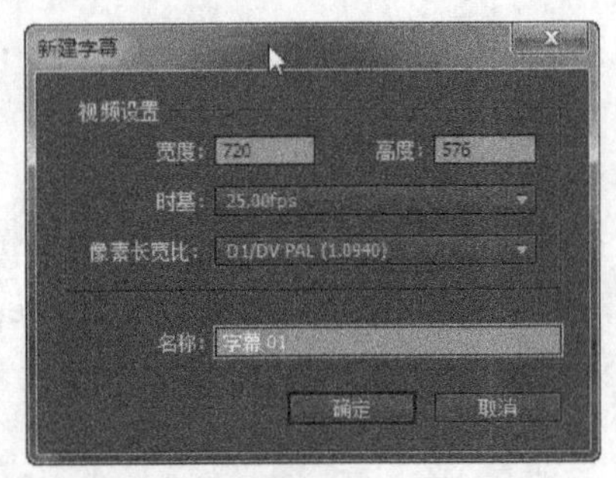

图6–1 “新建字幕”对话框

对建立的字幕命名，单击“确定”按钮，即可打开“字幕”窗口，如图 6–2 所示。

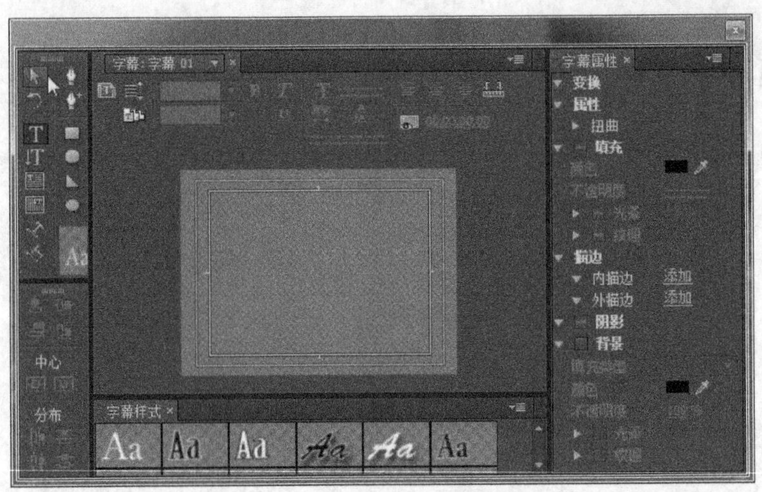

图6–2 “字幕”窗口

也可以在“项目”窗口的空白处右击，选择弹出的快捷菜单中选择“新建分项”|“字幕”命令，如图 6−3 所示，此时会弹出“新建字幕”对话框，对建立的字幕进行命名，单击“确定”按钮，即可打开“字幕”窗口。

“字幕”窗口左侧的“字幕工具”窗口中包括生成和编辑文字与物体的工具。要使用工具进行单个操作，在其中单击该工具按钮，然后在字幕显示区域拖动鼠标即可，工具栏如图 6−4 所示（要使用一个工具进行多次操作，在“字幕工具”窗口中双击该工具按钮即可）。

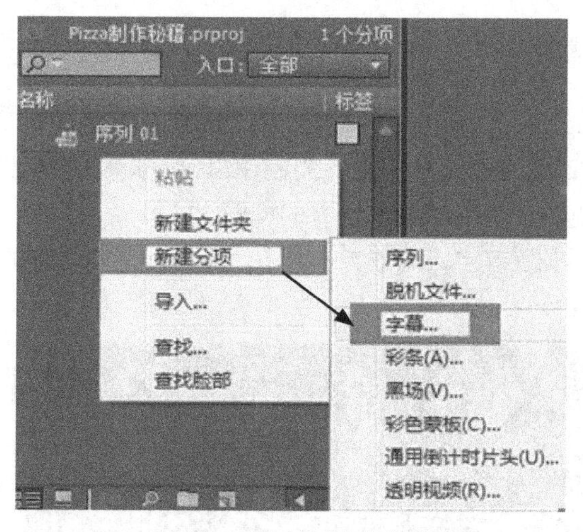

图6−3 选择“字幕”命令

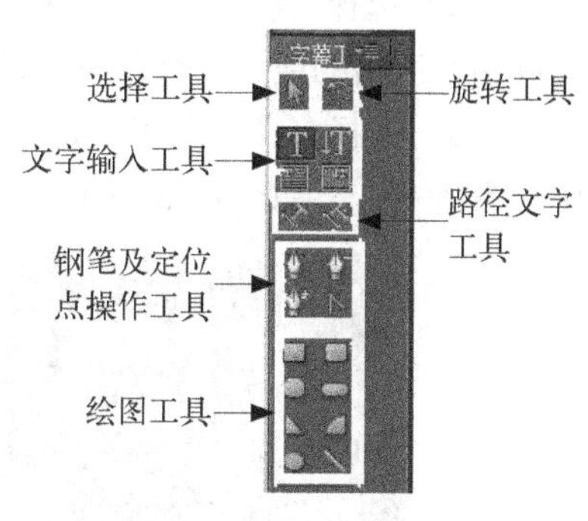

图6−4 “字幕工具”窗口

- “选择工具”：该工具可用于选择一个物体或文字块；
- “旋转工具”：使用该工具可以旋转对象；
- “输入工具”：使用该工具可以建立并编辑文字；
- “垂直文字工具”：该工具用于建立竖排文本；
- “区域文字工具”：该工具用于建立段落文本；
- “垂直区域文字工具”：该工具用于建立竖排段落文本；
- “路径文字工具”：使用该工具可以建立一段沿路径排列的文本；
- “垂直路径文字工具”：该工具的功能与路径文字工具相同。不同之处在于，“路径文字工具”创建垂直于路径的文本，“垂直路径文字工具”创建平行于路径的文本；
- “钢笔工具”：使用该工具可以创建复杂的曲线；
- “添加定位点工具”：使用该工具可以在线段上增加控制点；
- “删除定位点工具”：使用该工具可以在线段上减少控制点；
- “转换定位点工具”：使用该工具可以产生一个尖角或用来调整曲线的圆滑程度；
- “矩形工具”：使用该工具可以绘制矩形；
- “切角矩形工具”：使用该工具可以绘制一个矩形，并且对该矩形的边界进行剪裁控制；
- “圆角矩形工具”：使用该工具可以绘制一个带有圆角的矩形；
- “圆矩形工具”：使用该工具可以绘制一个偏圆的矩形；
- “楔形工具”：使用该工具可以绘制一个三角形；
- “弧形工具”：使用该工具可以绘制一个圆弧；

- “椭圆形工具”：该工具可以绘制一个椭圆。在拖动鼠标绘制图形的同时按住【Shift】键可以绘制出一个正圆；
- “直线工具”：使用该工具可以绘制一条直线。

6.2 简单字幕基本制作流程

6.2.1 使用文字工具制作简单字幕

（1）新建序列，导入素材“pic0.jpg”～“pic4.jpg”，然后将“pic0.jpg”拖动到V1轨道。

（2）选择“文件”|“新建”|“字幕”命令，弹出独立的制作窗口，此时的背景影片就是时间指针所指的地方，可以在此设计标题字、图形或套用已有的模板。

（3）选择“文字”工具，输入“看招”等字，调整字体大小、颜色，也可以选择字幕样式中已有的样式，如图6–5所示。

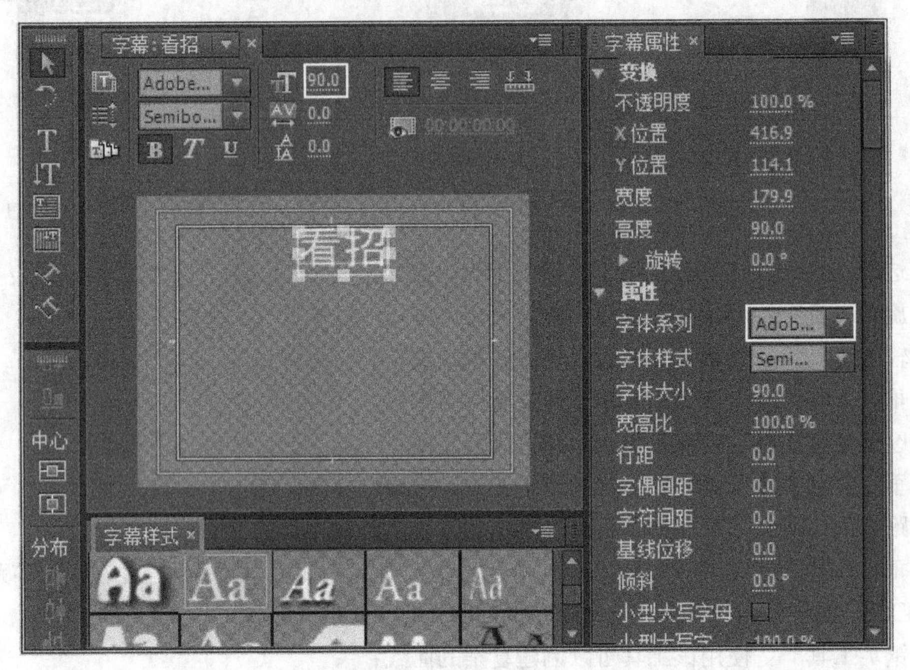

图6–5　文字属性设置

（4）若担心文字和影像分不清楚，也可以选择Strokes加上“内框（Inner Strokes）”或“外框（Outer Strokes）”，可以使字体明显一点，或加上“阴影（Shadow）”等效果。字的不透明度可以调整到80%～90%左右，而非100%，这样看起来比较自然柔和。

（5）选择“字幕”|“位置”|“水平居中”命令，使字体置于水平的正中间。

（6）当字的样式定下来之后，就可将该样式做样本，套用到另一个新字幕上，这样就不要每次都重新设定。先滑动时间指针到要设定的目标影像，按一下“New字幕”|“基于当前字幕”。

（7）将制作好的字幕拖放到“时间轴”窗口的视频轨道的V2中，就可以与影片叠合，效果如图6–6所示。

图6–6 字幕与素材叠合效果

6.2.2 使用图形工具制作简单字幕

（1）新建字幕，选择椭圆形画图工具，拉出一个椭圆。现在可利用这个椭圆做出漫画式的对话框。

（2）使用“文字”工具即可在椭圆的上面加上文字。

（3）将鼠标移到图形边缘处可使它旋转，依照鼠标位置自动缩放或旋转，将文字进行如图 6–7 所示的旋转。

图6–7 椭圆文字旋转效果

6.3 运动字幕制作流程

动态字幕可以用来做广告的文字跑马灯或影片最后的工作人员表等。

（1）新建一个字幕，再单击如图 6–8 所示的按钮，将弹出“滚动 | 游动选项”窗口。

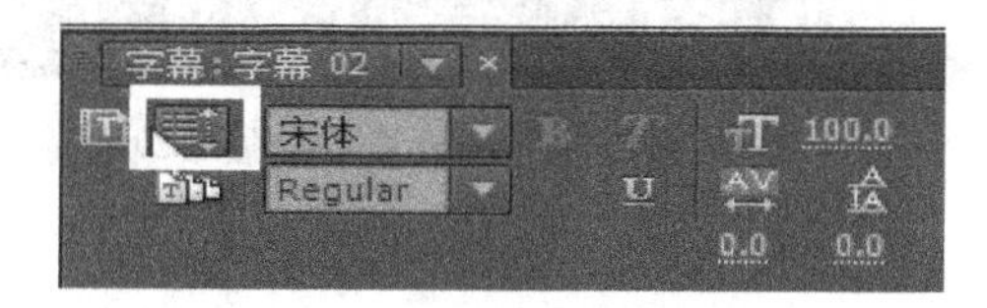

图6–8 “滚动/游动选项”按钮

（2）选择“文字”工具，输入文字，勾选“滚动”，文字就会往上滚动，如图 6–9 所示。

（3）同时勾选“开始于屏幕外”和“结束于屏幕外”，这样文字就会从画面外进入，再消失到画面外。

（4）若要向左或向右滚动就要勾选“向左游动”或“向右游动”了。“定时（Timing）”中的“缓入”就是（在 15 帧之内）速度渐快；“缓出”就是（在 15 帧之内）速度渐慢，如图 6–10 所示。

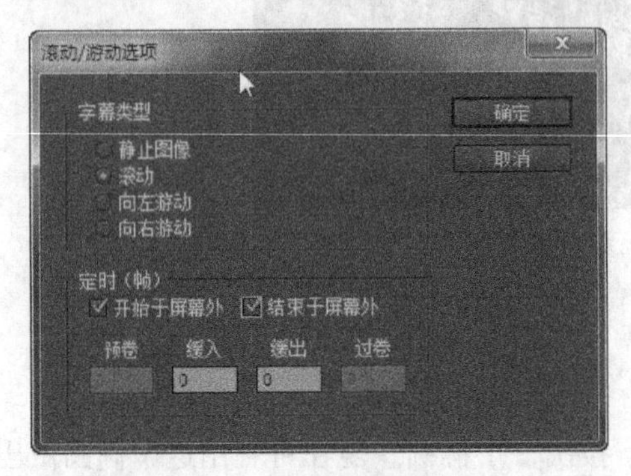

图6–9　滚动字幕属性设置

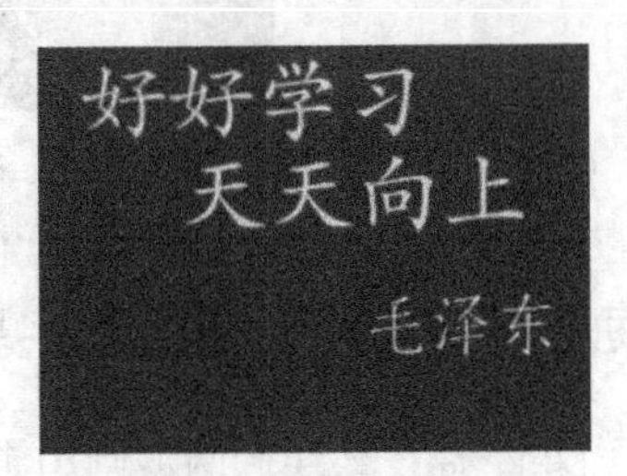

图6–10　滚动字幕效果

（5）将刚创建的字幕拖动到视频轨道 V2 的最尾端，拉长到合适长度，拖动时间指针预览，就可看到文字往上滚动。

6.4　球面凸显字幕制作

在影视作品中，可以看到球面凸显字幕的效果，球面凸显字幕制作一般分为新建项目导入素材、新建字幕文件和设置字幕动画共 3 个环节。

1. 新建项目、导入素材

（1）新建序列“球面凸显字幕”。

（2）选择“文件”|“导入”命令，在项目窗口中导入素材文件。

（3）将素材“pic02.jpg”拖动到“时间轴”窗口的 V1 上，并调整“效果控件”面板里的缩放参数，如图 6–11 所示。

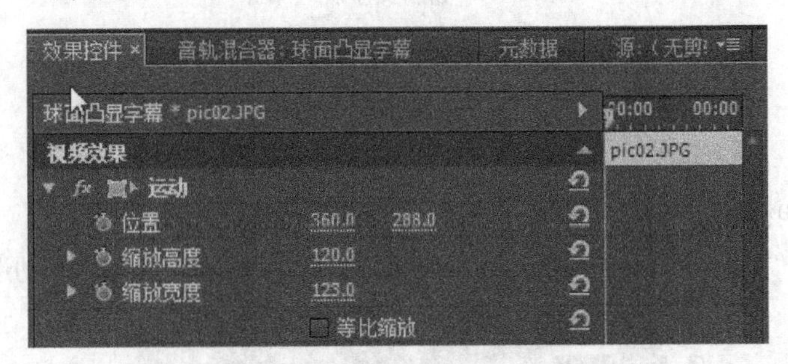

图6–11　“效果控件”面板里的缩放参数设置

2. 新建字幕文件

（1）选择“文件”|“新建”|“字幕”命令，在窗口中输入文字“变，变”，同时调节文

字大小和文字样式。

（2）关闭字幕窗口，将编辑好的字幕文件拖动到“时间轴”窗口的 V2 轨道上。

3．设置字幕动画

（1）在“效果”面板中选择“扭曲（Distort）”|“球面化（Spherize）”特效，将其拖动至刚刚新建的字幕文件上。

（2）选中加入特效的字幕文件，在“效果控件”面板中，对球面化（Spherize）特效进行参数设置：修改半径值为 185，然后为“球面中心”参数添加关键帧动画（0 s 的值为 360，288；00:00:04:24 s 的值为 188，418），效果如图 6–12 所示。

图6–12 “球面凸显字幕”效果

6.5 范例制作 6–1 运动字幕——《Pizza 制作流程》

运动字幕制作过程如下：

1．制作不断变换颜色的背景

（1）启动 Premiere Pro，在序列设置中选择“DV–PAL standard 48 kHz”，选择保存路径，文件名为“Pizza 制作流程”，单击“确定”按钮，进入 Premiere Pro 编辑界面。

（2）选择“文件”|“新建”|“字幕”命令（或按【Ctrl+T】组合键），新建一个字幕文件，将其命名为“字幕 01”，弹出字幕窗口。

（3）选择矩形工具，绘制一个矩形并填充颜色（30，30，230），将其拉大至整个画面，如图 6–13 所示。

（4）添加特效。关闭字幕窗口，将字幕“字幕 01”拖到“时间轴”窗口中的 V1 轨道，更改持续时间为 7 s。选中背景层“字幕 01”，然后添加“视频效果 / 颜色校正 / 快速颜色校正器”特效。

（5）添加关键帧。在“效果控件”面板中展开快速颜色校正器参数栏，将时间线对齐 00:00:00:00 位置，单击“平衡角度”左边的秒表图标，设置参数为 0，将时间线移到 00:00:06:00 处，设置参数为 15°，如图 6–14 所示。

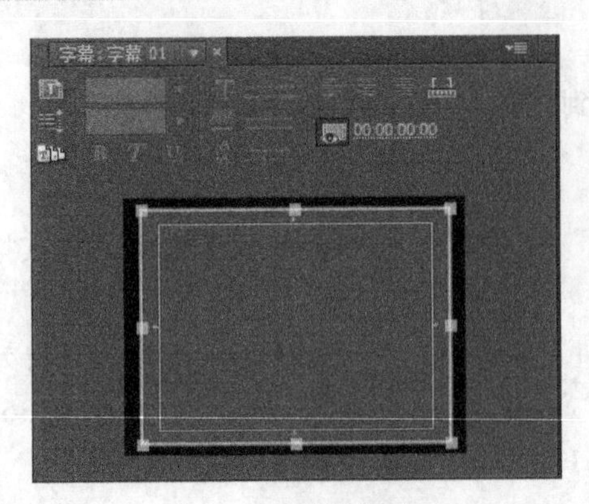

图6-13　绘制矩形

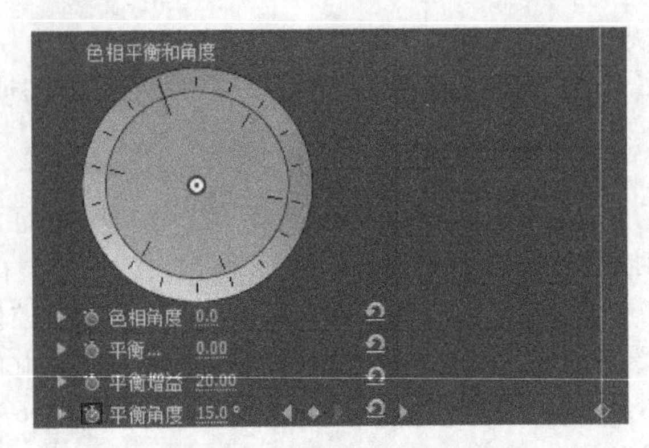

图6-14　“平衡角度”参数设置

（6）添加光晕特效并设置关键帧。选中背景层“字幕 01”，添加“视频效果（Vedio Effects）”|“生成（generate）”|“镜头光晕（Lens Flare）”特效，在“效果控件”面板中展开镜头光晕栏，制作“光晕中心”动画，将时间线对齐 00:00:00:00 位置，单击“光晕中心”左边的秒表图标，设置参数为（80，100），将时间线移到 00:00:06:00 处，设置参数为（630，450），并按空格键预览运动效果。此时能看在不断变换色彩的背景上有一个镜头从左上至右下的运动效果。

2．制作图形字幕

（1）新建一个字幕文件，弹出字幕窗口。字幕文件名为“字幕 02”，从素材库中找到“pic00.jpg”图形文件，在字幕窗口中单击右键，选择“图形”|“插入图形”，将“素材”文件夹里的图形文件“pic00.jpg”插入到字幕文件中。

（2）在图形下面输入文字“Pizza 制作流程”，并为文字设置合适的颜色、字号、阴影等属性。将图形和文字放置到画面的左边，最后将“字幕 02”拖到“时间轴”窗口中的 vidio2 轨道上，效果如图 6–15 所示。

图6-15　“图形字幕”效果

3．字幕运动设置

（1）新建一个字幕文件，将其命名为“字幕 03”。用矩形工具绘制一个长方形，并填充为淡蓝色，不透明度值为 40%，并将该矩形制作为从下往上运动的滚动图形，参数设置和效果如图 6–16 所示。

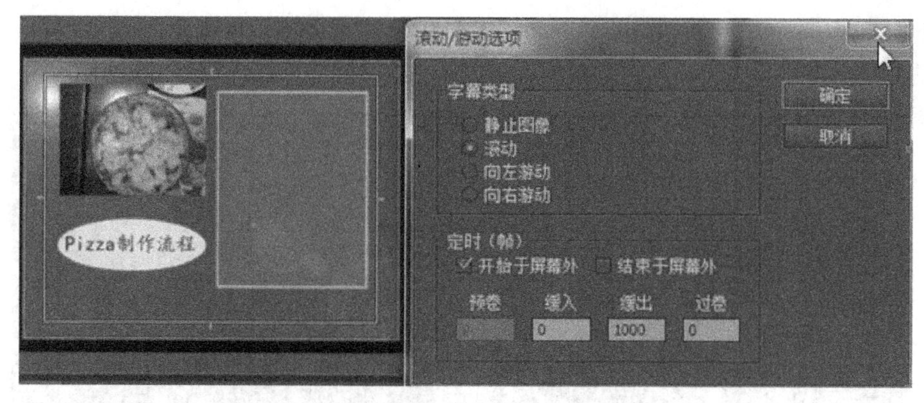

图6–16　“滚动图形”的滚动选项设置

（2）将字幕“字幕 03”拖到“时间轴”窗口中的 V3 轨道上，并将其置于时间 00:00:01:01 处，效果如图 6–17 所示。

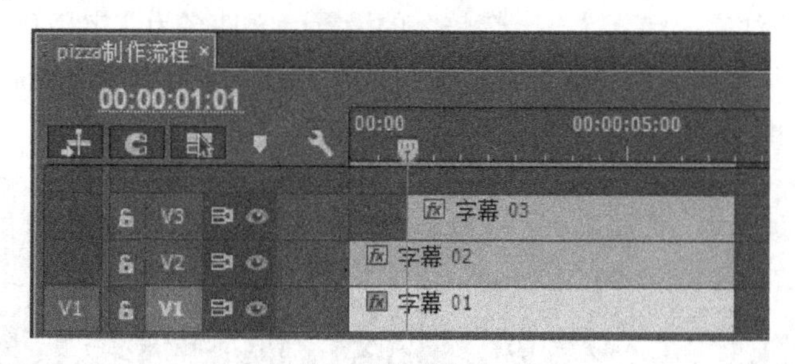

图6–17　“时间轴”窗口

（3）选择“文件”|“新建”|“字幕”命令，新建一个字幕文件，将其命名为“字幕 04”。用文字工具输入“一、揉面”，为其设置适当的颜色、字体、大小等属性，效果如图 6–18 所示。

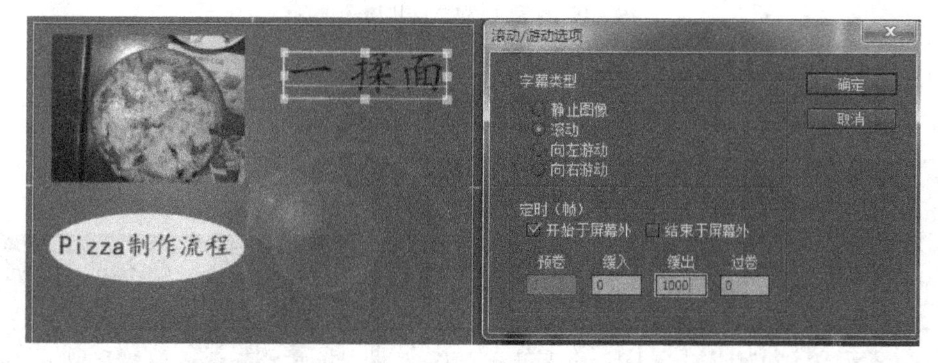

图6–18　滚动文字“一、揉面”

（4）添加三条视频轨道。

（5）按照前面制作图形字母字幕运动效果的方法处理“字幕 04 ”字幕，在“项目（Project）”窗口中，将“字幕 04”字幕拖到“时间轴”窗口中 V4 轨道上，并将其置于时间 00:00:01:24 处，以实现字幕晚于图形字幕出现出现的时间，“字幕 04”字幕运动属性设置与字幕“字幕 03”相同。

(6) 新建一个字幕文件，将其命名为“字幕 05”。用文字工具输入“二、拌料”并为其设置适当的颜色、字体、大小等属性，再设置从右向左的运动效果，如图 6–19 所示。

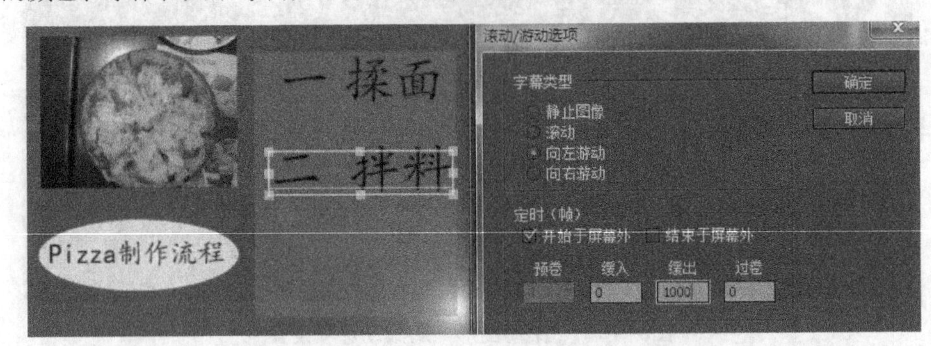

图6–19　字幕的滚动属性

(7) 将“字幕 05”字幕拖到“时间轴”窗口中的 V5 轨道上，并将其置于时间 00:00:02:24 处。

(8) 用同样的方法完成字幕“三、烤焙”的设置，文件名为“字幕 06”并将“图形文字”字幕运动方式改为“从左向右”，然后将其拖到“时间轴”窗口中的 V6 轨道上，并将其置于时间 00:00:03:24 处，如图 6–20 所示。

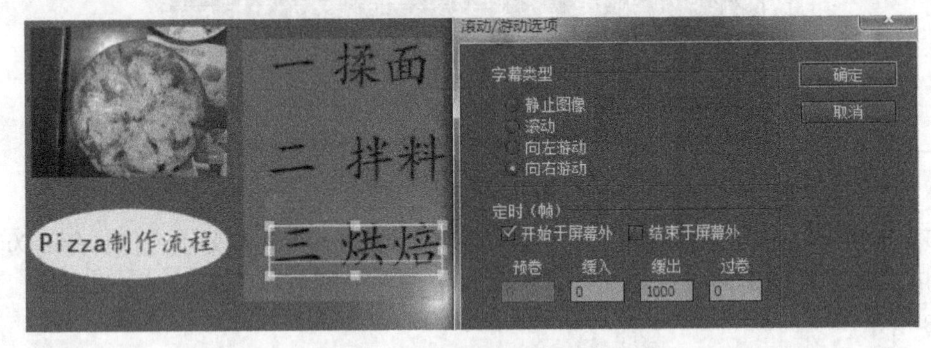

图6–20　字幕的效果及其滚动选项

(9) 整个项目的视频轨道，如图 6–21 所示。

(10) 至此，完成了本实例的制作，按【Enter】键预览效果，如图 6–22 所示。

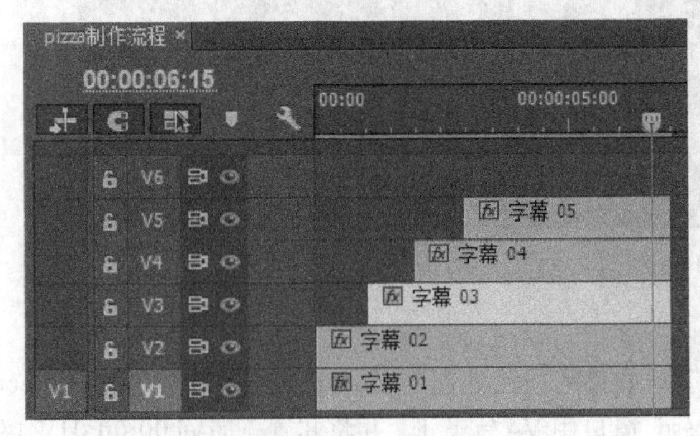

图6–21　“时间轴”窗口

图6–22　作品最终效果

6.6 范例制作 6–2——《路径字幕》

《路径字幕》制作过程如下：

（1）新建序列“路径字幕”，在序列设置中选择 DV–PAL standard 48 kHz。

（2）导入“素材”文件夹下的“pic01.jpg”，将其拖动到 V1 轨道上。

（3）选中“pic01.jpg”，打开“效果控件”面板，设置“缩放”参数，如图 6–23 所示。

图6–23 “缩放”设置

（4）选择“文件”|“新建”|“字幕”命令，新建一个字幕文件，将其命名为“字幕01”，单击“确定”按钮。

（5）在“字幕编辑器”的左上方，选择“路径文字”工具，绘制路径，如图 6–24 所示。

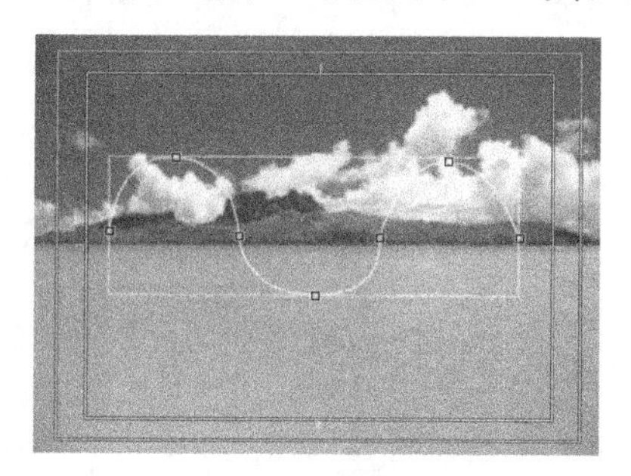

图6–24 绘制路径

（6）路径绘制好后，输入文字“Adobe Premiere Pro CC”，设置颜色、字体、阴影等参数，效果如图 6–25 所示。

（7）关闭“字幕编辑器”，将新建的字幕拖到 V2 轨道上，与轨道 1 的素材对齐。完成后的效果如图 6–26 所示。

图6–25 文字设置

图6–26 最终效果

本章小结

本章结合简单字幕、运动字幕以及球面字幕的制作，详细地讲解了如何编辑字幕、设置字幕运动等相关方法与技巧，为后续章节的学习打下基础。

需要注意的是，Premiere 只是可用来制作字幕的软件之一。在实现复杂字幕的制作时，结合第三方软件，可能效果更好。

本章作业

（1）制作卡通字幕。

（2）制作卡拉 OK 字幕。

第7章 视频效果

巧妙地为影片添加各式各样的视频特效，可以赋予影片很强的视觉感染力。本章讲解如何在影片中添加视频特效，对于一个剪辑人员来说，熟练地掌握视频特效的操作是非常必要的。

学习目标

- 了解各种视频效果以及参数；
- 熟练使用 Premiere Pro CC 的各种视频效果，增强作品的表现力。

7.1 认识视频特效

效果面板（见图 7–1）里存放了 Premiere Pro CC 自带的各种音频、视频特效和视频切换效果，以及预置的效果。用户可以方便地为“时间轴”窗口中的各种素材片段添加特效。按照特殊效果类别分为五个文件夹，而每一大类又细分为很多小类。如果用户安装了第三方特效插件，也会出现在该面板相应类别的文件夹下。

当为某一段素材添加了音频、视频特效之后，还需要在“效果控件”面板（见图 7–2）中进行相应的参数设置和添加关键帧。

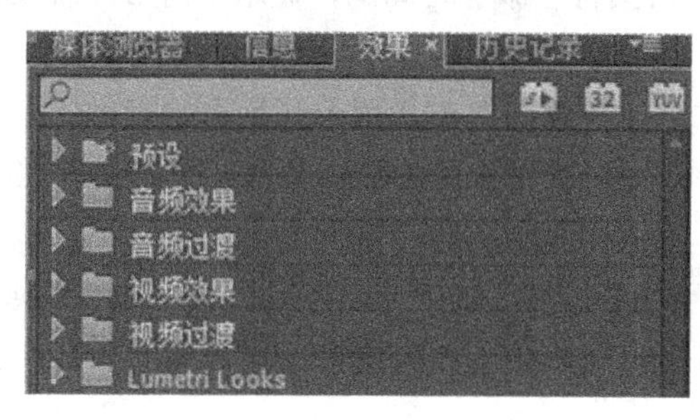

图7–1 “效果”面板

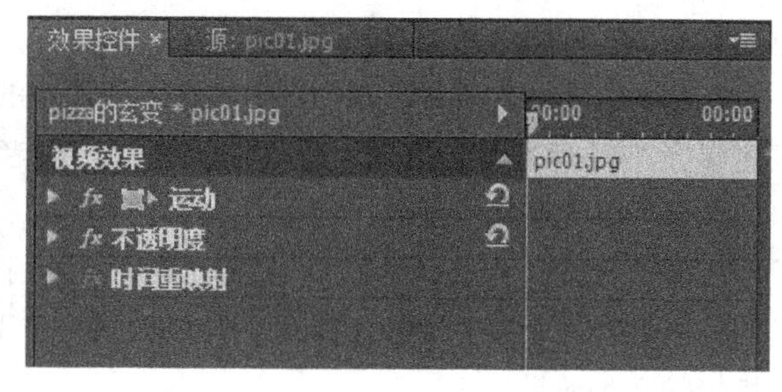

图7–2 “效果控件”面板

7.2 视频特效的分类

在 Premiere Pro CC 中，提供了 17 大类 100 多个视频滤镜特效。

（1）变换（Transform）类 变换类效果主要是通过对图像的位置、方向和距离等参数进行调节，从而制作出画面视角变化的效果，分别为：垂直保持、垂直翻转、摄像机视图、水平保持、水平翻转、羽化边缘和裁剪 7 种效果。

（2）图像控制（Image Conteol）类 图像控制类主要是通过各种方法对素材图像中的特定颜色像素进行处理，从而做出特殊的视觉效果。

（3）实用（Utility）类 实用类主要是通过调整画面的黑白斑来调整画面的整体效果，他只有 Cineon 电影转换 1 种效果。

（4）扭曲（Distort）类 扭曲类效果主要通过对图像进行几何扭曲变形来制作各种画面变形效果。

（5）时间（Time）类 时间类主要是通过处理视频的相邻帧变化来制作特殊的视觉效果，包括抽帧和重影 2 种效果。

（6）杂色与颗粒（Noise Grain）类 杂色与颗粒类效果主要用于去除画面中的噪点或者在画面中增加噪点，分别为：中间值、噪波、噪波 Alpha、噪波 HLS、自动噪波 HLS、蒙尘与刮痕 6 种效果。

（7）模糊与锐化（Blur & Sharpen）类 模糊与锐化类效果主要用于柔化或者锐化图像或边缘过于清晰或者对比度过强的图像区域，甚至把原本清晰的图像变得很朦胧，以至模糊不清，分别为：复合模糊、定向模糊、快速模糊、摄像机模糊、残像、消除锯齿、通道模糊、锐化、非锐化遮罩和高斯模糊 10 种效果。

（8）生成（Generate）类 生成类效果是经过优化分类后新增加的一类效果。主要有：书写、发光、吸色管填充、四色渐变、圆形、棋盘、油漆桶、渐变、网格、蜂巢图案、镜头光晕和闪电 12 种效果。

（9）颜色校正（Color Correction）类 颜色校正类用于对素材画面颜色校正处理，分别为：RGB 曲线、RGB 色彩校正、三路色彩校正、亮度与对比度、亮度曲线、亮度校正、广播级色彩、快速色彩校正、更改颜色、着色、脱色、色彩均化、色彩平衡、色彩平衡（HLS）、视频限幅器、转换颜色和通道混合 17 种效果。

（10）视频（Video）类 视频类效果主要是通过对素材上添加时间码，显示当前影片播放的时间，只有时间码 1 种效果。

（11）调整（Adjust）类 调整类效果是常用的一类特效，主要是用于修复原始素材的偏色或者曝光不足等方面的缺陷，也可以调整颜色或者亮度来制作特殊的色彩效果。该特效相当于一个综合的颜色调整控制台。

（12）过渡（Transition）类 过渡类效果主要用于场景过渡（转换），其用法与“视频切换”类似，但是需要设置关键帧才能产生转场效果，分别为：块溶解、径向擦除、渐变擦除、百叶窗、线性擦除 5 种效果。

（13）透视（Perspective）类 透视类效果主要用于制作三维立体效果和空间效果。

阴影（Drop Shadow）该滤镜可以给画面添加阴影效果，该效果甚至可以超出画面的范围。

（14）通道（Channel）类 通道类效果主要是利用图像通道的转换与插入等方式来改变图像，从而制作出各种特殊效果。

（15）键控（Keying）类 键控类效果主要用于对图像进行抠像操作，通过各种抠像方式和不同画面图层叠加方法来合成不同的场景或者制作各种无法拍摄的画面，分别为：16 点无用信号遮罩、4 点无用信号遮罩、8 点无用信号遮罩、Alpha 调整、RGB 差异键、亮度键、图像遮罩键、差异遮罩、极致键、移除遮罩、色度键、蓝屏键、轨道遮罩键、非红色键和颜色键 15 种效果。

（16）风格化（Stylize）类 风格化类效果主要是通过改变图像中的像素或者对图像的色彩进行处理，从而产生各种抽象派或者印象派的作品效果，也可以模仿其他门类的艺术作品，如浮雕、素描等。

（17）过时（Obsolete）类 过时类效果主要用于图像处理，主要包括重影、蓝屏键控等。

7.3 范例制作 7–1——《各种镜头效果》

本例将使用 Speed/Duration（速度 / 持续时间）命令，来制作出慢、快和倒放镜头的特技效果。具体制作过程如下：

1. 素材准备

（1）新建项目“快慢镜头 .prproj”。

（2）选择“文件”|“导入”命令，在项目窗口中导入素材文件“pizza00.avi”“pizza01.avi”和“pizza03.avi”。

（3）将素材视频拖放到轨道上。将“pizza00.avi”拖动至 V1 轨道上，将“pizza03.avi”拖动至 V2 轨道上，将“pizza01.avi”拖动至 V3 轨道上，如图 7–3 所示。

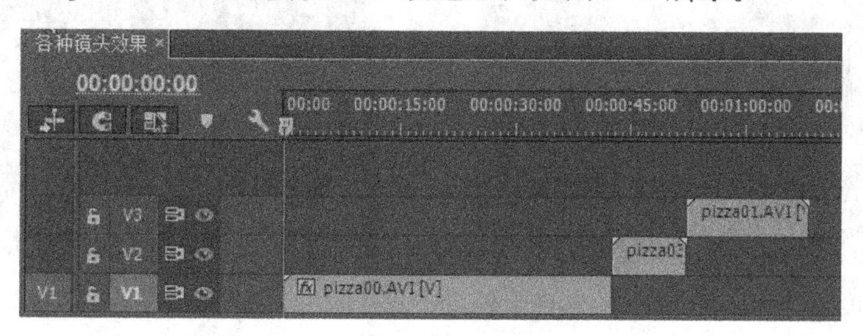

图7–3 “时间轴”窗口视频轨道

2. 设置快镜头

（1）在“时间轴”窗口中，选中“pizza00.avi”，右击，在弹出的菜单中选择“速度 / 持续时间（Speed/Duration）”命令，设置速度参数为 238%，如图 7–4 所示。

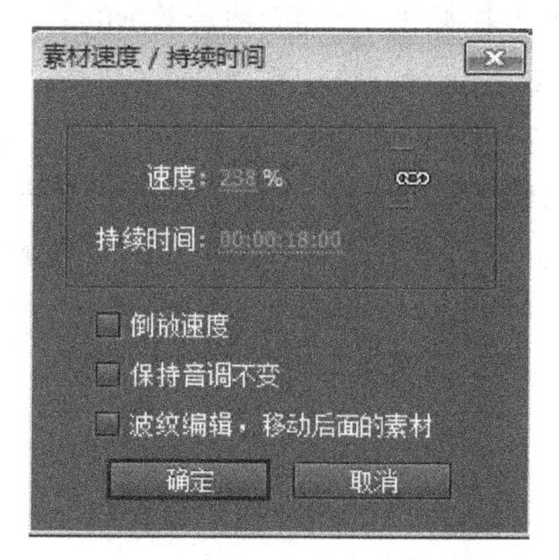

图7–4 设置“pizza00.avi”的速度参数

（2）在“时间轴”窗口中，选中“pizza00.avi”，右击，在弹出的菜单中勾选“帧混合（Frame Blend）”命令，打开帧混合开关。

3．设置慢镜头

（1）在“时间轴”窗口中，选中“pizza03.avi”，右击，在弹出的菜单中选择“速度 / 持续时间（Speed/Duration）”命令，设置速度参数为 40%，如图 7–5 所示。

（2）在“时间轴”窗口中，选中“pizza03.avi”，右击，在弹出的菜单中，勾选“帧混合（Frame Blend）”命令，打开帧混合开关。

4．设置倒放镜头

（1）在“时间轴”窗口中，选中“pizza01.avi”，右击，在弹出的菜单中选择“速度 / 持续时间（Speed/Duration）”命令，勾选“倒放速度”命令，如图 7–6 所示。

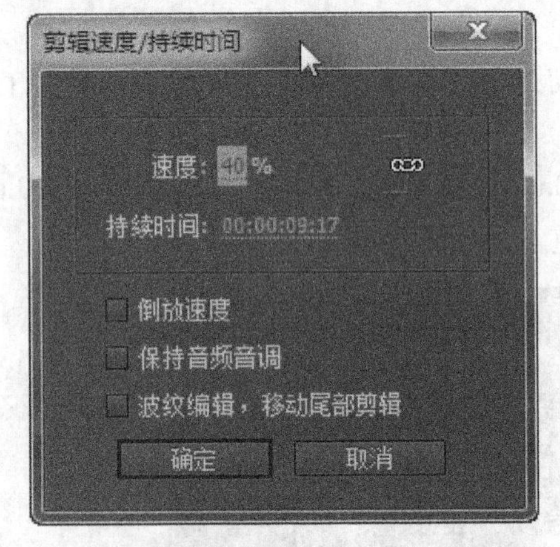

图7–5　设置“pizza03.avi”的速度参数

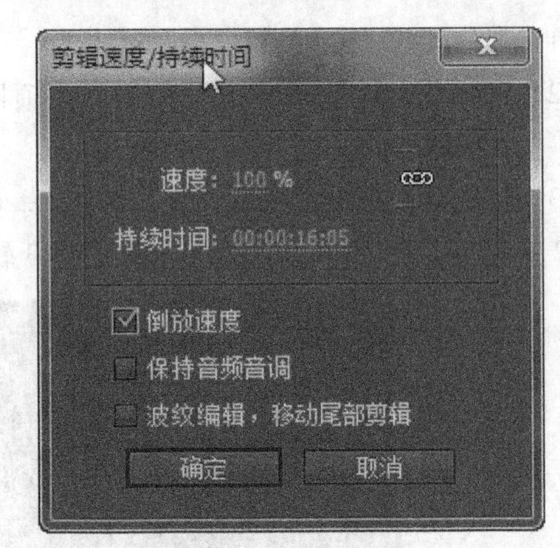

图7–6　设置“倒放速度”

（2）渲染输出。

7.4　范例制作 7–2——《3D 空间特效》

本例将使用“基本 3D”效果来制作一个墙面挂着壁画的三维的房间，制作过程如下：

（1）新建项目“3D 空间特效”，选择 DV–PAL Standard 48 kHz，将素材文件夹下的素材导入。

（2）添加 6 个视频轨道，将“墙中间 .jpg”拖放到 V1 轨道上。

（3）将“墙左侧 .jpg”拖放到 V2 轨道上，给其添加“透视”|“基本 3D”效果，打开“效果控件”面板，设置“位置”为 80，240，“基本 3D”里的“旋转”为 –78°，“与图像的距离”为 35，如图 7–7 所示。

（4）将“墙右侧 .jpg”拖放到 V3 轨道上，给其添加“基本 3D”效果，打开“效果控件”面板，设置“位置”为 640，240，“基本 3D”里的“旋转”为 78°，“与图像的距离”为 –5，如图 7–8 所示。

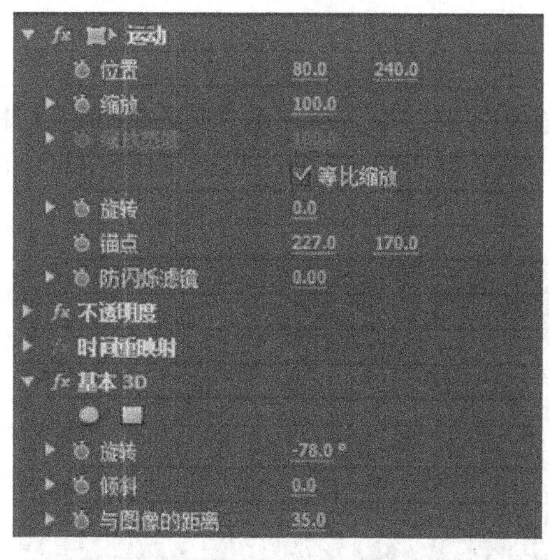

图7–7　“墙左侧.jpg”的参数设置

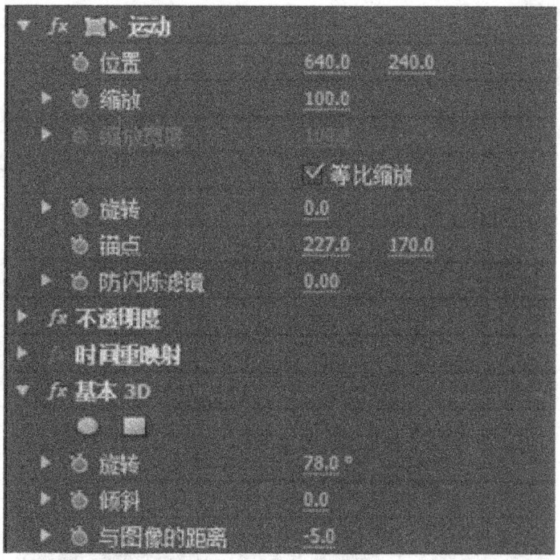

图7–8　“墙右侧.jpg”的参数设置

(5) 将“顶.jpg”拖放到 V4 轨道上，给其添加“基本 3D”效果，打开“效果控件”面板，设置“位置”为 360，40，“基本 3D”里的“倾斜”为 55°，“与图像的距离”为 –25，如图 7–9 所示。

(6) 将“地面.jpg”拖放到 V5 轨道上，给其添加“基本 3D”效果，打开“效果控件”面板，设置“位置”为 360，400，“基本 3D”里的“倾斜”为 –75°，“与图像的距离”为 –30，如图 7–10 所示。

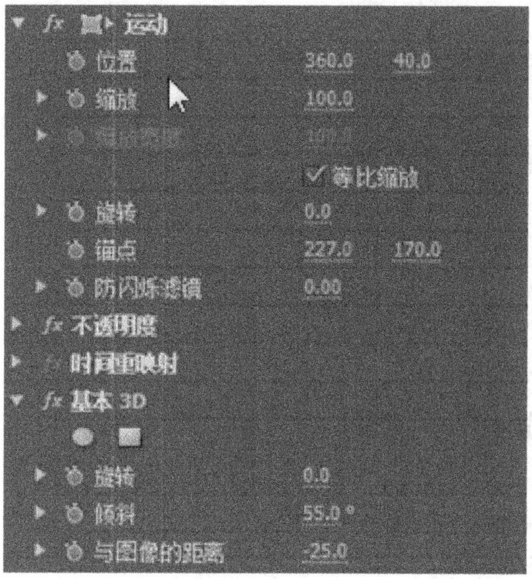

图7–9　“顶.jpg”的参数设置

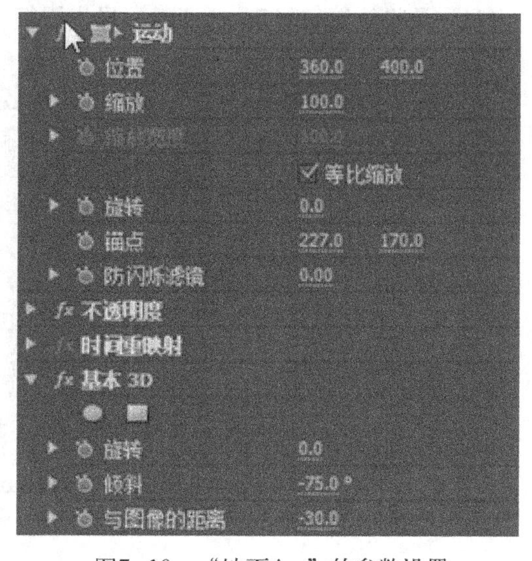

图7–10　“地面.jpg”的参数设置

(7) 将“兰.jpg”拖放到 V6 轨道上，打开“效果控件”面板，设置“位置”为 280，240，“缩放”为 30。

(8) 将“竹.jpg”拖放到 V7 轨道上，打开“效果控件”面板，设置“位置”为 440，240，“缩放”为 30。

(9) 将“梅.jpg”拖放到 V8 轨道上，给其添加“基本 3D”效果，打开“效果控件”面板，设置“位置”为75，240，“缩放”为60，“基本3D”里的“旋转”为-75°，“与图像的距离”为25，如图7-11所示。

(10) 将“菊.jpg”拖放到V9轨道上，给其添加“基本3D”效果，打开“效果控件”面板，设置“位置”为640，240，“缩放”为60，“基本3D”里的“旋转”为75°，“与图像的距离”为35，如图7-12所示。

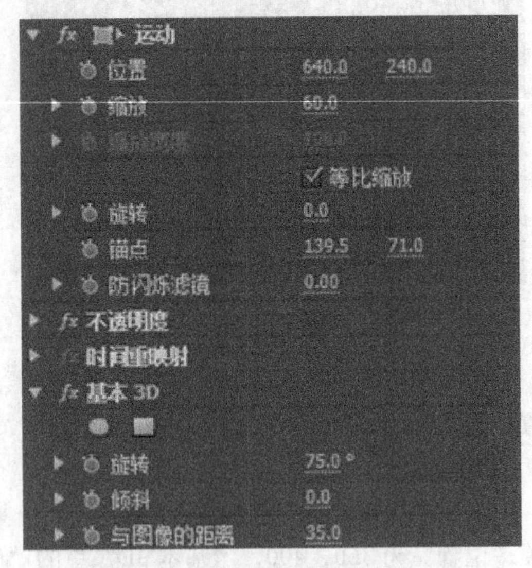

图7-11 “梅.jpg”的参数设置 图7-12 “菊.jpg”的参数设置

(11) 最终效果如图7-13所示，导出视频。

图7-13 最终效果图

本章小结

本章主要介绍了视频特效的“效果”面板和“效果控件”面板；然后介绍了17大类100多个视频滤镜特效；最后通过两个实例的制作介绍了如何应用视频特效。

本 章 作 业

（1）导入一段素材，为其添加“视频效果”|“扭曲”|“旋转”特效，制作“角度”和“旋转扭曲半径”动画，导出影片。

（2）使用“视频效果”|“图像控制”|“黑白”特效，将一幅山水风景画面处理成水墨画，导出影片。

第8章 音频效果

影视作品的创作过程中，不能忽视音频的应用，因为声音可以烘托出不同的气氛，例如，恐怖片的毛骨悚然声、动作片的打斗声、战争片的枪炮声等等，这是决定作品是否成功的重要因素。Premiere Pro CC 有强大的音频编辑与音频特效能力。

学习目标

- 了解各种音频效果以及参数；
- 熟练使用 Premiere Pro CC 的各种音频效果，增强作品的表现力。

由于版权的原因，本章不提供音频素材，请读者从网上下载素材，然后按照本章的理论，自行练习。

8.1 音频采集

数码音频系统是通过将声波波形转换成一连串的二进制数据来再现原始声音的，实现这个步骤使用的设备是模 / 数转换器（A/D），它以每秒上万次的速率对声波进行采样，每一次采样都记录下了原始模拟声波在某一时刻的状态，称为样本。

专业的音频系统是音频采集的主要平台，如计算机音乐制作系统和数字音频系统主要就是进行声音的创作。Premiere pro 在音频的采集上提供了多种可能。比如采集外部模拟声音（录音）、导入不同格式的声音以及从影视中采集声音，并通过必要的编辑和效果处理达到专业级别的声音效果。

8.1.1 导入音频文件

Premiere Pro 支持的声音文件格式有“aiff”“mp3”等常见的音乐格式。

（1）启动 Premiere Pro CC，选择“文件”|“导入”命令，在弹出的对话框中找到要导入的声音文件，将其导入“项目（Project）”窗口。

（2）拖动项目窗口中的音频文件图标到“时间轴”窗口中的“音频（Audio）”轨道中就可以进行编辑加工了。

8.1.2 录音

1. 利用 Premiere 录音

Premiere Pro 虽然不是专业的音频编辑软件，但考虑视频制作的实际需要，它也有比较实用的录音功能。通过实时录音，特别是人声的录制，能使画面与声音更好地结合。

（1）将音频源或话筒与计算机音频卡的音频输入端口或话筒输入端口相连。

（2）通过菜单命令“窗口（Window）”|“音轨混合器（Audio/Mixer）”，打开音轨混合器窗口，单击要录制音频轨道上的“轨道录音（Record Enable For Recording）”按钮和“音轨混合器录制（Record）”按钮。

（3）在“音轨混合器”窗口中，单击“录制（Record）”按钮，Premiere Pro 做好记录准备，然后单击“播放（Play）”按钮或按键盘上空格键开始记录。

（4）从“音轨混合器”窗口菜单中选择“只显示输入（meter input（s））”。通过播放音频源或对着话筒讲话进行输入电平台的检验。当完成检验，在”音轨混合器，窗口菜单中取消选择“只显示输入”。

（5）播放音频源或对着话筒讲话，仔细观察“音轨混合器”中的电平表，保证记录轨道的输入电平足够却又不被削波（电平超过 0 db）。

（6）单击“音轨混合器”中的“播放（Play）”按钮或按键盘上空格键，然后开始播放音频或对着话筒讲话。如果听不到音频声音或没有音频被记录，可能是音频或话筒没有正确连接，请检查相关硬件连接。

2．利用程序录音

目前有很多程序支持录音功能，这里以附件中的录音机功能为例。首先打开附件中的录音机程序，会弹出“声音 - 录音机”对话框，如图 8-1 所示。然后播放音源，同时单击红色录音键，即可进行声音录制。录制完成后，将波形文件保存。

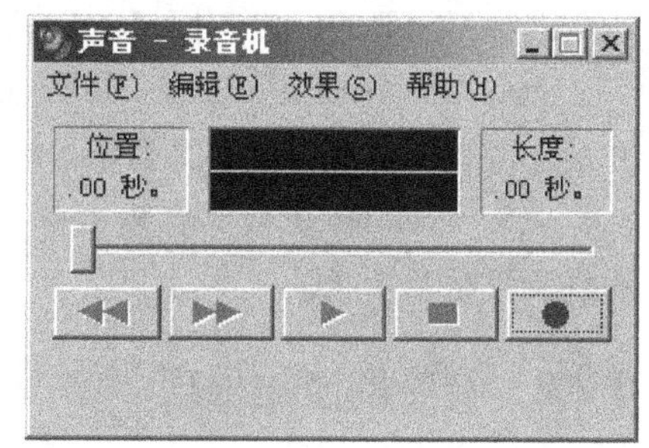

图8-1 声音 - 录音机

8.2 音 频 编 辑

当导入音频到项目中时，Premiere Pro 首先要将音频处理成符合项目创建对话框关于音频的设置，即对音频进行一致性处理，将它转换成当项目质量的音频采样率，比如 32 位质量的音频采样率。一旦音频经过转化，除非输出的格式与当前项目的音频设置不同。经过一致性处理的音频能立既以高质量回放，而且它也和项目中的其他音频相容，同时在编辑和处理中便于把握音频回放真实效果。

为了保证音频处理效果的统一性，对在项目窗口中的音频素材可以进行格式方面一致性处理，如果需要的音频格式设置为 48 kHz 和 16 位，则应使所有素材转成这种格式。选中素材，执行菜单命令“剪辑（Clip）”/“音频选项（Audio Options）”/“提取音频（Extract Audio）”，符合设定格式的音频便出现在素材窗口中。

8.2.1 音频的剪辑

导入到音频轨中的声音素材，应根据不同画面内容的表现需要，对他们进行移动、分裂、连接、复制等剪辑操作。

（1）将素材窗口的声音文件拖放到“时间轴”窗口中音频上。

（2）选中音频素材，滚动鼠标滚珠，就可以看到声音的波形了，设置“时间轴”窗口左下角的缩放比例按钮，可以查看声音文件的每一细节，如图 8–2 所示。

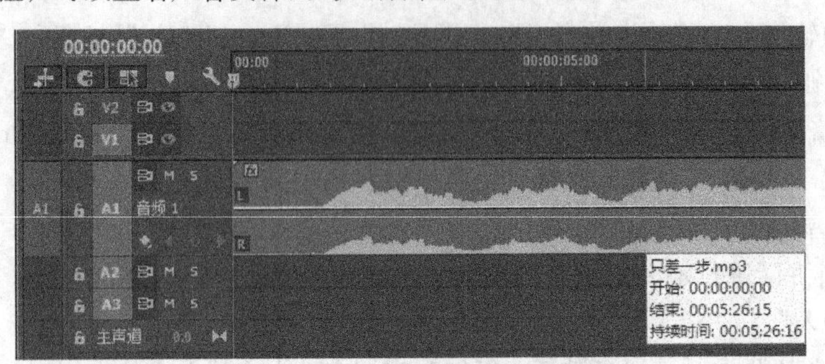

图8–2　音频波形

（3）选择“时间轴”窗口中的“剃刀工具（Razor Tools）”就可以将一段声音文件切成多段，然后选种不想要的一段，按【Delete】键删除掉它。

（4）在选择工具模式下，将鼠标放在需要移动的素材上，按住鼠标左键不放可以拖动素材并放在适当的位置。如果需要非常精确的位置，可以借助缩放比例滑快和吸附功能按钮。

（5）Premiere Pro 对音频素材的复制或粘贴操作，通常是用快捷键或“编辑（Edit）”菜单的复制或粘贴功能。

8.2.2　音频的淡化处理

音频的淡化处理通常包括淡化，淡出以及交叉化等，这些淡化处理可以增强音乐和其他声音与画面的结合。淡化处理主要利用“效果（Effects）”面板中的“音频过渡（Audio Transitions）”|“交叉淡化（Crossfade）”，同时在“时间轴”窗口中调节素材音量的电平线。也可以利用“效果控件（Effect controls）”面板与“音轨混合器（Audio Mixer）”面板中的音量自动读写功能来处理。

下面介绍用效果窗口中的“音频过渡（Audio Transitions）”添加缺省设置的淡化效果的操作方法。

1. 淡入一个音频

（1）展开需要淡入的音轨中的素材。

（2）从“效果（Effects）”面板中选择“音频过渡（Audio Transitions）”|“交叉淡化（Crossfade）”|“恒定增益（Constant Power）”，将其吸附到“时间轴”窗口中音频素材的入点处。单击音频素材上的恒定增益，在“效果控件（Effects Controls）”面版中，将对齐（Alignment）方式设置为“开始于切点（Start at Cut）”。将鼠标指针置于恒定增益效果的右边边界左右拖拽，可以改变淡化的时间。

2. 淡出一个音频

（1）展开需要淡出的音轨中的素材。

（2）从“效果（Effects）”面板中选择“音频过渡（Audio Transitions）”|“交叉淡化（Crossfade）”|

“恒定增益（Constant Power）”，将它吸附到时间线 窗口中音频素材的出点处。单击音频素材上的增益，在“效果控制台（Effects Controls）”面板中，将对齐（Alignment）方式设为“结束于切点（End At Cut）”。将鼠标放置于增益效果的右边边界左右拖拽，可以改变淡化时间。

3．交叉淡化一个音频

（1）展开需要交叉淡化的音轨中的素材。

（2）从“效果（Effects）”面板中选择“音频过渡（Audio Transitions）”|“交叉淡化（Crossfade）”|“恒定增益（Constant Power）”，将它吸附到两个音频素材之间的连接处。单击音频素材上的“恒定增益”，在“效果控件（Effect Controls）”面板中，将对齐（Alignment）方式设置为“开始于切点（Center At Cut）”。将鼠标放置于恒定增益效果的两边边界拖拽，可以改变交叉淡化的时间，如图 8–3 所示。

图8–3　添加“恒定增益”特效

4．设置默认的音频过渡时间

（1）选择菜单命令“编辑（Edit）”|“首选项（Preference）”|“常规（General）”，弹出对话框。

（2）为“音频过渡默认持续时间（Audio Transition Default Duration）”指定一个值，然后单击“确认”按钮，如图 8–4 所示。

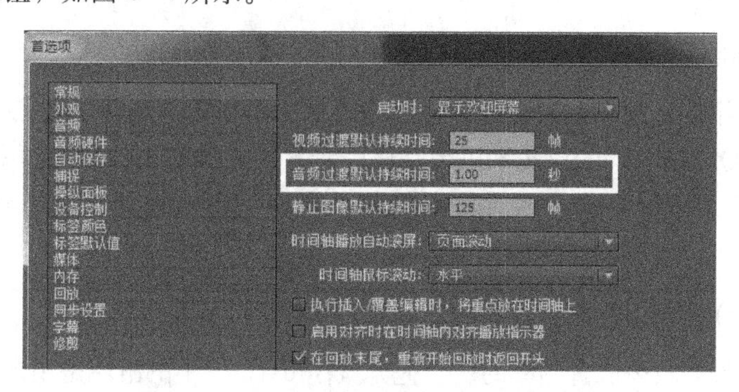

图8–4　“音频过渡默认持续时间”设置

5．手动调节音量

下面介绍在时间轴音频轨道中用音量电平线来调节素材音量变化的操作方法。

（1）展开声音文件，可以看到在波形的中间有一根白线，它是用来控制音量的。

(2) 使用“选择工具（Selection Tools）”或“钢笔工具（Pen Tools）”选中素材，将时间编辑线拖动到需要改变音量的位置，单击添加关键帧按钮在音频上添加一个关键帧，用同样方法再添加关键帧。拖动关键帧即可实现音量的降低或提升，如图 8–5 所示。

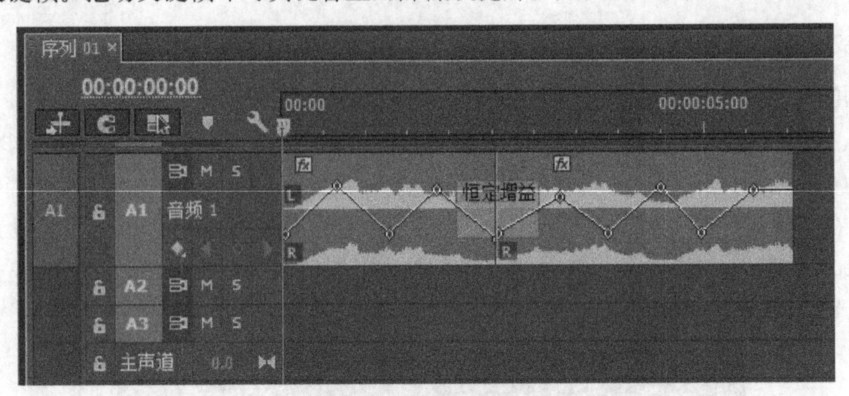

图8–5 手动调节音量

这样就可以轻松实现声音文件的淡入淡出效果。删除关键帧的方法是：在关键帧上方单击鼠标右键，在弹出的菜单中选择“删除（Delete）”命令或将时间编辑线移到关键帧上，然后单击关键帧添加按钮即可删除关键帧。

8.3 音频特效

在 Premiere Pro 中，所有对于音频素材的效果处理基于使用“音频特效（Audio Effect）”来实现的。下面以目前使用最为普遍的特效为例进行介绍。

1. **音量平衡**（Balance）

音量平衡的作用是来调节左右声道的音量。正值是调音到右声道，负值是调节声音到左声道（类似声相调节）。

2. **选频**（Bandpass）

选频是用来去除特定频率范围之外一切频率，所以称为选频效果。中心（Center）用来确定中心频率范围。Q（Q 点，专业技术语为品质因素）用来确定被保护的频率带宽。

Q 值设置较低，是建立一个相对较宽的频率范围，Q 值设置较高，则是建立一个较窄范围。

3. **低频**（Bass）

低频是用来增加或减少低音频率的。“提升（Boost）”上的滑块是用来调节增加或降低频的分贝值。

4. **声道音量**（Channel Volume）

声道音量是用来控制立体声或 5，1 音频系统中每个通道音量的。也就是可以分别设置不同声道的音量（类似声相的调节，而且效果更加丰富）。

5. 降噪器（Denoiser）

降噪器是用来对噪音进行降噪处理的，它可以自动探测到素材中的噪音并进行清清除，但在应用时应以不改变声音本质效果（声音不失真）为难。图形下面的“个性化设置（Lndividual Parameters）”选项可以对效果器的基本参数进行个性化的设置。

6. 延时（Delay）

延时是用来生产各类似回响效果。

7. 动态（Dynamics）

动态主要是用来调节音频信息，动态特效的功能十分强大，特别在外录音频时必不可少。它在音频处理中有非常重要的地位。这是只对特效的用法和功能作一些介绍，具体使用主要根据人们对声音效果的主观理解和评价而论。如不同音色的人声以及不同风格的音乐对它的调制都不一样。

8. 填充左声道（Fill Left）

填充左声道的作用是对音频素材的右声道的音频进行复制，然后替换到左声道中并将原来左声道中的音频删除。

9. 添满右声道（Fill Right）

填满右声道的作用是对音频素材的左声道的音频进行复制，然后替换到右声道中并将原来右声道中的音频删除。

10. 高通（Highpass）

Highpass（高通）是用来滤除那些指定频率以下的频率的。

11. 反转（Invert）

反转是用来反转音频通道的相应，这样可以使声音生细节上的音响变化（以 nuendo 采样编辑器显示声音波形）。

从前后音频的频谱可以看出，左右声道各自中心线上下的音频互相交换了。

12. 低通（lowpass）

低通是用来滤除那些高于指定频率以下的频率的。

13. multiband compressor（多段压缩器）

多段压缩器是一个用来控制每一个波段（频段）的有 3 个波段的压缩器。在实际运用中，可以让我们突出或忽略某个一个频段的音频。

14. 多重延时（Multitap Delay）

多重延时是相对 Delay 而言的，它可以为音频素材提供 4 个回响效果。

- 延时 1 ～ 4（Delay 1 ～ 4）：分别用来设置 4 个回响效果的延时时间。

- 反馈 1 ~ 4（Feedback 1 ~ 4）：分别用来设置 4 个延时效果添加到音频素材中的百分比。
- 音阶 1 ~ 4（Level 1 ~ 4）：分别用来设置 4 个回响效果的音量。
- Mix（混合）：用来设置回响效果和没有使用回响效果的音频素材的混合比。

15．参数均衡器（Parametric EQ）

参数均衡器用来增加或减少音频某段频率及其附近的音频的频率。

16．高频转换器（Pitch Shifter）

高频转换器用来调整音频信号的音高，可以降低或升高音频素材的高音或音调。高音的改变可以得到所需要音调的音频素材，但过度的音高改变会使声音失真，特别对人声来说应该非常小心。

- 音高（Pitch）：设置音高的变化量，单位是一个半音（Semitione）。
- 精细度（Fine）：设置音高参数的精细调整。
- 共振保护（Format Preserve）：保护音频素材在添加效果时免受共振的影响。

17．混响（Reverb）

混响通过模拟声音在不同真实自然环境中的音效，从而营造一种虚拟声场。在实际制作中，应根据不同的环境、场面和情节需要，设置不同的混响效果。

- 预延时（Pre Delay）：用来设置原始信号和反响效果之间的时间。
- 吸附比（Absorption）：用来设置音频信号被吸附的百分比。
- 尺寸（Size）：用来定义环境场地的大小。
- 低音衰减（Lo Damp）：设置低音的衰减量，设置较小的值可以避免反响的效果有杂音。
- 高音衰减（Hi Damp）：设置高音的衰减量，设置较小的值可以避免反响的声音更加柔和。
- 密度（Density）：设置反响的密度。

18．声道交换（Swap Channel）

声道交换可以将左右声道的音频进行交换。

19．高音处理器（Treble）

高音处理器可以增加或减少高频（4000 Hz 以上）的音量。提升（Boost）可控制增益的量，单位是分贝。

20．音量（Volume）

音量（Volume）用于调整音频素材的音量（默认添加）。

8.4 音轨混合器的使用

音轨混合器（Audio Mixer）与音频特效不一样，前者主要针对音频轨道进行效果处理，而后者主要针对音频轨道中的音频素材进行效果处理。

8.4.1 “音轨混合器”面板

在“音轨混合器”面板中，可以在监听音轨和观看视频的同时进行设置，其中，每一个音频轨道对应着当前序列“时间轴”窗口中的音频轨道，如图 8–6 所示。

图8–6 “音轨混合器”面板

每一个轨道在“音轨混合器”面板的顶部都有名称。轨道名称不是自动读写选项，单击右边的三角形可以展开它进行选择，其下放的旋钮可以调节轨道音频的声相。

临时关闭一个音频轨道，使用“音轨混合器”中的静音（喇叭图标）按钮，或“时间轴”窗口中的音频轨道输出开关。临时静音其他轨道可以使用“调台音”中的独奏（小号）按钮。录音预备使用音轨上的录音开关（话筒图标）。

音频的滑块用鼠标上下拉动改变音量（电平）的大小。音频最下面是输出通道选择。最右边的轨道（master）为音频主输出轨道。音轨混合器面板的下面是走带控制器。

8.4.2 更改“音轨混合器”面板

单击“音轨混合器”面板中的菜单按钮，弹出下拉列表，其选项功能如下：

选择“显示 / 隐藏轨道（Show/Hide Tracks）”可以显示或隐藏轨道。

如果要在“总路电平控制（Master）”音频上显示硬件输入的电平，而不是 Premiere Pro 中的轨道电平，可选择“只显示输入（Meter Input（s）Only）”命令，这样就可以在 Premiere Pro 中监控音频，以确定音频是否被录取到音频。

选择“显示音频单位（Audio Unix）”命令。可以在“时间轴”窗口上方显示音频单位。音频单位选项不仅影响“音轨混合器”面板中的时间显示，也会影响节目窗口和“时间轴”窗口中的时间显示。

8.4.3 音频混合

特效列表中包含五个下拉列表，可以用添加最多五个特效，Premiere Pro 会按照它们列表的顺序处理，并且把前一个特效的结果反馈给列表中的下一个特效。因此，改变特殊的顺序就会产生不同的结果。特效列表还会对添加的 vst 插件提供完全的控制，在“音轨混合器”面板中应用的效果也可以在“时间轴”窗口中查看和编辑。应用一个特效可以在锤子前或锤子后，默认状态下是锤子前。随时间对特效属性进行调整是可以记录的，可以使用自动控制选项或在“时间轴”窗口中指定关键帧。

如果要重复使用同样的特效，可以考虑使用次混合共享效果以节约计算机资源。创建一个次混合轨道（Submix），并将特效赋予它，然后使用发送将轨道发送到次混合效果轨道。

在需要特效之前要考虑安排它们的顺序，因为在列表中不能将一个特效自由移动位置。不过可以采取在列表中一个位置上关闭效果，在另一个位置打开同样的效果。

8.5 范例制作 8–1——《回声音效》

本例将介绍如何给音频素材添加“延迟”效果并设置参数，从而达到“回声”效果。

（1）选择“文件”|“新建”|“序列”命令，新建一个序列，在“项目（project）”窗口中导入音频素材文件“只差一步 .mp3”。

（2）将“只差一步 .mp3”拖放到“时间轴”窗口的 A1 轨道上。

（3）选中“只差一步 .mp3”，打开“效果”面板，展开“音频效果”，双击“延迟”。

（4）在“效果控件”面板中，单击“反馈”和“混合”左侧的秒表，然后将时间线移至 00:00:00:00 处，设置“反馈”为 60，“混合”为 70，如图 8–7 所示。

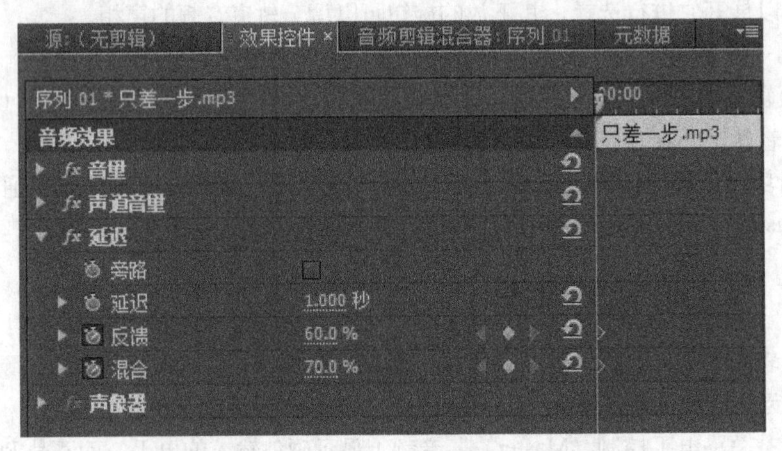

图8–7 为“反馈”动画添加第1个关键帧

（5）将时间线移至 00:00:03:00 处，设置“反馈”为 20，如图 8–8 所示。

（6）将时间线移至 00:00:08:00 处，设置“反馈”为 50，“混合”为 30，如图 8–9 所示。

（7）渲染输出。

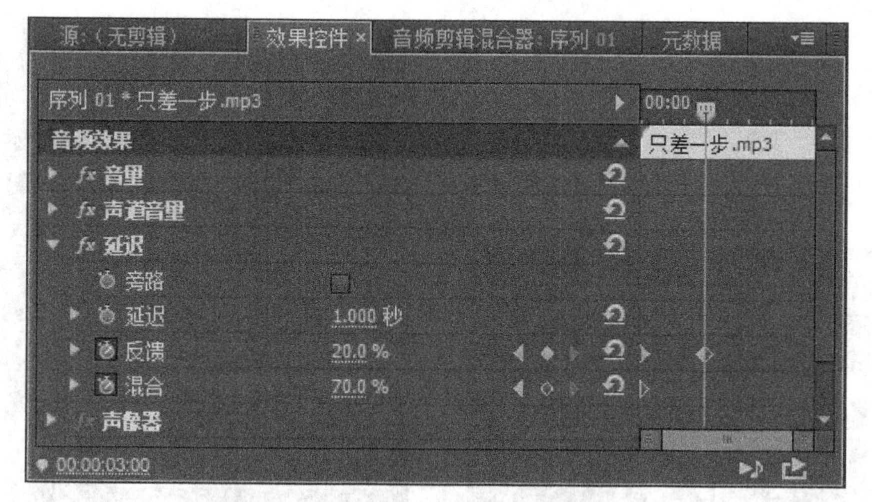

图8-8 为“反馈”动画添加第2个关键帧

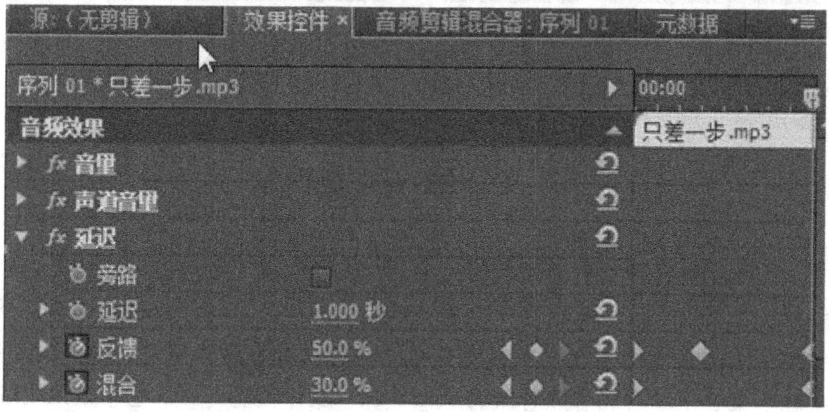

图8-9 设置“反馈”和“混合”参数

8.6 范例制作 8-2——《伴唱音效》

本例将介绍如何给音频素材添加“多功能延迟”效果并设置参数，从而达到“伴唱”效果。

（1）选择“文件”|“新建”|“序列”命令，新建一个序列，在“项目（Project）”窗口中导入音频素材文件“只差一步.mp3”。

（2）将“只差一步.mp3”拖放到“时间轴”窗口的A1轨道上。

（3）选中“只差一步.mp3”，打开“效果”面板，展开“音频效果”，双击“多功能延迟”，如图8-10所示。

（4）打开“效果控件”面板中，设置“反馈3”为20，“反馈4”为40，“混合”为60，如图8-11所示。

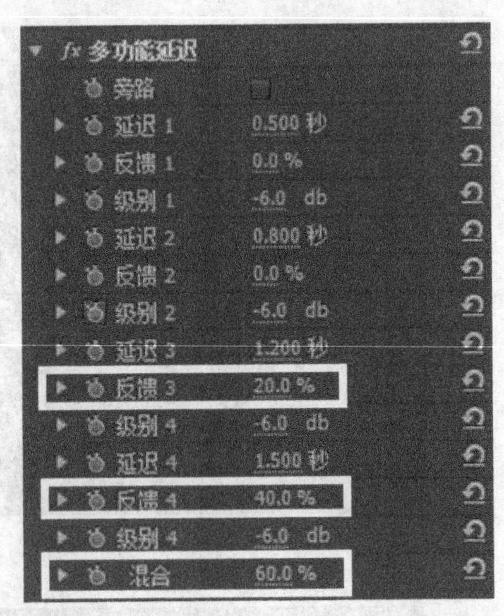

图8-10　添加“多功能延迟”音频效果

图8-11　设置“多功能延迟”音频效果参数

（5）渲染输出。

本 章 小 结

本章介绍了 Premiere Pro 中音频处理的四个模块：素材（音频）、处理、音频特效、音轨混合器和音频轨。在 Premiere Pro 中进行音频编辑的主要目的是与视频进行完美结合，这些效果的良好运用对作品中客观画面内容表现和主观心理情感描写等意图的实现起着举足轻重的作用。认真学习和熟练掌握音频编辑和音频特效的基础知识、操作技能是作品艺术效果实现技术保障。

本 章 作 业

（1）录制一段笑声，然后制作一个上百人看节目时的笑声。

（2）使用“音频效果”/“Reverb”音频特效，制作“屋内混响”效果。

第9章 影片的输出

通过前面各章的学习，了解了在“时间轴”窗口中对素材片段的编排剪辑，对音频的处理，以及在预览中的检验效果。接下来，就是把编辑好的节目输出成影视作品了。

本章主要介绍在Premiere中如何将影片进行输出。

学习目标

- 熟悉视音频的输出设置；
- 掌握视频中帧、音频和字幕的输出。

9.1 基础知识

Premiere Pro CC提出了多种节目输出方式。可以选择把节目输出为能在电视上直接播放的电视节目，也可以输出为专门在计算机上播放的AVI格式文件、静止图片序列或动画文件。面对这么多的选择，如果不注意细心操作，就有可能前功尽弃。在这一步中应该注意，首先必须清楚地知道自己制作这个影视作品的目的，以及这个影视作品面向的对象，然后根据节目的应用场合和质量要求选择合适的输出格式。

通常需要将编辑的影片合成为一个在Premiere Pro CC中可以实时播放的影片，将音频录制到录像带或输出到其他媒介工具中。

当一部影片合成之后，可以在计算机屏幕上播放，并通过视频卡将其输出到录像带上，也可以将它们输出到其他支持Video for Windows或QuickTime的应用中。

完成后的影片质量取决于诸多因素。比如，编辑所使用的图形压缩类型，输出的帧速率，以及播放影片的计算机系统的速度等。

在合成影片前，需要在输出设置中对影片的质量进行相关设置，输出设置中大部分与项目的设置选项相同。

用户需要为系统指定如何合成一部影片。例如，使用何种编辑格式等。选择不同的编辑格式，可供输出的影片格式和压缩设置等也有所不同，设置输出基本选项的方法如下：

选择需要输出的序列，选择“文件”|“导出”|“媒体”命令。

选择“媒体”命令。弹出“导出设置”对话框，在其中可对文件的输出格式、输出名称等进行设置，如图9–1所示。

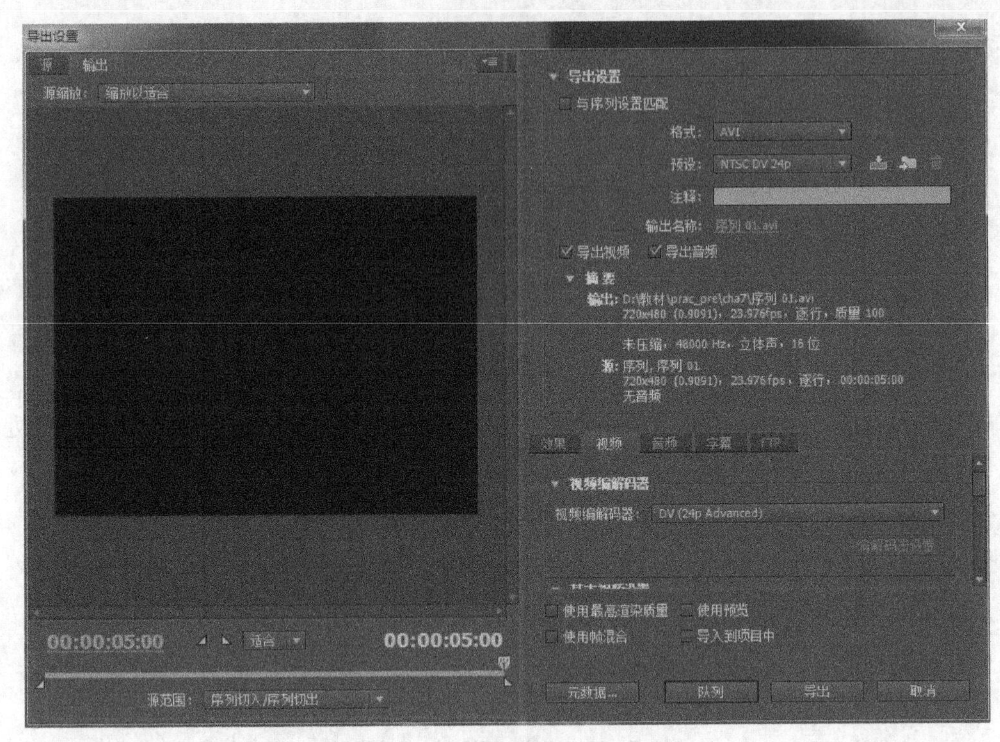

图9-1 “导出设置”对话框

设置输出的数字电影的文件格式，以便适应不同的需要。单击“格式”右侧的下拉按钮，在弹出的下拉列表框中选择媒体格式。

选择“导出视频”复选框，合成影片时输出影像文件。取消选择该复选框，不能输出影像文件。

选择“导出音频”复选框，合成影片时输出声音文件。取消选择该复选框，不能输出声音文件。

9.2 影片输出设置

用户在序列中完成了素材的装配和编辑后，如果效果满意，可以使用输出命令合成影片，在计算机监视器和电视屏幕上播放影片，或者将影片输出到录像带上保存，或者刻录成视频光盘保存。

9.2.1 设置常规输出

(1) 在“时间轴”窗口，拖动工作区域，使其覆盖所需的输出影片，并选择需要输出的序列。

(2) 选择菜单命令“文件”|“输出”|“媒体…”，在弹出的对话框的“输出名称”栏中填写保存的文件名。

(3) 点击“文件类型”下拉列表，选择“AVI”或其他格式的数字视频。

(4) 勾选下面的“导出视频”“导出音频”选项。

9.2.2 设置视频输出

设置视频输出的操作步骤如下：

在选项卡中单击“视频”选项卡。在“视频编解码器”选项组中，单击“视频编解码器”右侧的下拉按钮，在弹出的下拉列表框中选择用于影片压缩的编解码器。相对于选用的不同输出格式，对应不同的编码解码器，如图 9–2 所示。

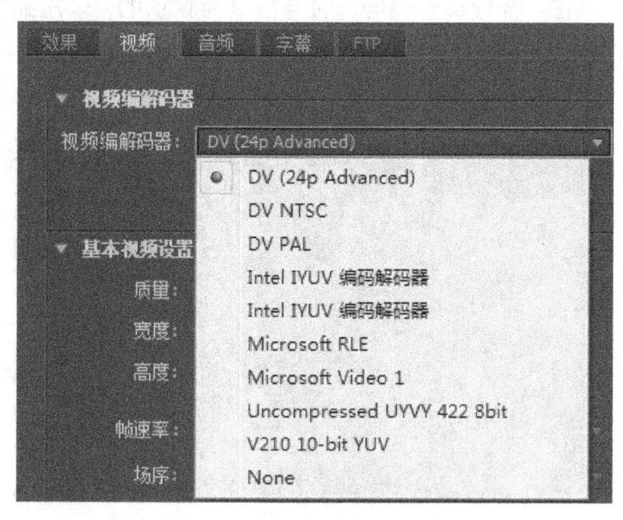

图9–2 “视频编解码器”选项组

在“基本设置”选项组中，可以设置“质量”“帧速率”等，如图 9–3 所示。

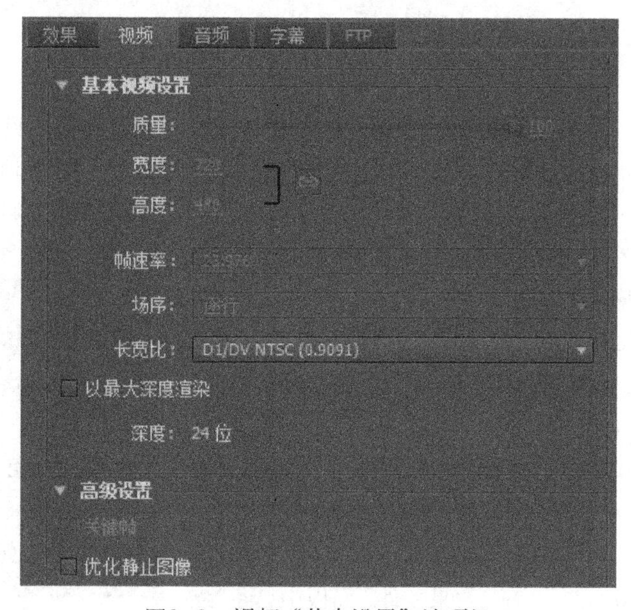

图9–3 视频“基本设置”选项组

其中“质量”选项用于设置输出节目的质量。“宽度”和“高度”参数用于设置输出的视频大小。“帧速率”用于指定输出影片的帧速率。在“长宽比”下拉列表框中设置输出节目的像素宽高比。选择“以最大深度渲染”复选框，以 24 位深度进行渲染，如不选择该复选框则以 8 位渲染。在“高级设置”中勾选“优化静止图像”。

9.2.3 设置音频输出

在音频输出设置中，用户需要为输出的音频设置“采样率”“声道”和“样本大小”等，如图 9–4 所示。

进入“音频”栏目，在“音频编解码器”的空格里为默认的“未压缩”，而在“样品速率”应该选择“48000 Hz”；“样本大小”为“16 位”；“声道”为“立体声”；“音频交错”为“0”。

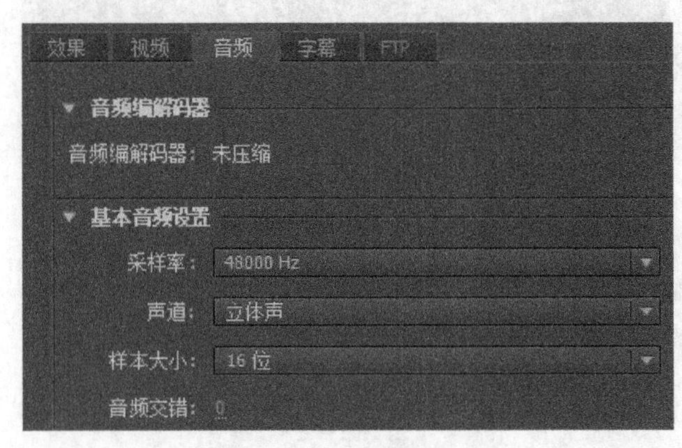

图9–4 “音频”选项卡

9.3 范例制作——《电影预告片头》

通过本例的制作，读者应掌握电影预告片的制作，以及视音频输出的设置，具体步骤如下：

（1）导入并剪辑素材启动 Premiere Pro，新建项目，选择路径，输入项目名称。

（2）新建序列“预告片《电影预告片头》”，DV–PAL 选择“宽屏 4 kHz”，将“素材”文件夹的所有文件导入。

（3）添加 2 个视频轨道。

（4）将时间线移至 00:00:01:20，将“火 .avi”拖放到 V1 轨道上，与时间线对齐。选中“火 .avi”，在“效果控件”中，将“缩放”设为 160。

（5）将“背景 01.jpg”拖放到 V2 轨道上，右击，设置“持续时间”为 00:00:05:00，然后单击“确定”按钮，如图 9–5 所示。

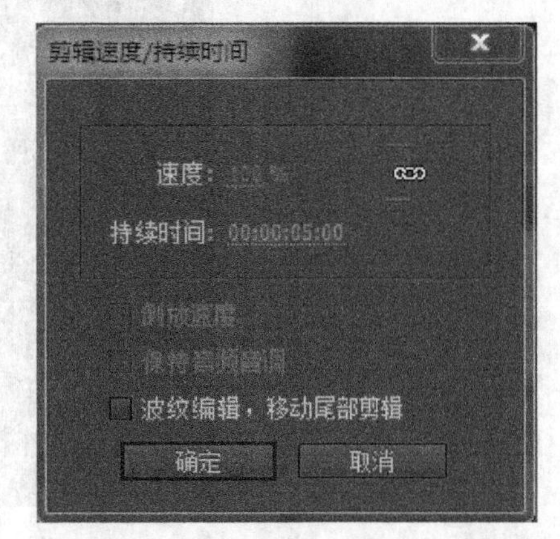

图9–5 设置“剪辑速度/持续时间”

（6）选中“背景 01.jpg”，在“效果控件”面板中，将“缩放高度”设为 200，“缩放宽度”设为 165，“混合模式”设为“滤色”，如图 9–6 所示。

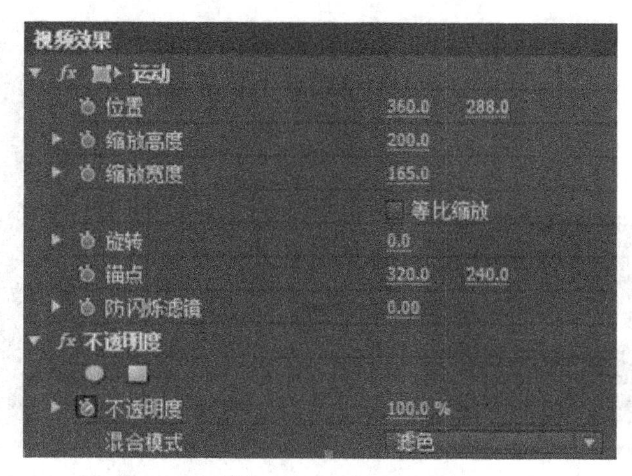

图9–6 设置“缩放”和“混合模式”

(7) 为“背景01.jpg”添加“视频效果”|“过渡”|“百叶窗”效果。将时间线移至00:00:00:00处，打开“效果控件”面板，点击“过渡完成”左边的秒表图标，并设置为100。然后将时间线移至00:00:00:20处，将“过渡完成”设为0，“方向”设为45，“宽度”设为20，如图9–7所示。

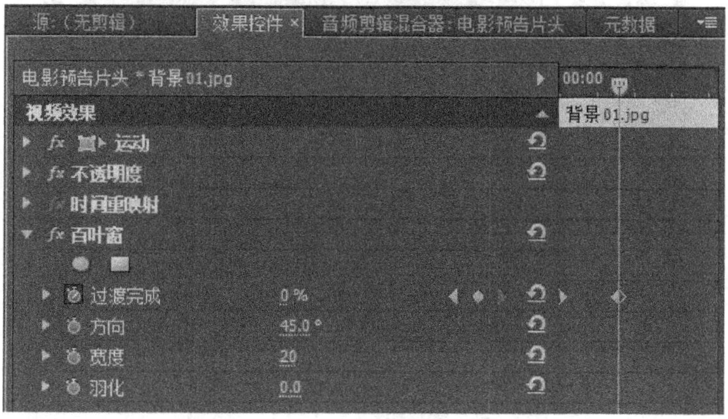

图9–7 设置“过渡完成”

(8) 选择“文件”|“新建”|“字幕”命令，在弹出的对话框中，设置新建字幕的名称为“开场字幕”。

(9) 输入文本“Diy Pizza”，选择适当的“字体系列”，“字体样式”和“字符间距”。

(10) 勾选“纹理”复选框，添加纹理图像“背景01.jpg”，添加“外描边”，勾选“阴影”复选框，并为相应选项设置合理的值，效果如图9–8所示。

(11) 在项目窗口中，将“开场字幕”复制为“开场字幕02”，鼠标左键双击“开场字幕02”，取消“纹理”、“阴影”复选框，设置“颜色”为黑色，“不透明度”为75，“外描边”的“颜色”为深褐色。

(12) 将“开场字幕”拖入V3轨道，将该字幕的持续时间设置为5 s。

(13) 将时间线移至00:00:00:05处，打开“效果控件”面板，点击“缩放”和“不透明度”左侧的秒表按钮，设置“缩放”为0，“不透明度”为0，“混合模式”为“深色”，如图9–9所示。

图9-8 设置字体属性

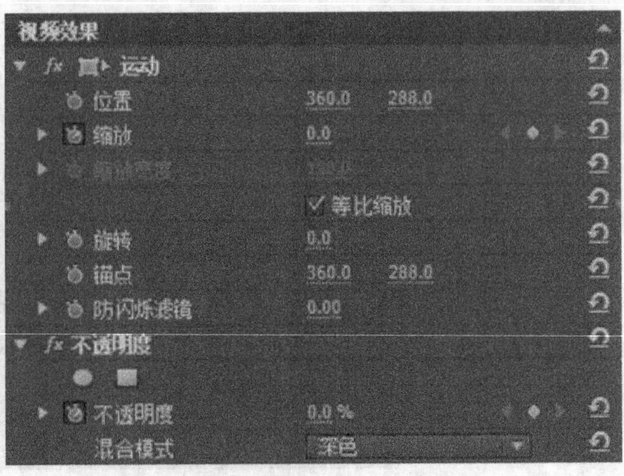

图9-9 设置“运动”参数

(14) 将时间线移至00:00:02:00处，在“效果控件”面板中，设置“缩放”为100，“不透明度”为100，如图9-10所示。

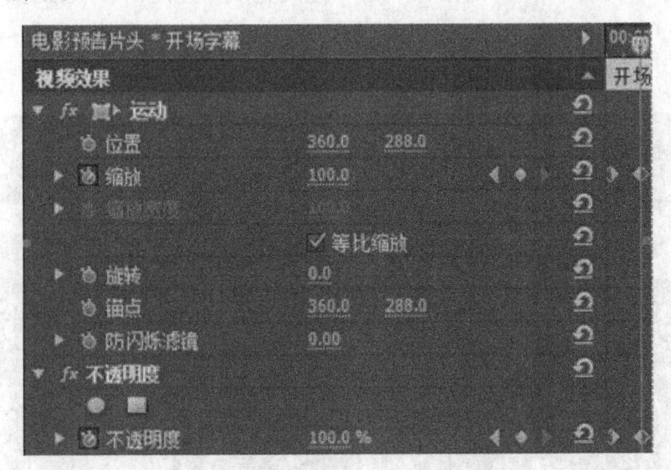

图9-10 设置“缩放”和“不透明度”

(15) 将时间线移至00:00:03:00处，在“效果控件”面板中，单击“缩放”右侧的“添加/删除关键帧”按钮，如图9-11所示。

图9-11 添加/删除关键帧

(16) 将时间线移至00:00:04:24处，在“效果控件”面板中，设置“缩放”为600。

(17) 将“开场字幕02”拖入V4轨道，将该字幕的持续时间设置为5 s。

(18) 将时间线移至00:00:00:05处，打开“效果控件”面板，点击“缩放”左侧的秒表按钮，设置“缩放”为0；将时间线移至00:00:02:00处，设置“缩放”为100。

（19）将时间线移至00:00:03:00处，在“效果控件”面板中，单击“缩放”右侧的“添加/删除关键帧”按钮。

（20）将时间线移至00:00:04:24处，在“效果控件”面板中，设置“缩放”为600。

（21）为“开场字幕02”添加“视频效果”|“变换”|“裁剪”效果，将时间线移至00:00:01:15处，打开“效果控件”面板，单击“底对齐”左侧的秒表图标，设置其值为0，如图9-12所示。

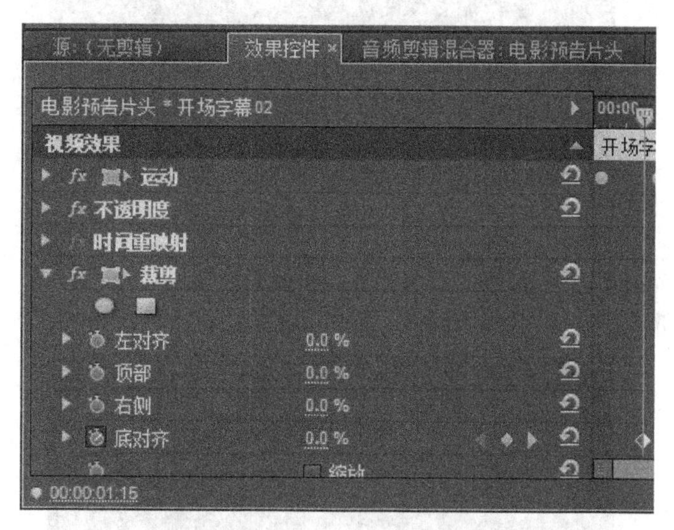

图9-12 设置“裁剪”参数

（22）将时间线移至00:00:03:05处，设置“底对齐”为85。

（23）将“光线02.avi”拖放到V2轨道上，设置“持续时间”为00:00:04:00，然后右击，在弹出的菜单中选择“取消链接”命令，将对应音频轨道上的音频删除，如图9-13所示。

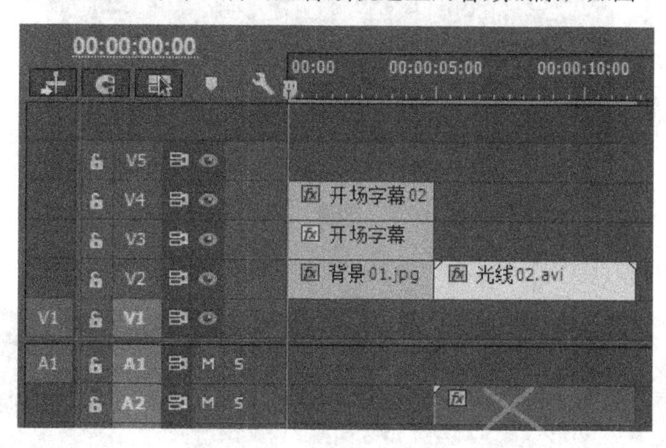

图9-13 取消音频链接

（24）将“背景02.jpg”拖放到V1轨道上，设置持续时间为00:00:05:00，在“效果控件”面板中设置“缩放高度”为120，“缩放宽度”为165，如图9-14所示。

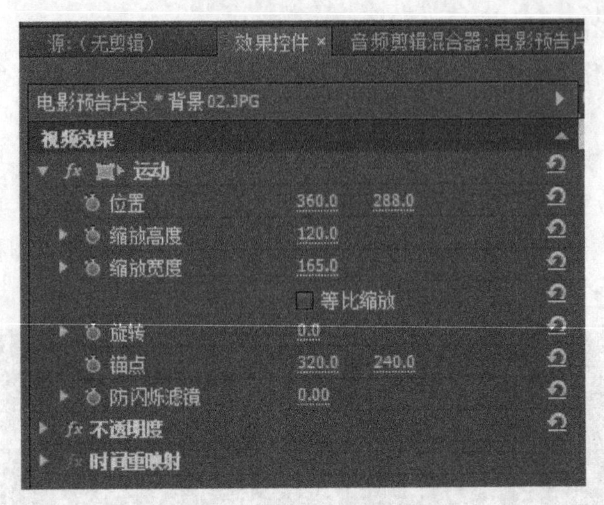

图9-14　设置“缩放”参数

(25) 选择“光线 02.avi”，在“效果控件”面板里设置“缩放”为 60，“混合模式”为“滤色”，如图 9-15 所示。

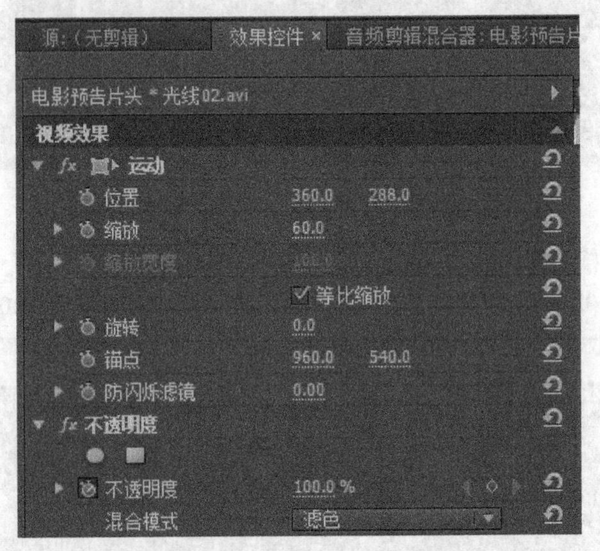

图9-15　设置“缩放”和“混合模式”

(26) 添加“视频过渡” | “擦除” | “风车”到“光线 02.avi”的尾部，如图 9-16 所示。

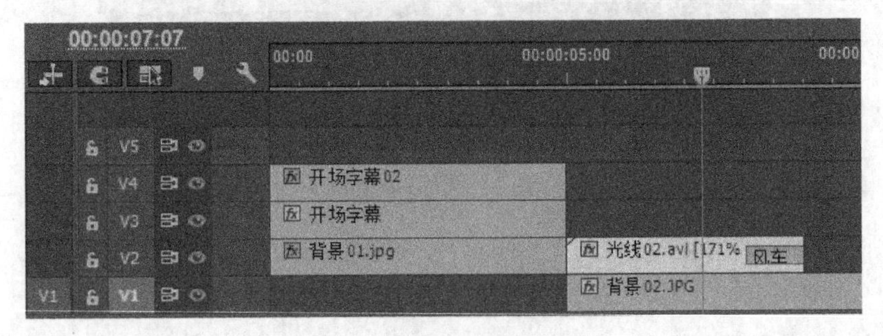

图9-16　添加“风车”效果

（27）选中“风车”效果，为“边框宽度”和“边框颜色”设置合适的值，如图 9–17 所示。

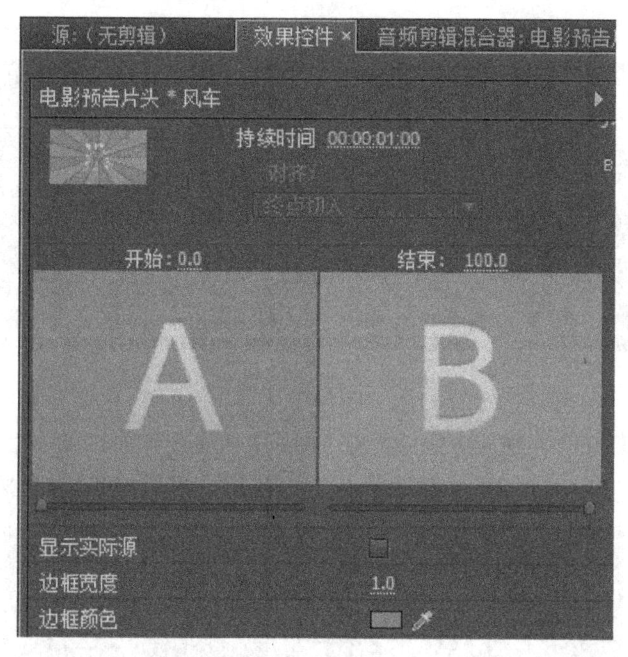

图9–17　设置“边框宽度”和“边框颜色”

（28）新建“字幕 03”，输入“手工 Diy 比萨”，设置“字体”“字体大小”“纹理”和“外描边”等，在窗口最左侧的“中心”下，单击“垂直居中”和“水平居中”按钮，效果如图 9–18 所示。

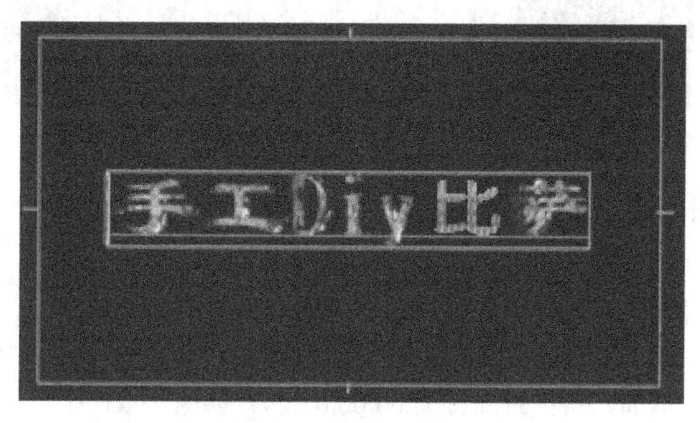

图9–18　设置字体属性

（29）将“字幕 03”拖放到 V3 轨道上，设置“持续时间”为 5 s。将时间线移至 00:00:05:00 处，打开“效果控件”面板，单击“位置”左侧的秒表按钮，设置其值为 1070，288。

（30）将时间线移至 00:00:07:12 处，设置“位置”值为 360，288。

（31）将时间线移至 00:00:08:10 处，点击“缩放”左侧的秒表按钮。

（32）将时间线移至 00:00:09:24 处，设置“缩放”为 90。

（33）选择“文件”|“新建”|“颜色遮罩”命令，新建一 RGB 为 255，255，255，名称“白色遮罩”的遮罩。

(34) 将“白色遮罩”拖放至 V1 轨道 00:00:10:00 处，持续时间设置为 00:00:03:00，如图 9-19 所示。

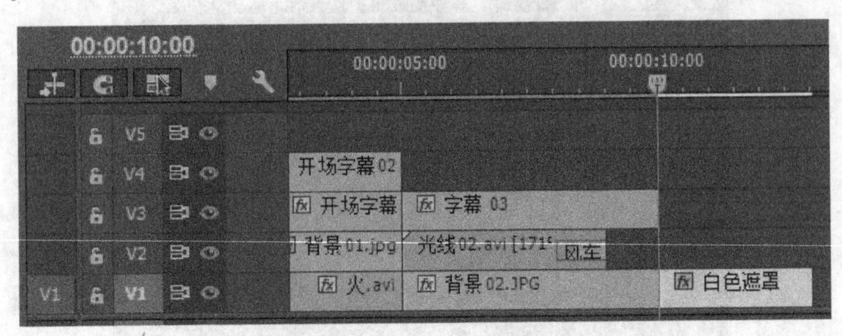

图9-19　设置“持续时间”

(35) 双击“字幕 03”，进入字幕编辑窗口，单击“基于当前字幕新建字幕”按钮，新建“字幕 04”，将文本改为“2016 年 8 月”，然后单击“垂直居中”和“水平居中”按钮，如图 9-20 所示。

图9-20　新建字幕

(36) 按同样的方法，新建“字幕 05”，文本改为“等你来参与”，“字体大小”设置为 100。

(37) 新建“字幕 06”，文本改为“敬请关注”，“字体大小”设置为 140。

(38) 将“字幕 04”拖放到 V2 轨道上，持续时间设为 00:00:00:24；将“字幕 05”拖放到 V2 轨道“字幕 04”的后面，持续时间设为 00:00:01:24，如图 9-21 所示。

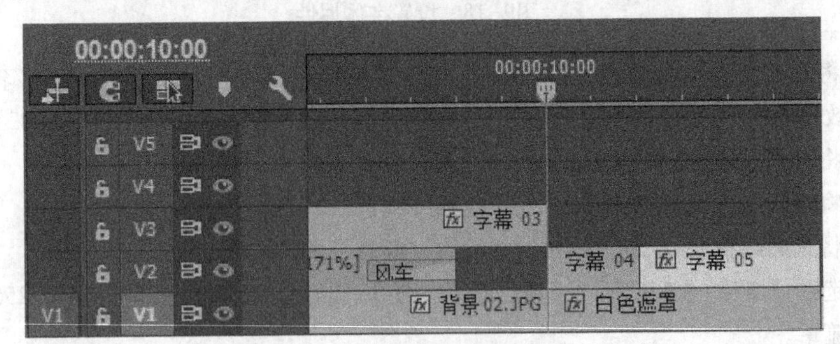

图9-21　设置“持续时间”

（39）选中“字幕 05”，将时间线移至 00:00:11:00 处，点击“效果控件”面板的“缩放”左侧的秒表图标，然后将值设为 600；将时间线移至 00:00:12:00 处，将“缩放”的值设为 100。

（40）将“光线 01.avi”拖放到 V1 轨道“白色遮罩”的后面，将“光线 01.avi”的音频删除。

（41）新建“字幕 07”，输入文本“荣耀登场”，设置“字体系列”“字体大小”和“阴影”等，然后垂直和水平居中，效果如图 9–22 所示。

图9–22　设置字体属性

（42）将“字幕 07”拖放到 V2 轨道“字幕 05”的后面，将其“持续时间”设为 00:00:03:00；将时间线移至 00:00:15:24 处，以该事件线为基准，用“剃刀”工具，将“光线 01.avi”一份为二，并将后部分删除，如图 9–23 所示。

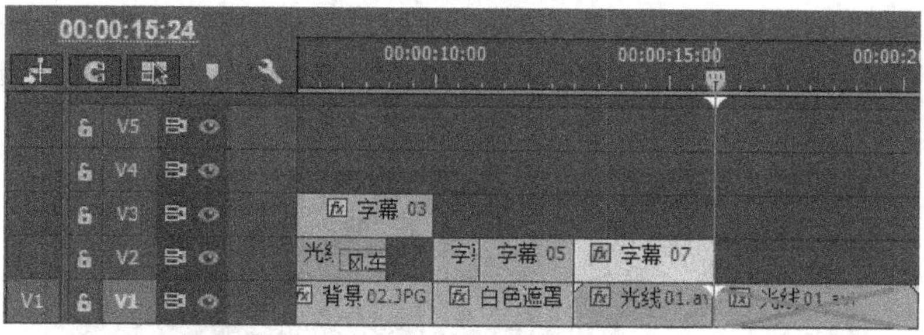

图9–23　剪辑删除

（43）选择“视频过渡”|“溶解”|“渐隐为白色”命令，拖放于“字幕 05”和“字幕 07”之间。

（44）将时间线移至 00:00:13:05 处，选中“字幕 07”，打开“效果控件”面板，单击“位置”左侧的秒表图标；将时间线移至 00:00:14:22 处，设置“位置”为 360，233，单击“不透明度”左侧的秒表图标；将时间线移至 00:00:15:15 处，将“不透明度”设置为 0。

（45）为“字幕 07”添加“视频效果”|“模糊与锐化”|“方向模糊”效果，将时间线移至 00:00:14:05 处，单击“模糊长度”左侧的秒表，然后将时间线移至 00:00:15:05 处，设置“模糊长度”为 60，如图 9–24 所示。

（46）将“背景 01.jpg”添加到 V2 轨道“字幕 07”的后面，设置“缩放高度”为 200，“缩放宽度”为 165。将时间线移至 00:00:16:00 处，将“字幕 06”拖放到 V3 轨道，与“背景 01.jpg”对齐，单击“缩放”左侧的秒表，将值设置为 80；将时间线移至 00:00:19:00 处，设置“缩放”为 100。

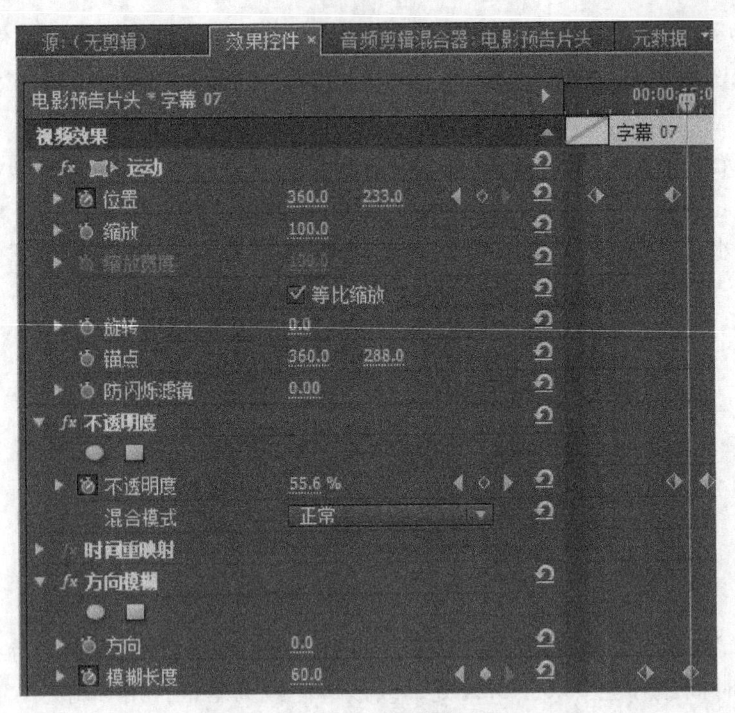

图9–24　设置“模糊长度”

(47) 选择“视频效果”|“调整”|“色阶”拖放于“字幕 06”，将时间线移至00:00:16:00处，设置“(RGB)输入黑色阶”值为80，单击“(R)输入黑色阶”左侧的秒表，设置值为195；将时间线移至00:00:19:00处，设置“(R)输入黑色阶”值为60，如图9–25所示。

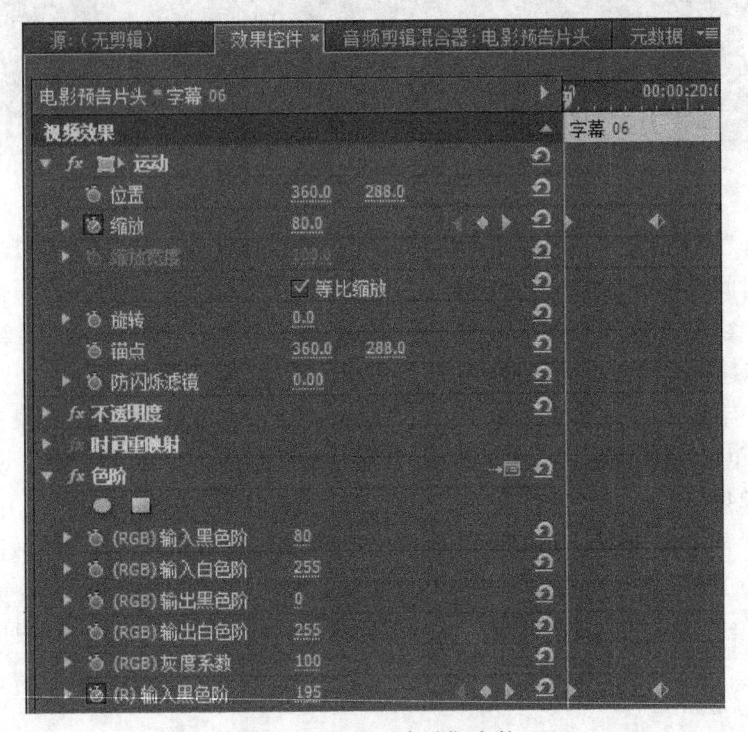

图9–25　设置“色阶”参数

(48) 新建“字幕 08”，在字幕面板中，使用“矩形工具”绘制一个矩形（宽度为 836，高度为 460，X 位置为 524，Y 位置为 287，“图形类型”为“开放贝塞尔曲线”），使用相同方法绘制另一个矩形，如图 9–26 所示。

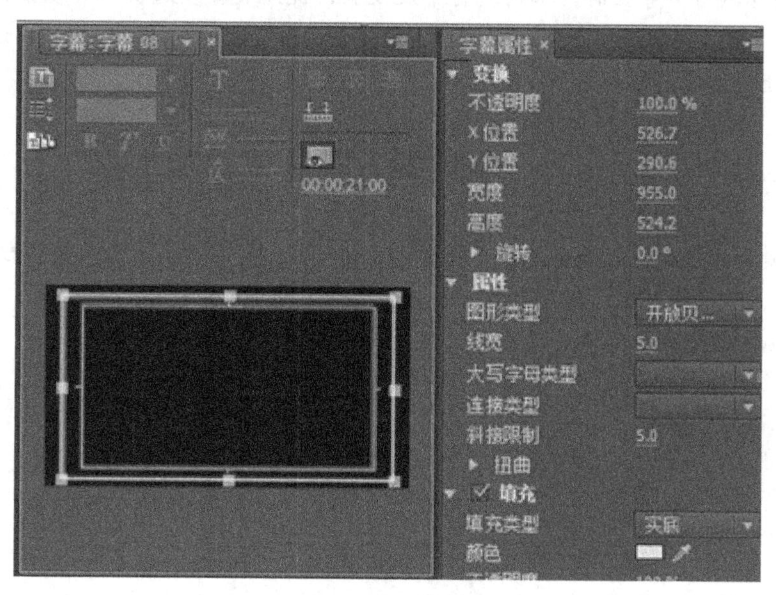

图9–26　设置字体属性

(49) 将“字幕 08”拖放到 V4 轨道上，与“字幕 06”对齐，为其施加“视频效果”|“风格化”|“闪光灯”效果，将“闪光”设为“使图层透明”。

(50) 在“项目”窗口空白处，右击，在弹出的菜单中选择“新建项目”|“调整图层”命令；将“调整图层”拖放到 V5 轨道上，与“字幕 08”对齐，为“调整图层”施加“视频效果”|“生成”|“镜头光晕”效果，将时间线移至 00:00:16:00 处，单击“光晕中心”左侧的秒表，设置其值为 60,70，然后将时间线移至 00:00:19:00 处，设置“光晕中心”值为 400,150。

(51) 将“音乐 .mp3”拖放到 A1 轨道上，拖放“音频过渡”|“交叉淡化”|“恒定增益”效果至音频素材头部，如图 9–27 所示。

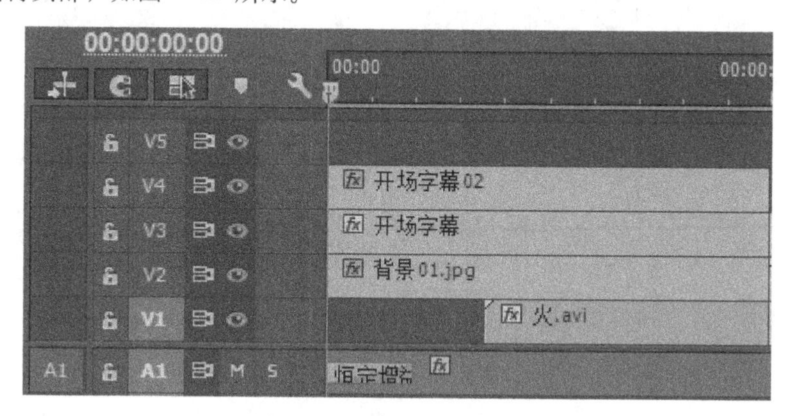

图9–27　添加“恒定增益”

(52) 渲染输出。

本章小结

本章讲解了视音频导出时，如何进行常规设置、视频及音频选项卡中参数如何设置，以及影片如何输出。最后，通过一个实例的制作，进一步学习和巩固了影片输出的方法，为Premiere Pro的学习画上了圆满的句号。

本章作业

（1）新建一个序列，以一部奥斯卡获奖影片为素材，剪辑5～6个经典桥段。

（2）在（1）的基础上，为序列添加转场特效、字幕、背景音乐特效。

（3）添加视频封面和谢幕，导出影片。

第 10 章 After Effects基础

在前面的章节中，我们以 Premiere Pro 为例，介绍剪辑的基本概念和操作方法。从本章开始，以 After Effects 为主导，用项目的方式来介绍影像合成与特效的制作，当然也会适时兼顾 Premiere Pro 的操作方法。

学习目标

- 熟悉 After Effects CC 的工作界面；
- 掌握新建 After Effects CC 项目与合成的方法。

10.1 After Effects CC 工作窗口

打开 After Effects 时，并不要求立即设置文件格式，而是直接打开一个空白的项目，包括项目窗口和工具栏、信息、时间控制等控制面板，如图 10–1 所示。

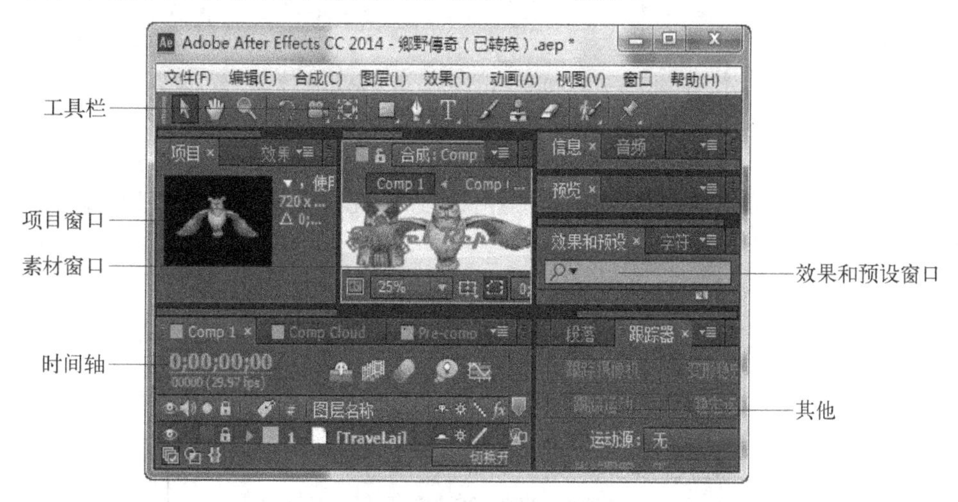

图10–1 After Effects CC工作界面

（1）项目窗口（Project）：将所有要剪辑的素材放在此处，包括视频、图片或文字等。但这些素材并没有真正被“导入”项目，它们只是被标记、连接起来。

（2）合成窗口（Composition）：与 Premiere Pro 的剪辑窗口类似，但由于在此制作影像合成多于剪辑，所以称为“合成窗口”，与时间线同步操作.

（3）素材窗口（Source）：与合成窗口合在一起，功能上与 Premiere Pro 一样，可以在此观看或聆听来源素材，以及做起点与终点的设置。

（4）时间线（Timeline）：将所合成的内容安排在此，虽然感觉上和 Premiere Pro 很像，但在观念上更接近于 Photoshop 的图像图层，它们随时可以上下调动。

（5）效果和预设窗口（Effects & Presets）：包括影像和声音的特殊效果和预设值。

（6）工具栏（Tools）：包括选择，旋转、移动、绘图、遮罩等工具。

（7）其他：如信息（info）、时间控制（Time Controls），声音（Audio）等，只要单击它们，就会以橙色外框线显示出来。

10.2 素材片段基本编辑流程

本书的重点 Premiere Pro 和 After Effects 其实各有所长，都可以作为制作影视的主要软件，只是 Premiere Pro 着重影片的捕获和剪辑，兼具简单的动画功能：而 After Effects 着重精致动画和特效的表现能力，以及各类媒体的合成（影片、图片、动画、三维对象、声音等）。

在制作流程上，如果以 Premiere Pro 为主导的话，其可能的制作流程如图 10–2 所示。

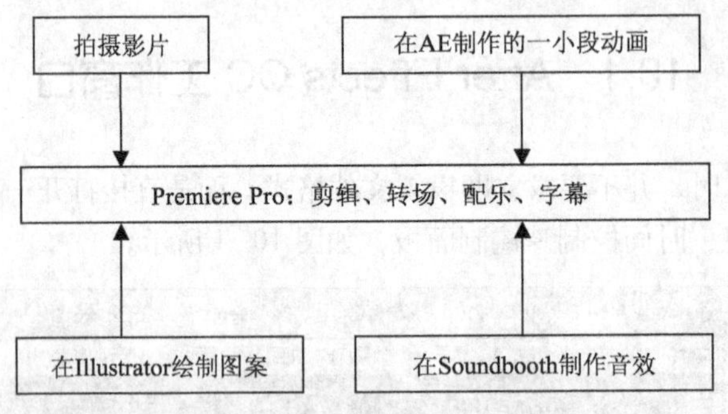

图10–2　Premiere开发项目流程

在制作流程上，如果以 After Effects 为主导的话，通常是比较复杂的项目，其可能的制作流程如图 10–3 所示。

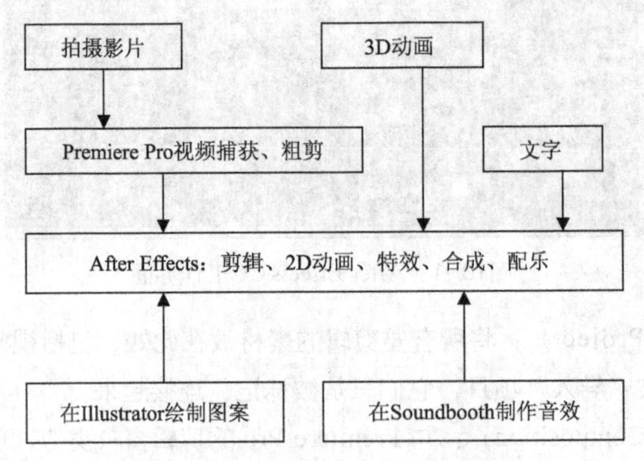

图10–3　After Effects开发项目流程

在前面章节的非线性编辑中，我们以 Premiere Pro 为例，介绍剪辑的基本概念和操作方法。从现在开始，我们要以 After Effects 为主导，用项目的方式来介绍影视合成与特效的制作，当然也会适时兼顾 Premiere Pro 的操作方法。

10.3 项目与合成的基本设置

10.3.1 由菜单导入素材

After Effects 作为多媒体合成工具，所以有多种导入素材的类型和方式，让我们从简易的单一素材着手吧！

（1）导入单一素材：选择“文件”|“导入”|“文件”命令，当出现“导入”|“文件”对话框时，选取将要导入的素材即可。

（2）捕获素材可以选择“文件”|“导入”|“Adobe Premiere Pro 项目”命令，捕获画面后直接导入 AE。

（3）导入多个素材：选择“文件”|“导入”|“多个文件”命令，当出现“导入多个文件”对话框时，选取将要导入的素材，然后单击“打开”按钮；此时会再次出现“导入文件”对话框，所以可以再选取另一个素材，重复以上的步骤就可以导入多个素材，最后单击“完成”按钮结束导入的工作。

10.3.2 由拖动导入素材

（1）拖动导入：首先，将 AE 设置为“非”最大化的状态，因此可以任意缩放整个 AE 的窗口，并同时可以看见桌面的文件夹。打开文件夹，选取要导入的素材，用鼠标拖动到项目窗口即可，如图 10-4 所示。

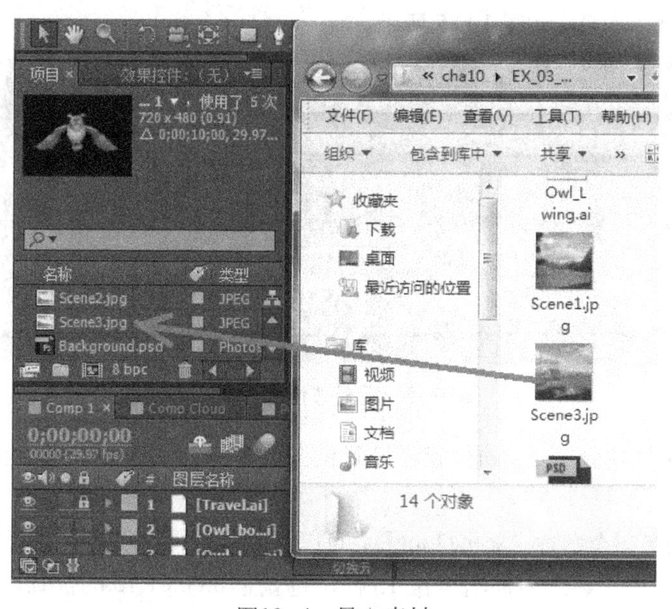

图10-4 导入素材

(2) 文件夹拖动导入：与“拖动导入”一样，将AE设置在“非”最大化的状态，但这次是拖动“文件夹”，而不是文件，所以在项目窗口中也可以保留此文件夹，便于管理文件。请注意，在拖动时要同时按住【Alt】键，否则会变成导入“连续图形文件”。

10.3.3 新建合成与动画设置

1. 合成设置

开启Adobe After Effects CC软件，在一开始的提示窗口中，选择“新建合成”命令，或是进到主菜单选择“合成”|“新建合成”命令，打开“合成设置”对话框，进行工作环境的设置。

在“预设”的下拉列表中，提供了很多影片、电影或是网页影片的不同格式，选取预设的“NTSC DV”格式，AE将自动带出相关的规格参数，显示在下方；也可以直接修改参数，自定义规格。

下方“持续时间”表示影片全部的长度，先预设长度10 s，将来仍可修改，单击“确定”按钮。预设：NTSC，720*480，帧速率：29.97 fps，分辨率：“完整”，持续时间：0:00:10:00。

2. 新建合成

每个图层都拥有5项动画基本设置，分别是“锚点（Anchor Point）”“位置（Position）”“缩放（Scale）”“旋转（Rotation）”和“不透明度（Opacity）”。每一项设置都可以用鼠标左右拖动，或者键入数值进行修改。

(1) 新建合成“Comp1”，设置预设：NTSC，720*480，帧速率：29.97 fps，分辨率：“完整”，持续时间：0:00:10:00。

(2) 现在将“Scene1.jpg”“Scene2.jpg”和“Scene3.jpg”等三个图片做出由上往下掉落的动画效果。在这里因为要使这个物体从画框以外移进来，所以必须先将可见范围的比例尺调整到50%或更小，这样才能看到该素材在图框以外的部分。

(3) 从“Scene3.jpg”开始，先将时间时针拉到第0 s的位置，单击“位置”左侧的秒表，设置位置值为(134.4,−75.6)，如图10−5所示。

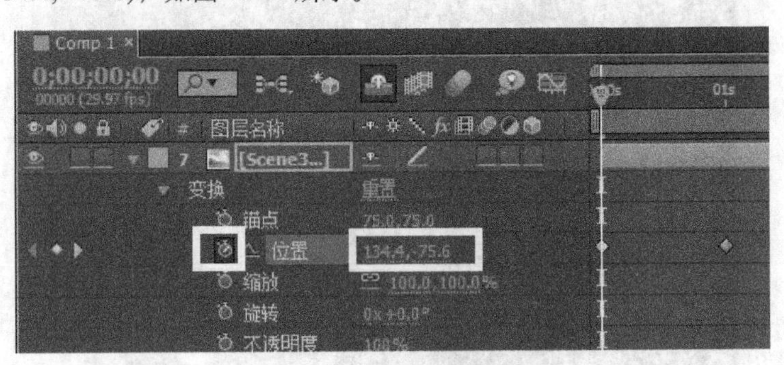

图10−5 设置“位置”参数

(4) 将时间时针拉到第1 s的位置，设置位置值为(134.4,192.4)，如此一来，素材就从上面掉下来了。

(5) 接下来的第二个图片“Scene2.jpg”，可以让它慢15帧（半秒）才开始下落，如此一来，原本在1 S的终点位置也要跟着向后再拉15帧，也就是0:00:01:15的位置，选择“位置”左侧的秒表，建立终点的关键帧；然后往回拉到 0:00:00:15 的位置，一样设置起点关键帧，再将此图片拉到起点的位置。

（6）第三个图片“Scene1.jpg”再比第二个图片慢 15 帧（半秒），方法同上，终点和起点的时间分别是 0:00:02:00，0:00:01:00。

“不透明度”不仅可以调整对象是否透明，也能够借此表现远近感和对象的出现和消失。

（7）导入“Cloud.psd”素材，拖动到“合成（Composition）”窗口并置于所有“Scene.jpg”图层之下，这个云可能有点偏大，可将“变换（Transform）”下的“缩放（Scale）”调整为70%，将“不透明度”的数值调整为 80 左右，使其呈现半透明的状态，使图案的结合看起来更自然。

（8）将“Cloud.psd”移动到设想的起始位置，在第 0 s 的位置上，按下秒表产生一个起点的关键帧。再移动时间指针到第 1 s、第 2 s，直到第 5 s，路径可以是直线或曲线。现在可以使用“预览（Preview）”播放键来看一下动画的效果吧。

（9）将“Windmill.avi”导入项目，因为这个文件在 Illustrator 软件中分为两个图层，在“素材”的模式下选“选择图层”，先选某一图层如 Layers fans，再重新导入“Windmill.avi”，选另一个图层 Layer house，如图 10–6 所示。

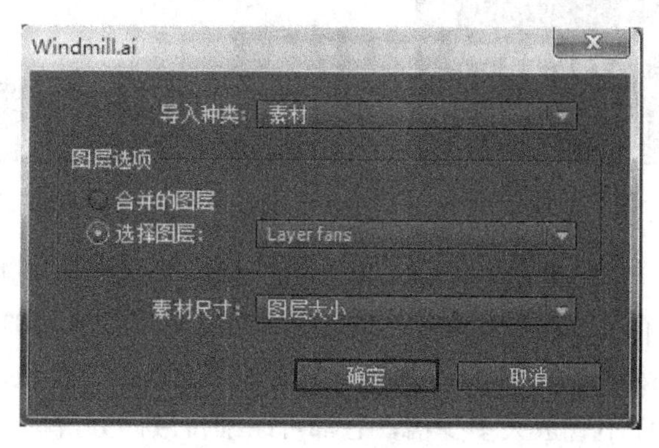

图10–6　“导入”设置

（10）将 Windmill.avi 的两个图层放入“合成 1”，将风扇部分放置在上层，在第 0 s时单击“旋转”左侧的秒表，然后拉动时间指针到第 10 s 后，改变旋转的数值为 5x+0.0（也就是在 10 s 内顺时针转 5 圈）。

锚点或称“轴点”。每个对象都有一个锚点，初始设置时都在此对象的正中央，但事实上并不一定要在正中央，可以改变其位置。

（11）将猫头鹰的三个部分“Owl_body.ai”“Owl_Lwing.ai”和“Owl_r wing.ai”放入“合成”窗口，将它们的“大小（Scale）”都改成 50%。

（12）现在要使猫头鹰的翅膀拍动，使用“向后平移锚点工具”，将翅膀的锚点移至边缘位置上。现在改变“旋转”参数就能正常地拍动翅膀了，另一边的翅膀做法完全相同。但是要记住换回原来的“选取工具”按钮。

（13）现在已经做好了几个动画的设定了，可以先拖动时间指针，大致先看一下它的移动情况；接着我们要播放连续的动画，按下图示键，播放影片；这种动画预览的方式，预览的时间并不一定是精确的，因为它是一边运算一边播放，如果此时的动画比较复杂，那播放的速度就会变慢，因此计算机 CPU 的运算速度在这里就显得很重要了，如图 10–7 所示。

(14) 如果想要知道它真正实时的动画效果，那么就要勾选预览分页下面的“RAM 预览选项”，它会把所有的动画先行运算到内存上，然后一次播放出来；好处就是可以看到真实的动画速度，缺点是运算的范围局限于内存大小，也就是说可播放的长度是有上限的。

矢量图文件的分辨率原本就可以随着程序设置而保持最佳状态，但矢量图文件的在导入 AE 时，已做了一次矢量图文件栅格化，所以当“大小（Scale）”数值超过 100% 时，就会有锯齿状的产生。而将矢量图文件设为“连续栅格化”，其实是让 AE 持续性地对每一个帧做矢量图文件栅格化，使得即使放大到 1000%，也能保持最佳分辨率。

(15) 将“Travel.ai”拖动到“合成”窗口，原始的字太小，要用“大小（Scale）”将它放大。

(16) 将字体放大到 380%，字的分辨率似乎变得比较差，效果如图 10–8 所示。

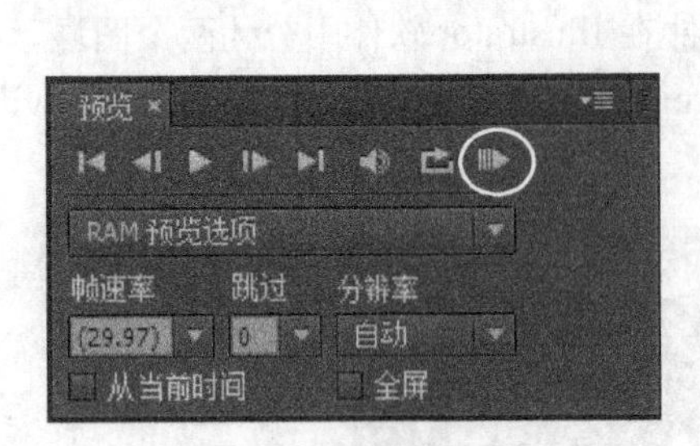

图10–7 预览动画

图10–8 “缩放”效果

(17) 因为在任何一个矢量图文件导入到 AE 的时候，它会直接进行点阵化，所以它实际上已经是一个点阵图文件了，如果您要将一个矢量图文件放大到超过 100% 的情况下，那就必须要开启这个持续点阵化的按钮，如图 10–9 所示，将它按下之后，将发现，这个文件可以维持矢量图文件的特性了，因为你不管放大多少倍，它都可以维持最佳分辨率，效果如图 10–10 所示，但是这个功能仅当放大到超过 100% 时才使用，因为持续点阵化，将占用很多 CPU 时间。

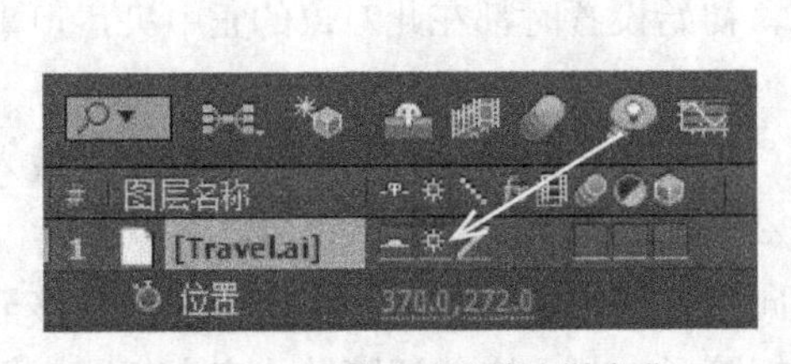

图10–9 设置“持续点阵化”

图10–10 “持续点阵化”后的图像效果

(18) 在影片结束之前（约 8 s 时）将字体放大到约 2000%，让它从高处掉落下来，将发现字体仍然保持最佳分辨率与高品质。将时间时针拉到 0:00:00:00 处，单击“不透明度”左侧的秒表，设为 0%，然后将时间时针拉到 0:00:00:05 处，设置“不透明度”为 100%，效果就会像是从天而降的感觉。

10.3.4　多重合成

在每个 After Effects 的项目文件中可以同时包含多个文件，而且这些合成文件还可以相互容纳其中，如下图的项目文件“.aep”中，在“合成 2”内可以插入“合成 1”而成为一个素材。

1. 建构另一个合成

（1）在菜单选择“合成”|“新建合成”命令，具体设置与上一节例题相同，创建一个“合成 2”。

（2）在“合成设置”窗口中，将“预设”改选为“自定义”，取消“选取长宽比为 5 : 4 (1.25)”。将“合成”的“宽度”调整为 1440 px（像素），“持续时间”调整为 10 s，单击“确定”按钮。

（3）还记得先前的云“Cloud.psd”吗？原本不够 10 s 的运动，现在我们将它独立在一个合成里面，重复使用两次“Cloud.psd”，分别排列一前一后，然后分别为这两朵云做上下运动的“位置”动画，如图 10–11 所示。

图10–11　制作“位置”动画

（4）完成后再将“合成 2”从项目窗口拖拉进“合成 1”，使“合成 2”做由右往左的“位置”动画，这样就构成了云朵上下跳动和移动的动画了，如图 10–12 所示。

图10–12　合成嵌套最终效果

2．建构预合成

像“合成 2”这样某一个合成中再包含一个合成的合成结构，就属于多重合成，现在再介绍另一种模式。同时选择多个图层，将它们合起来做成另一个独立的“合成”，这就是预合成的用法。

（1）在“合成”窗口中，按住【Shift】键，同时选择“Owl_body.ai”“Owl_L wing.ai”和“Owl_R wing.ai”，选择主菜单“图层”|“预合成”命令，跳出“预合成”窗口，勾选“将所有属性移动到新合成”，将这三个图层的设定都独立出另外一个“预合成”的合成中，单击“确定”按钮，如图 10–13 所示。

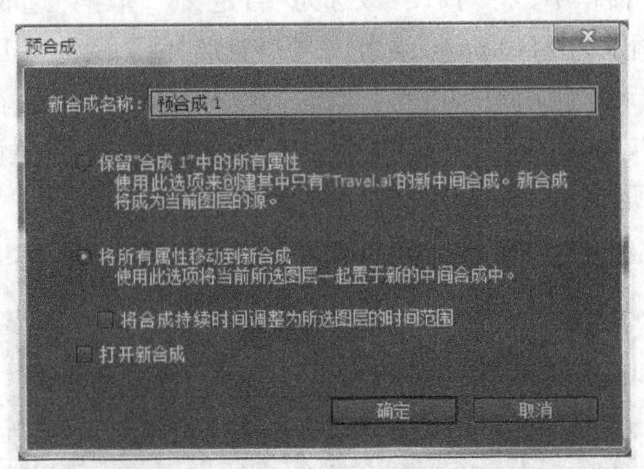

图 10–13 “预合成”设置

（2）三个图层就变成一个独立的“预合成 1”，双击“预合成 1”，将会看到合成窗口中，就只有三个对象“Owl_body.ai”“Owl_L wing.ai”和“Owl_R wing.ai”。

（3）将“Owl_L wing.ai”和“Owl_R wing.ai”的旋转（Rotation）继续延伸下去。如先做四个关键帧，选中它们并复制，指针移到下一个要粘贴的位置粘贴，就可以形成一串动作了，如图 10–14 所示。

图10–14 复制粘贴关键帧

（4）因为“预合成 1”是一个独立的合成，在 AE 中也是和图层一样可以做放大、缩小和位移等动画。在这里将猫头鹰做“缩放”由小变大，再加上“位置”的变化，而且在位移的过程中猫头鹰都是拍动翅膀的，如图 10–15 所示。

图10–15　设置“缩放”和“位置”

3．图层的复制

计算机动画的特点其实就是易于复制，一旦做出来一些动作参数，就可以复制多个图层来使用。

（1）选择“合成 1”中的“预合成 1”（可以按【Enter】键改名称为“Pre–comp owl”），选择主菜单“编辑”|“重复”命令，复制另外一个“Pre–comp owl”，移动复制的图层到其他位置上，就可以看到两支猫头鹰了。

（2）现在就有两支动作相同的猫头鹰，将新产生的图层中“变换”展开，将“缩放”和“位置”做一些改动，这样才不会有简单重复的感觉。

（3）持续用【Ctrl+D】图层，如图 10–16 所示，现在我们就有五支猫头鹰，但是拍翅动作太过一致，再稍微往前往后移动图层，改变他们出现画面的时间点，整个画面看起来就比较自然一点。

图10–16　复制图层

10.3.5 应用图层

After Effects 虽然是一个动画软件，但是其图层的建构方式和基本原理与 Adobe Photoshop 十分类似，甚至图层之间部可以直接转移。于是我们可以利用这层关系，把 Photoshop 当作 After Effects 的草稿：先在 Photoshop 中静态构图之后，再导入 After Effects 制作动画。

1．图层选项功能介绍

图层各选项如图 10–17 所示。

图10–17　图层选项

A：可见 / 不可见切换

B：声音选项持续点阵化

C：单独观看切换

D：锁住图层滤镜

E：模拟中介帧

F：图层名称 / 素材名称

G：隐藏图层

H：持续点阵化

I：高低分辨率切换

J：特效滤镜

K：帧混合

L：动画模糊

M：调整图层

N：3D 立体图层

2．单独观看图层

通常一个合成里面会包含很多图层，如果想针对特定图层做动画，可是却常常选择不中该图层，造成制作上的困扰。那么“独奏”选项就可以让画面上只会留下某特定图层，易于观看或做动画设定。

在图 10–25 所示的合成中，因为放入了很多图层，所以视觉上感觉很乱，试点一下“Travle.ai”图层的 Solo 图像（A 位置），将会发现其他的图层消失，只留下所点选的这个唯一图层。若再点一下“Scene1.jpg”（B 位置），这个图层就会出现，变成两个图层留下来，如图 10–18 所示。

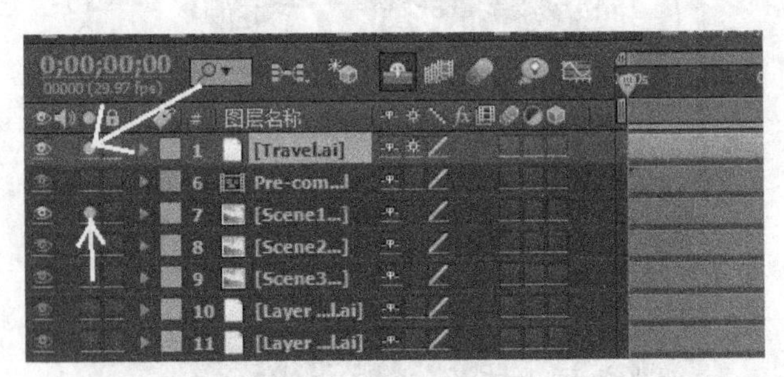

图10–18　单独观看图层

3．隐藏图层与消隐图层

AE 图层的最左边是（眼睛）（C 位置）图层的取消，它的作用就是和 Photoshop 一样，让图层的画面看不见（三个 Scene 图不见了），但图层本身还占着空间；而另一个“消隐图层”刚好相反，图层的画面仍然看见，但图层本身在时间线消失了，主要是让出更多空间让使用者操作，如图 10–19 所示。

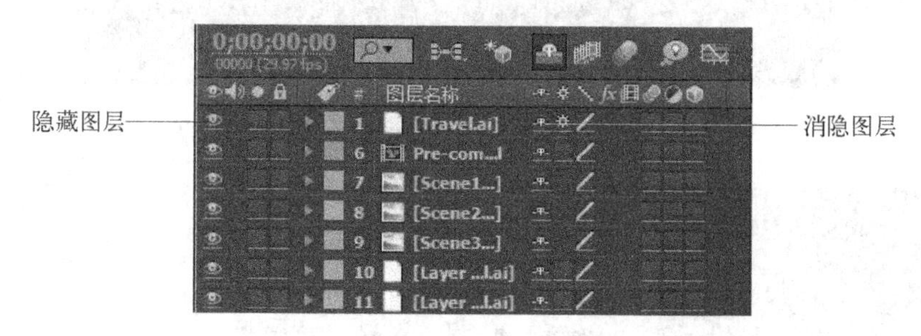

图10–19 “隐藏”和“消隐”图层

“消隐图层”的用法是：先点选欲设定隐藏图层（人头会缩进去），再按上面的大图标的“消隐图层”，即可隐藏这些设定好的图层。若要显现出图层就要再按一次即可。

4．分辨率与观看比例

在 Comp 窗口的左下角可以调整观看的比例，从 1.5% 直到 3200% 或更大，一般都是调整到 100%，因为不在特殊情况不需超过 100%，而且这个改变并不会改变分辨率。

右下角的完整（Full）分辨率、一半（Half）分辨率等则是不改变图像大小，但是会实际的改变分辨率，不过通常调整到一半分辨率或 1/4（Quarter）分辨率来暂时性地加快操作时的运算能力，等到项目完成后再调回原始分辨率。Auto 是当图像缩小为 50% 时自动调整为一半分辨率，以免浪费 CPU 资源。

至于图层功能上的斜线则是代表画面的品质，有时候我们也会弹性切换来增加工作效率。粗颗粒斜向右边是低品质（呈现锯齿状）；细颗粒斜向右边是高品质。

10.4 范例制作——《百叶窗效果》

本例将通过“百叶窗”特效的应用来制作一个打开百叶窗后看见森林的动画，制作过程如下：

（1）启动 AE，选择“合成”|“新建合成”命令，“合成名称”为“百叶窗效果”。

（2）选择“文件”|“导入”|“文件”命令，导入素材文件夹下的“pic00.jpg”，将其拖放到“时间轴”面板中。

（3）选中“pic00.jpg”，按下字母【S】键，设置“缩放”为 50，如图 10–20 所示。

（4）在“时间轴”面板中右击，在弹出的菜单中选择“新建”|“调整图层”，如图 10–21 所示。

（5）打开界面右边的“效果和预设”面板，选择“过渡”|“百叶窗”，拖放至“调整图层 1”上。

（6）将时间线移至 0:00:00:00 处，选中“调整图层 1”，打开“效果控件”面板，点击“过渡完成”左侧的秒表，同时将“宽度”设为 80，如图 10–22 所示。

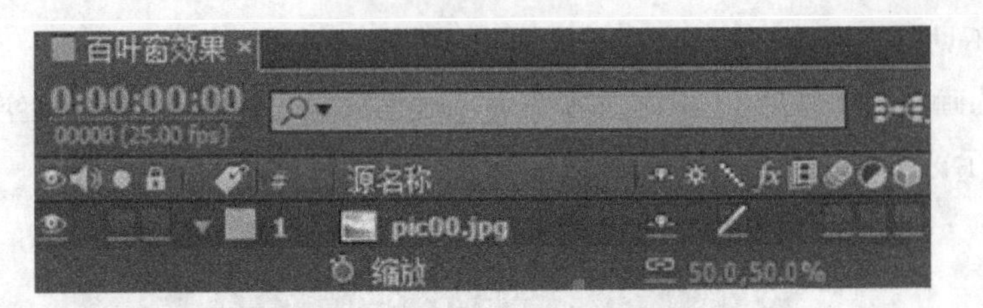

图10–20　展开“缩放”选项

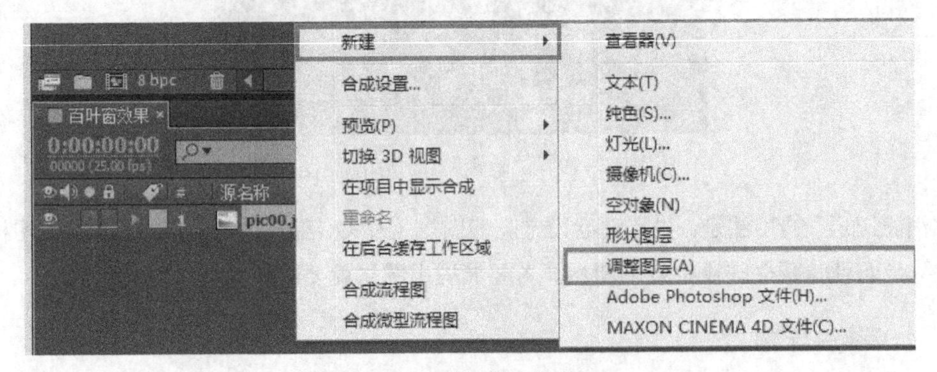

图10–21　新建“调整图层”

（7）将时间线移至0:00:04:24处，将“过渡完成”设为100%。

（8）按空格键，预览效果，如图10–23所示。

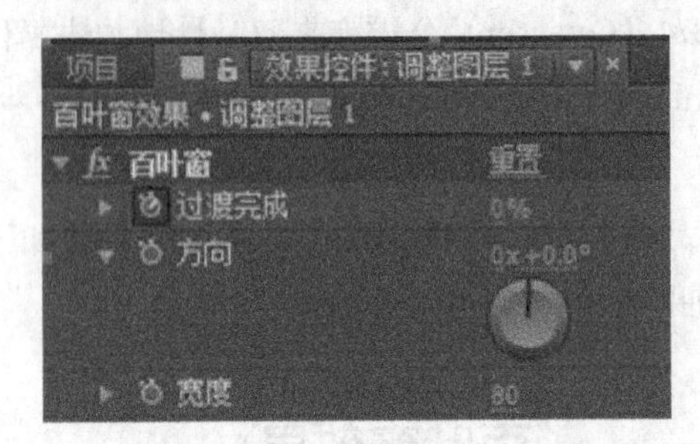

图10–22　设置“过渡完成”参数

图10–23　最终效果图

（9）选择“文件”|“创建代理”|“影片”命令，在弹出的窗口“将影片输出到”中，选择影片的保存路径，单击“保存”按钮，打开“渲染队列”窗口，如图10–24所示。单击如图箭头所指的“自定义：AVI”处，将弹出“输出模块设置”窗口，在该窗口可重新设置输出影片的格式等参数，单击“确定”按钮，如图10–24所示。

图10–24　“渲染队列”参数设置

（10）单击“渲染队列”右上方的“渲染”按钮，影片制作完毕。

本章小结

本章介绍了 After Effects CC 的工作界面、项目与合成的基本设置，并通过多个实例讲解了如何制作“位置”“缩放”和“旋转”等动画，接下来介绍了图层的复制、隐藏等操作。最后通过实例“百叶窗效果”进一步了解了动画效果的制作方式，以及影片输出的基本设置。

本章作业

（1）新建一个合成，并导入一个图像和视频文件。

（2）将上述新建的项目以 .aep 的文件格式保存，并渲染输出为格式为 .mp4 的视频。

第11章 蒙版与抠像

制作一段动画时，经常会组合多个对象与图层，为了使每个对象与图层都能够单独运作，当然希望它们都能从背景图框独立出来，以便重新合成新的影像和场景。本章将深入讨论关于这些对象与图层的组合模式。

学习目标

- 掌握蒙版的概念、应用以及混合模式设置；
- 掌握抠像的原理与方法。

11.1 蒙版的基本应用

在自我发光的颜色体系中，所有光线都可以由不同密度的红、绿、蓝三原色组合而成，红、绿，蓝三原色就称为R、G、B三个通道，其特点是：颜色越混越亮，所以也称为“加色法”。因此，当在图像处理软件Photoshop打开一张图（RGB模式）的时候，就会在通道的窗口中看到该图像的各种颜色分布情形，颜色的灰阶呈现越亮时，即表示该通道的值越高。

通道就是在于显示各原色的灰阶值，如果想自己指定某个图像的显示区域，就要用额外的通道来表示，即Alpha通道。Alpha通道是一个8位（256阶）分辨率的灰阶图像，当灰阶值为0（全黑）时代表该部分为完全透明：当灰阶值为255（全白）时代表该部分为完全不透明。

蒙版是一个封闭区域，可用来控制被蒙图层的哪些区域透明，哪些区域不透明。

制作动画或合成特效，经常需要一些已去除背景的对象，借此避开图片的边框，但并不是每个图形文件都有或“可以有”Alpha通道，例如，Video类型的文件就不会有Alpha通道了。因此，需要在AE中用蒙版（遮罩）补强这个不足点，但实际上蒙版能做的并不仅是替代Alpha通道的功能，它能给予更多更炫的效果。

11.1.1 简单蒙版

制作蒙版的基本工具有“矩形工具”和“钢笔工具”两个几何蒙版工具。

（1）几何蒙版工具主要是创建方形和椭圆形等，只要“点”，一“拉”就可以了。如果要制作“正”方形或“正”圆形，只要在拉的时候按住【Shift】键即可，如图11–1所示。

（2）以几何蒙版工具为基础，用鼠标拖动节点，此时该节点就会变成贝塞尔曲线，可以自由改变蒙版。

（3）自由蒙版工具就是钢笔工具，可用来绘制路径。

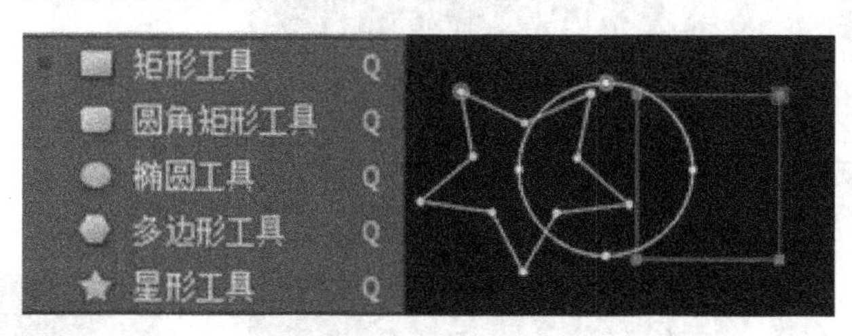

图11-1　绘制简单蒙版

11.1.2　多重蒙版

每个图像部可以产生多个蒙版，或与形状图层融合，也可以组合它们，做出多重蒙版。

（1）新建合成“豆”，设置合成的大小为500×300像素，“像素长宽比”为“方形像素”，“持续时间为”5 s，如图11-2所示。

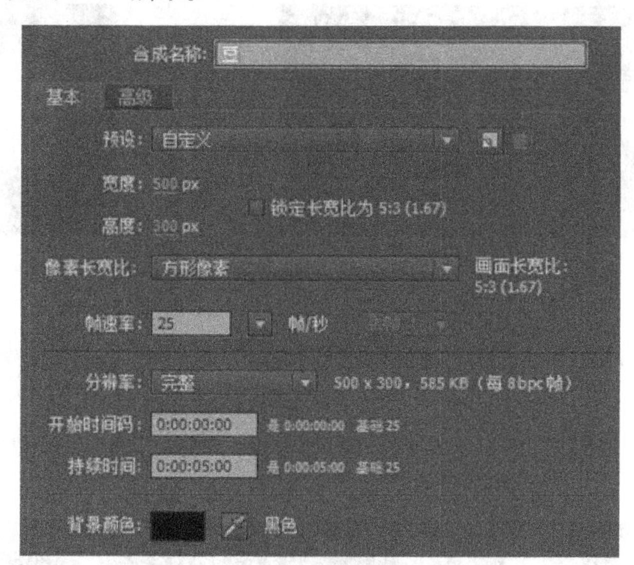

图11-2　合成参数设置

（2）选择“图层”|“新建”|“纯色”命令，新建一个大小为50×50像素，“颜色”为黄色的“黄色纯色1”图层，如图11-3所示。

（3）选中“黄色纯色1”图层，然后用椭圆工具画一个圆形蒙版，双击周边的控制点可以自由变换控制模式，拉动它也可以改变大小。

（4）选择五边形工具，在蒙版1的右边做一个五边形，多重蒙版如图11-4所示。

（5）由于目前的结合方式设为“相加”，所以两个蒙版相加起来并没有什么意义，但若将蒙版2的结合设定为“相减”，蒙版1就会减去蒙版2，而变成开口的模样了，如图11-5所示。

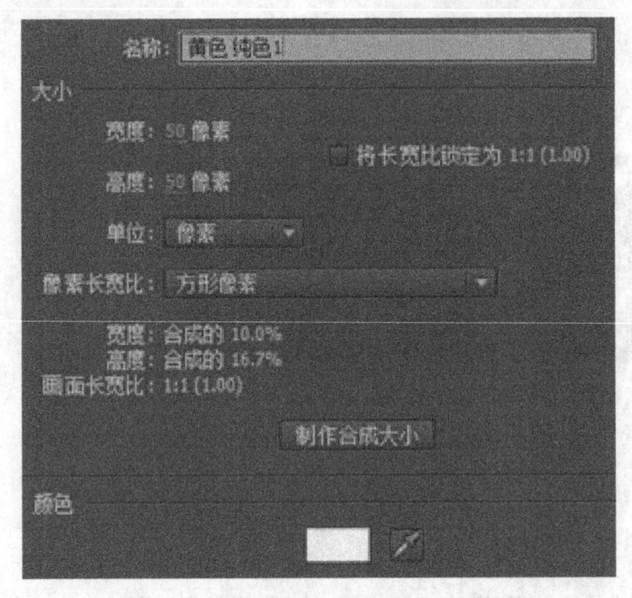

图11–3　新建“纯色”

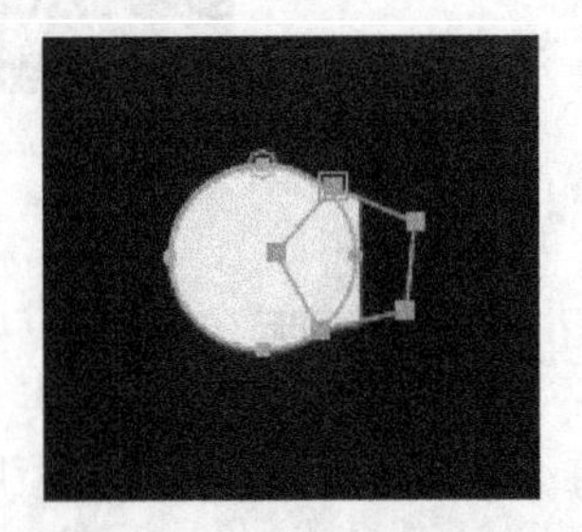

图11–4　制作五边形蒙版

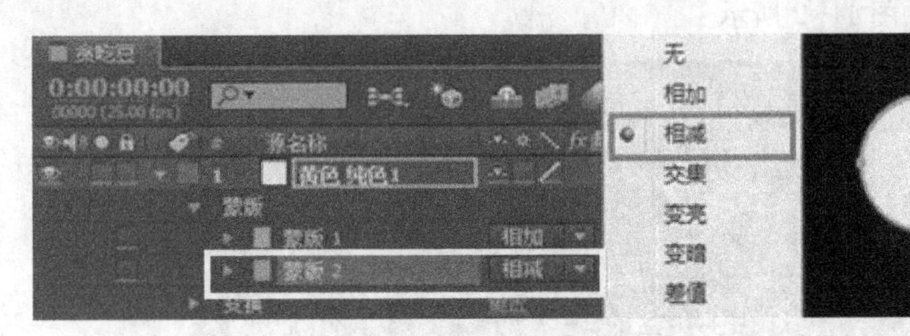

图11–5　蒙版相减

11.1.3　动态蒙版

（1）将时间线移至 0:00:00:00 处，单击“蒙版 2”的“蒙版路径”左侧的秒表，启动动画设置，如图 11–6 所示。

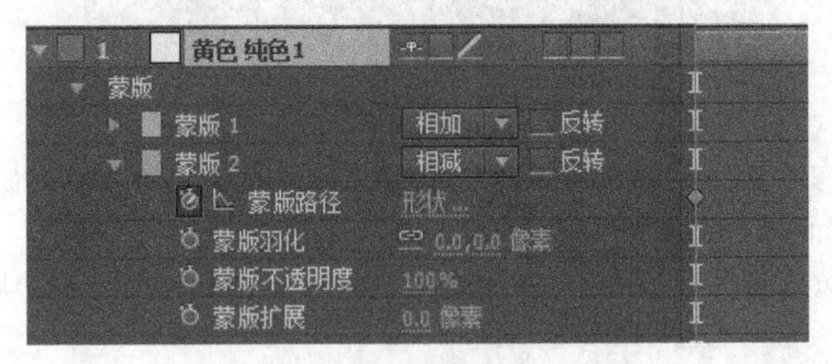

图11–6　添加“蒙版路径”关键帧

（2）将时间线移至 0:00:00:12 处，用鼠标将蒙版 2 变形至开口处完全闭合，再将时间线移至 0:00:00:24 处，将蒙版 2 变形至开口，如图 11–7 所示。

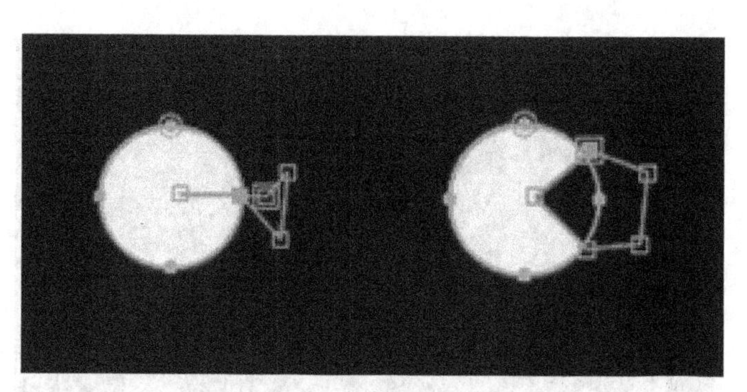

图11-7 设置“蒙版路径”参数

（3）为了使开口不断重复，先选中“黄色纯色 1”图层，然后选择菜单命令“编辑”|“重复”执行 5 遍，然后为复制的四个图层重命名，并将图层依次间隔，以形成连续动画，如图 11-8 所示。

#	图层名称
1	黄色 纯色5
2	黄色 纯色4
3	黄色 纯色3
4	黄色 纯色2
5	[黄色 纯色1]

图11-8 复制图层

（4）新建合成“贪吃豆”，设置合成的大小为 500×300 像素，“像素长宽比”为“方形像素”，“持续时间为”5 s。

（5）从项目窗口中，将合成“豆”和“Board.jpg”拖入到合成“贪吃豆”的“时间轴”窗口中，将图层“豆”做由左至右，时长 5 s 的动画，如图 11-9 所示。

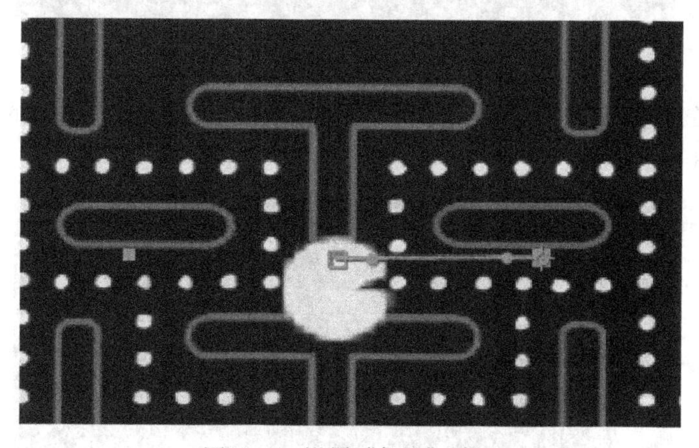

图11-9 设置“位置”动画

（6）选中“Board.jpg”图层，用矩形工具做一个矩形的蒙版，长度为“豆”的行走距离，宽度约为“豆”的宽度，此时被圈出来的范围可见小点，范围外就不可见，如图 11-10 所示。

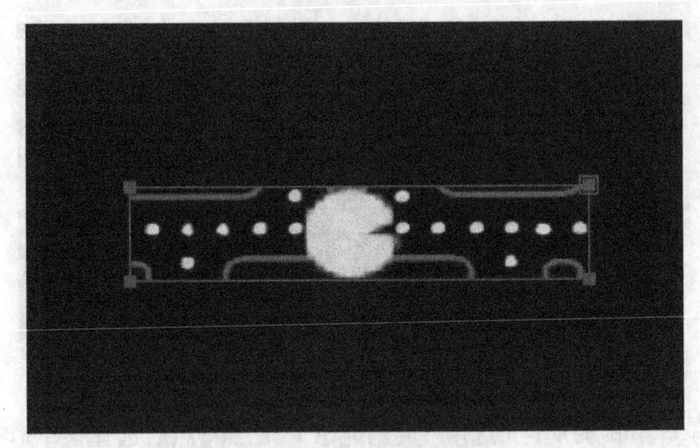

图11-10　制作矩形蒙版

(7) 将蒙版 1 结合模式勾选为“反转”，这时情况刚好相反，被圈出来的范围看不见小点，范围外才可见，好像是被经过的球吃了一样，如图 11-11 所示。

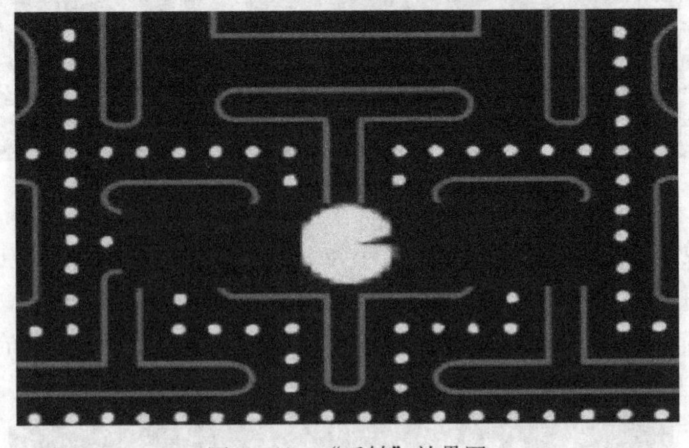

图11-11　“反转”效果图

(8) 将时间线移至 0:00:00:00 处，单击“蒙版 1”的“蒙版路径”左侧的秒表，将“蒙版 1”的宽度缩短，如图 11-12 所示。

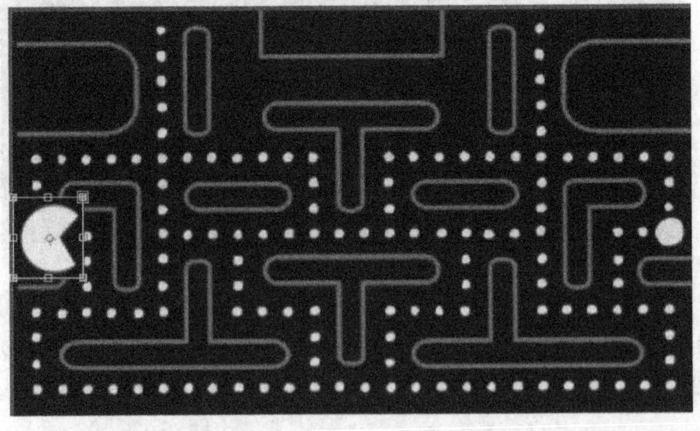

图11-12　添加“蒙版路径”关键帧

（9）将时间线移至 0:00:05:00 处，将“蒙版 1”的宽度拉至最长，如图 11–13 所示。

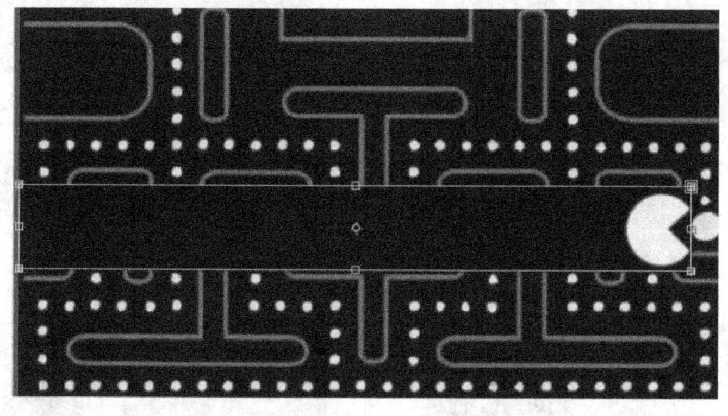

图11–13 添加“蒙版路径”关键帧

（10）预览，最终效果如图 11–14 所示。

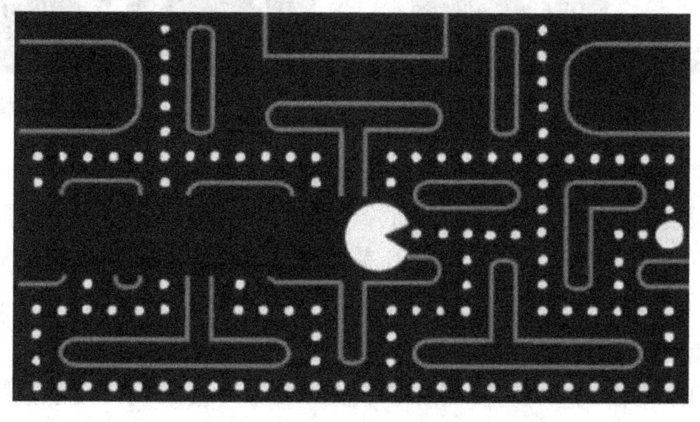

图11–14 最终效果

11.2 蒙版混合模式设置

当一个图层有多个蒙版时，可以使用“蒙版混合模式”来产生各种复杂的几何形状。展开蒙版的“模式”，它的下拉列表中包含了蒙版的所有混合模式。

- “无”：选择“无”模式，将使路径不起蒙版作用，仅作为路径存在，作为描边、光线动画或路径动画的依据，如图 11–15 所示。
- “相加”：选择“相加”模式，将当前蒙版与之上的蒙版区域进行相加处理，对于蒙版重叠处的不透明度采取在处理前不透明度值的基础上再进行一个百分比相加的方式处理，如图 11–16 所示。
- “相减”：将当前蒙版上面所有蒙版组合的结果进行减去操作，当前蒙版区域内容不显示，类似于从上面蒙版中抠掉，如图 11–17 所示。
- “交集”：只显示当前蒙版与上面所有蒙版混合的结果相交的部分的内容，相交区域内的不透明度是在上面蒙版的不透明度的基础上再进行一个百分比运算，如图 11–18 所示。

图11-15 “无”模式

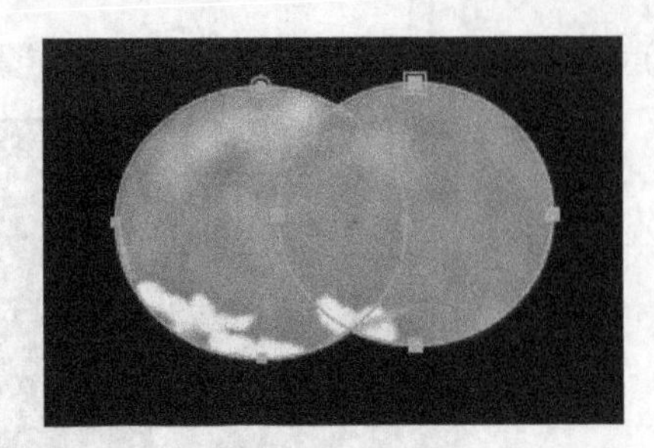

图11-16 “相加”模式

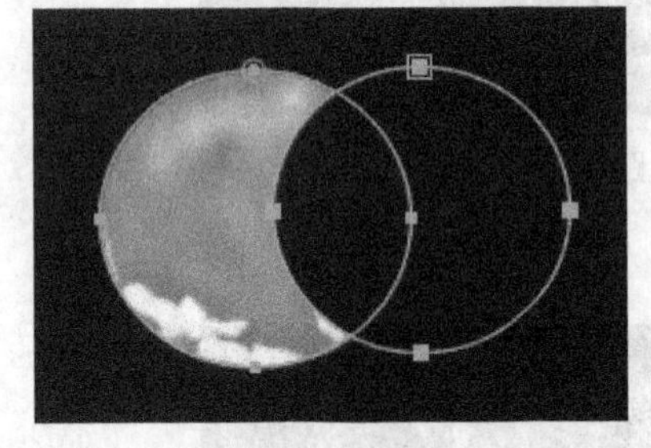

图11-17 “相减”模式

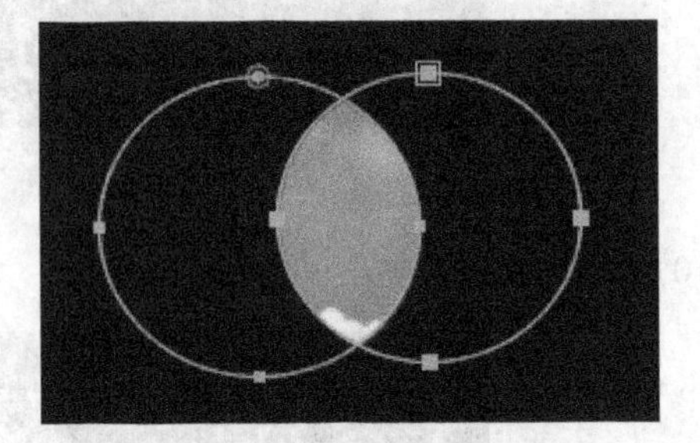

图11-18 “交集”模式

- “变亮”：对于可视范围区域来讲，此模式同“相加”模式一样，但是对于重叠之处的不透明度则采用不透明度较高的那个值，例如，某蒙版作用前蒙版重叠区域画面不透明度是 40%，若当前蒙版设置的不透明度为 60%，则最终蒙版重叠区域不透明度为 60%，如图 11-19 所示。
- “变暗”：对于可视范围区域来讲，此模式同“交集”模式一样，但是对于重叠之处的不透明度则采用不透明度较低的那个值，例如，某蒙版作用前蒙版重叠区域画面不透明度是 40%，若当前蒙版设置的不透明度为 60%，则最终蒙版重叠区域不透明度为 40%，如图 11-20 所示。

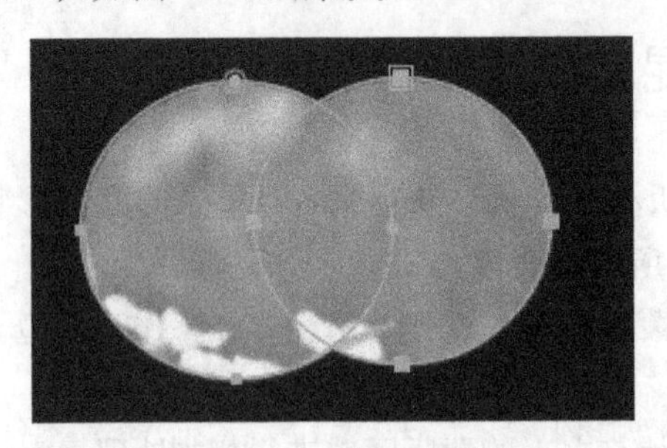

图11-19 “变亮”模式

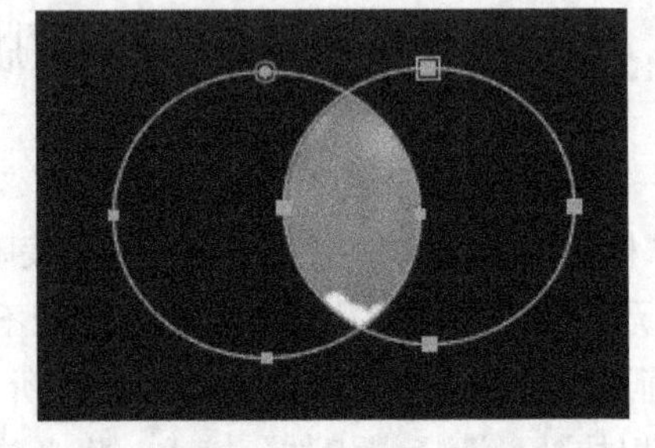

图11-20 “变暗”模式

- “差值”：此模式对于可视区域采取的是并集减交集的方式，先将当前蒙版与上面所有蒙版组合结果进行并集运算，然后将当前蒙版与上面所有蒙版组合的结果相交部分进行减去操作。例如，某蒙版作用前蒙版重叠区域画面不透明度为 40%，若当前蒙版设置的不透明度为 90%，运算后最终蒙版重叠区域画面不透明度为 50%，当前蒙版未重叠区域不透明度为 90%，如图 11-21 所示。

上述所有蒙版的不透明度都是100%，效果不是很明显，读者如果很难理解其意义，请将上述蒙版的不透明度改为30%，70%，效果将会很明显。

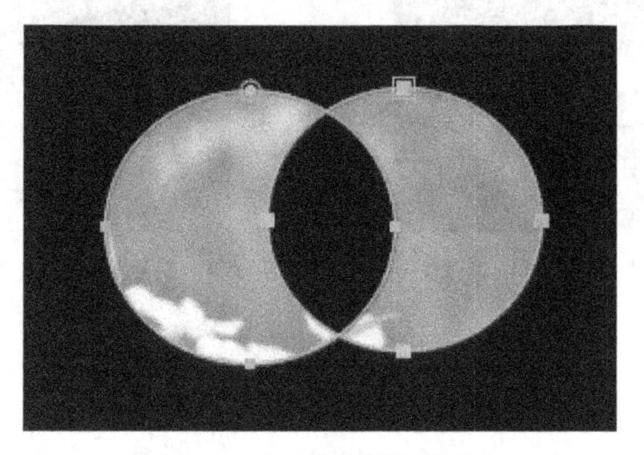

图11-21　“差值”模式

11.3　轨道蒙版的设置

轨道蒙板（Track Matte）的原理与Alpha通道类似（白色保留，黑色挖空），但由于Alpha通道通常只能附着于“计算机源文件”，其他如Video影片文件就必须通过另一张灰阶图片来充当Alpha通道的效果。After Effects和Premiere Pro都提供Track matte的效果，其原理也相似。

（1）新建合成，导入“Curves.ai”和“pic00.jpg”，拖放到“时间轴”窗口中，将“Curves.ai”图层放置在“pic00.jpg”图层的上面，由于图层“Curves.ai” 的上半部是镂空的，所以合成窗口的右上部分显露出底图，如图11–22所示。

（2）现在将“pic00.jpg”图层的TrkMat选为“Alpha遮罩Curves.ai”，此时底图在下半部显露出来，而上半部反而是黑色的，如图11–23所示。

图11–22　“合成”窗口

图11–23　设置“轨道”蒙版

（3）重新将“pic00.jpg”图层的TrkMat选为“亮度遮罩Curves.ai”，此时只有中间露出曲线条纹，而上下都是黑色，如图11–24所示。这是因为“亮度蒙版”模式依循的标准是“Curves.ai”的明亮度，越亮的部位越显露出底图，越暗的部位越不显露，那么“Curves.ai”的下半部是黑色，所以就整个隐藏起来了。

（4）在这个题材上，如果要取得较好的效果，可能就要用反转的效果“亮度反转遮罩Curves.ai”，如图11–25所示。

图11–24　更改“轨道蒙版”为“亮度遮罩Curves.ai”

图11–25　设置“亮度反转遮罩”

11.4　抠　　像

在制作视频特效的领域中，经常需要人工合成不同的场景，或把影片与计算机动画合为一体。为了使不同对象和媒体相互结合，若是静态图片我们可以在 Photoshop 里用各种工具去掉背景，制作 Alpha 通道；但若是动态影像，我们不可能将每一帧都到 Photoshop 里去掉背景，制作 Alpha 通道，所以当我们遇到动态影像就必须预先计划，在合适的条件下才能将去背景做好，因而，抠像的技巧十分重要。

大部分的抠像原理都是利用背景色和前景色之间的差异性，过去比较常见的背景为蓝幕，是因为人的身上只要不穿蓝色衣服就可以去掉背景。而现在比较常用绿幕，就因为前景中出现蓝色物体的机会比较大，而出现鲜绿色物体的机会比较小，当然若是要合成森林绿树的话还是得用蓝幕。

Premiere Pro 和 AE 都提供许多抠像的指令，Premiere Pro 的抠像功能比较简单好用，不过如果遇到背景比较复杂的情况，可能要用 AE 进行处理。一般而言，会根据实际影像特性和难易度进行选择，拍摄状况越完美，所使用的方法越简单；反之，若拍摄状况受限时，就要使用较多、较复杂的工具进行处理。

11.4.1　After Effects 内置键控特效

在 After Effects 中，实现键控的工具都在特技效果中， After Effects 内置的特效包括色键（Color Key）、亮键（Luma Key）、颜色差值键（Color Difference Key）、线性色键（Liner Color Key），差值遮罩（Difference Matte）、颜色范围键控（Color Range）、抽取键控（Extract）。

1. 颜色键

对于单一的背景颜色，可称为键控色。当选择了一个键控色（即吸管吸取的颜色），应用颜色键，被选颜色部分变为透明。同时可以控制键控色的相似程度，调整透明的效果，还可以对健控的边缘进行羽化，消除“毛边”的区域。

2. 颜色范围键控

颜色范围键控通过键出指定的颜色范围产生透明，可以应用的色彩空间包括 Lab、YUV 和 RGB。这种键控方式可以应用在背景包含多个颜色、背景亮度不均匀和包含相同颜色的阴影（如玻璃、烟雾等），遮罩视图用于显示遮罩情况的略图。

“键控滴管”用于在遮罩视图选择开始的键控色。“加滴管”用来增加键控色的颜色范围。“减滴管”用来减少键控色的颜色范围。“模糊（Fuziness）”用于调整边缘柔化度。“色彩空间（Color Space）”选择颜色空间，有Lab、YUV和RGB可供选择。“最小值/最大值（Min / Max）”精确调整颜色空间参数“L，Y，R”、“a，U，G”和“b，V，B”代表颜色空间的三个分量。“Min**”表示调整颜色范围的开始值，“Max**”表示调整颜色范围结束。

3．差值遮罩

差值遮罩通过比较两层画面，键出相应的位置和颜色相同的像素。最典型的应用是静态背景、固定摄像机、固定镜头和曝光，只需要一帧背景素材，然后让对象在场景中移动。

效果控制参数：“视图（View）”可以切换预览窗口和合成窗口的视图，选择“最终输出”“仅限源”和“仅限遮罩”。“差值层（Difference Layer）”选择用于比较的差值层，“None”表示没有层列表中的某一层。“如果层尺寸不同”用于当两层尺寸不同的时候。可以选择“中央(Center)”将差值层放在源层中间比较，其他的地方用黑色填充：“延伸至一致（Stretch to Fit）”伸缩差值层，使两层尺寸一致，不过有可能使背景图像变形。“匹配容差（Matching Tolerance）”用于调整匹配范围。“匹配柔和度（Matching Softness）”用于调整匹配的柔和程度。在“比较前模糊（Blur Before Difference）”用于“模糊”比较的像素，从而清除合成图像中的杂点，而并不会使图像模糊。

4．抽取键控

“抽取（Extract）键控”根据指定的一个亮度范围来产生透明，亮度范围的选择基于通道的直方图(Histogram)，抽取键控适用于以白色或黑色为背景拍摄的素材，或者前、后背景亮度差异比较大的情况，也可消除阴影。

控制参数：直方图用于显示从暗到亮的亮度标尺上分布的像素数量。控制面板用于调整透明的变化范围。“通道（Channel）”用于选择应用抽取键控的通道，可以选择亮度(Luminance)通道、红色(Red)通道、绿色(Green)通道、蓝色(Blue)通道和透明(Alpha)通道。设置黑点（Black Point），小于黑点的颜色透明。设置白点（White Point），大于白点的颜色透明。“黑柔和”用于设置左边暗区域的柔和度。“白柔和”用于设置右边亮区域的柔和度。“反转”用于反转键控区域。

5．内/外部键

此特效须借助遮罩来实现，适用于动感不是很强的影片。用“内部/外部键”来处理毛发效果比较好。

6．线性色键

线性色键是一个标准的线性键，线性键可以包含半透明的区域。线性色键根据RGB彩色信息或“色相”及“饱和度”信息，与指定的键控色进行比较，产生透明区域。之所以称为线性键，是因为可以指定一个色彩范围作为键控色，它用于大多数对象，不适合半透明对象。

控制参数：“素材视图”用于显示素材画面的略图。“预览视图”用于显示键控的效果。“键控滴管”用于在素材视图中选择键控色。加滴管用于为键控色增加颜色范围，从素材视图或预览视图中选择颜色。减滴管用于为键控色减去颜色范围，从素材视图或预览视图中选择颜色。“视图（View）”用于切换预览窗口和合成窗口的视图，可以选择“最终输出”“仅限源”和“仅限遮罩”。“金色”设为基本键控色，可以使用颜色方块选择或使用滴管工具在合成窗中选择。“匹配颜色”用于选择匹配颜色空间，可以选择“使用RGB”“使用色相”和“使用色度”。“匹配容差（Matching Tolerance）”用于调控匹配范围。“匹配柔和度（Matching Softness）”用于调整匹配的柔和程度。“主要操作”用于选择金色（Key Colors）键出颜色和“保留颜色”（Keep Colors）。

7. 亮度键

对于明暗反差很大的图像，可以应用亮键，使背景透明，亮键设置某个亮度值为“阈值”，低于或高于这个值的亮度设为透明。

控制参数：键控类型有四种可以选择“将亮部变透明”键出的值大于阈值，把较亮的部分变为透明。“将暗部变透明”键出值小于阈值，把较暗的部分变为透明。“将范围内变透明”键控阈值附近的亮度。“将范围外变透明”键出阈值范围之外的亮度）。“阈值”用于设置阈值。“容差”用于控制容差范围。值越小，亮度范围越小。“细化”用于调整键控边缘，正值扩大遮罩范围，负值缩小遮罩范围。“羽化”用于羽化键控边缘。

在After Effects标准版中“色键”和“亮度键”都是属于“二元键控”。即键控的图像，或者完全透明，或者完全不透明，没有半透明的区域。这主要运用于有锐利边缘的固态对象，这是最简单的键控。

8. 溢出抑制器

“溢出抑制器”可以去除键控后的图像残留的键控色的痕迹。溢出抑制器用作去除图像边缘溢出的键控色，这些溢出的键控色常常是由于背景的反射造成的。“抑制亮色”用于设置“溢出颜色”。

控制参数：“方法”用于算法的选择，可以选择“更快”（主要针对红绿蓝色）和“更好”。“抑制”用于设置抑制程度。

注意：如果使用溢出控制器还不能得到满意的结果，可以使用效果中的“色相/饱和度效果（Hue/Saturation）”，降低饱和度，从而弱化键控色。

9. 颜色差值键控

“颜色差值键控(Color Difference Key)”从不同的起始点把图像分成四个遮罩，即“遮罩A(Matte Partial A)”和“遮罩B(Matte Partial B)”。其中，遮罩B是基于键控色的，而遮罩A是键控色之外的遮罩区域。然后组合两个遮罩，得到第三个遮罩，称为Alpha遮罩，颜色差值键控（Color Difference Key）产生一个明确的透明值。

素材视图用于显示源素材画面的略图。遮罩视图用于显示调整的遮罩情况，单击下面的“A”“B”“a”分别查看“遮罩A”“遮罩B”和“Alpha遮罩”。键控滴管用于从素材视图中选择键控色。黑滴管用于在遮罩视图中选择透明区域。白滴管用于在遮罩视图中选择不透明区域。View用于切换合成窗口中的显示，可以选择多种视图。Key Color用于选择键控色，可以使用调色板，或用滴管在合成成窗口或层窗口中选择。“颜色匹配度准确度”用于设置颜色匹配的精度，可选择“更快（Fast）”或“更精确(Accurate)”。“黑色区域的A部分”

用于对遮罩A的参数精确调整。“黑色区域的B部分”用于对遮罩B的参数精确调整。“遮罩”用于对Alpha遮罩的参数精确调整。

注意：要键出蓝色背景，选择默认的蓝色(B–255)， 因为键控色和实际颜色的差别不会影响透明。使用白滴管，在Alpha遮罩视图中白色(不透明)区域中最暗的部位单击，设置不透明区域。使用黑滴管，在Alpha遮罩视图中黑色(透明)区域中最亮的部位单击，设置透明区域。

10．Keylight（1.2）

Keylight（1.2）是通过控制屏幕颜色，屏幕的增益、平衡、Alpha通道偏移、模糊等模式，借助设置屏幕遮罩、外部遮罩，进行前景色校正、边缘色校正等来实现抠像效果。

11.4.2 “颜色范围”+“高级溢出抑制器”抠像

“效果”|“键控”|“颜色范围”是用Lab、YUV或RGB的色域空间，去判别特定的色彩范围，主要是调整“模糊”参数。

（1）新建合成“颜色范围抠像”，设置合成的大小为400×300像素，“像素长宽比”为“方形像素”，“持续时间为”5 s。

（2）将素材文件夹下的“Summer_BK.jpg”和“Summer_Reporter.avi”导入，拖放到“时间轴”窗口中，“Summer_Reporter.avi”在上，“Summer_BK.jpg”在下。

（3）选中“Summer_Reporter.avi”图层，选择“效果”|“键控”|“颜色范围”命令。

（4）在“效果空间”面板中选用最上面的主取色吸管，吸取合成窗口中的绿色背景，“Summer_Reporter.avi”图层一部分的绿色背景立刻去除了，露出“Summer_BK.jpg”图层，如图11–26所示。

（5）换用带有“+”的吸管再选择合成窗口中的尚未抠像的地方，就能扩大抠像的色彩范围，使它再进一步抠像，如图11–27所示。

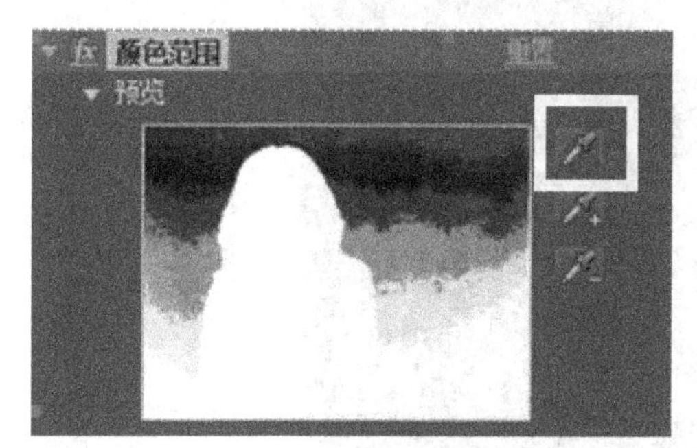

图11–26　主取色吸管

图11–27　“+”吸管

（6）再重复选择“+”的吸管，继续选择合成窗口中的尚未抠像的地方（或灰色），再使它再进一步抠像，重复此步骤，一直到完全看不到绿色背静为止。

（7）调整“模糊”参数值，值越大则边缘越柔和，残留色越少，但值过大会导致主体透明化。

（8）再接下来，就是利用各组最大值/最小值进行微调，将最小值调小一些可使边缘绿色缩减，如图11–28所示。

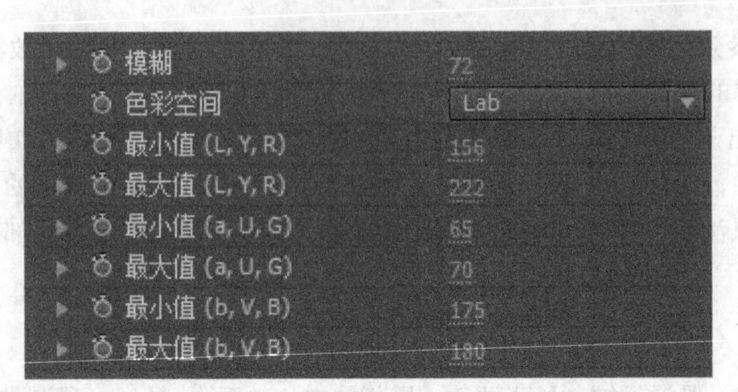

图11-28　设置“最大值/最小值”

（9）选中“Summer_Reporter.avi”图层，选择“效果”|“键控”|“高级溢出抑制器”命令，使得反射到身体的绿光更少。

11.4.3　Keylight 抠像

Keylight 是一家叫 Foundry 的公司所设计的软件，它是最容易使用，而且效果也是最好的一款抠像软件，试用版可能有部分功能无法使用。

（1）新建一个合成“Keylight 抠像”，设置合成的大小为 500×270 像素，“像素长宽比”为“方形像素”，“持续时间为”2 s，如图 11-29 所示。

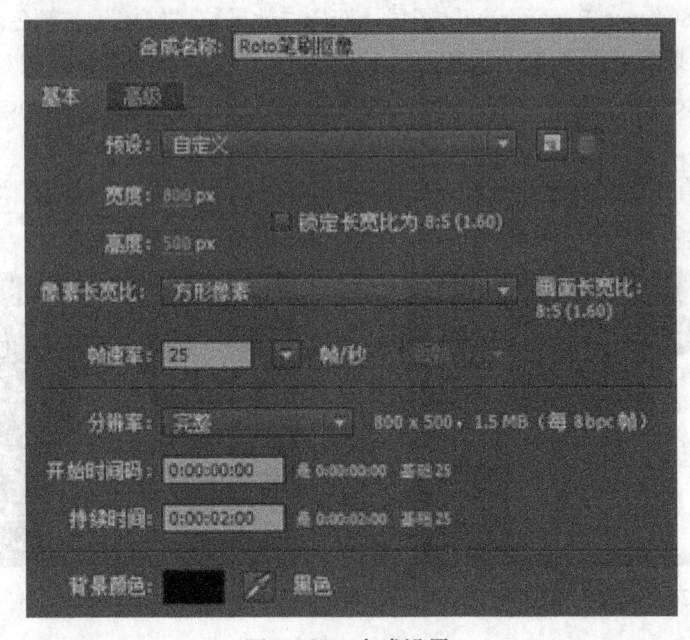

图11-29　合成设置

（2）将素材文件夹下的“R03.jpg”和“R04.png”导入，拖放到“时间轴”窗口中“R04.png”在上，“R03.jpg”在下，设置“R04.png”的“缩放”位 30%，“位置”为（210，50），如图 11-30 所示。

图11-30　设置“缩放”

（3）选中“R04.png”，选择“效果”|“键控”|“Keylight”命令，利用Screen Color取色吸管点一下绿色背景，如图11-31所示。

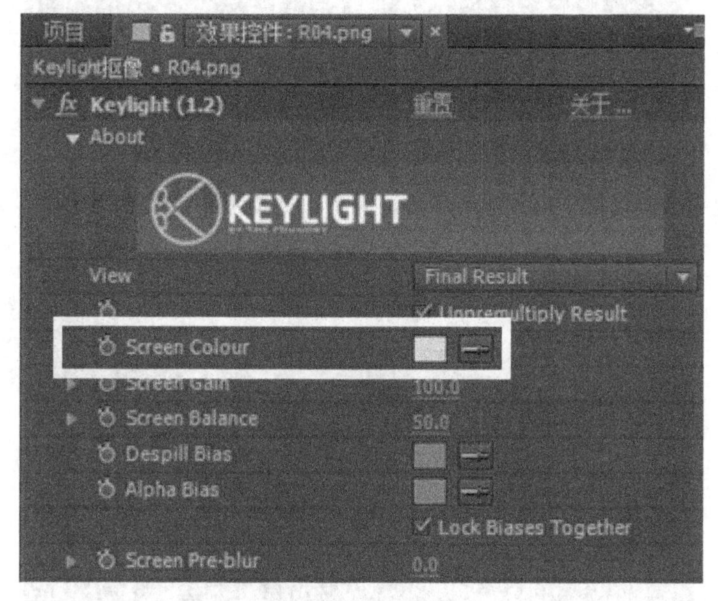

图11-31　设置“Screen Colour”

（4）当应用“Screen Color”吸管吸取绿色背景后，好像不用做什么，就已经抠像成功，效果比“颜色范围”键控还好。但当我们将观看模式改为“Status”时，就能看出来“直升机”还是有一些瑕疵，如图11-32所示。

图11-32　更改观看模式为“Status”

（5）展开“Screen Matte”选项，将“Clip Black”放大到20；同时将“Clip White”缩小到

90 左右。画面就黑白分明了。在直升机的上方仍有一条灰线区域，这属于正常现象，如图 11–33 所示。

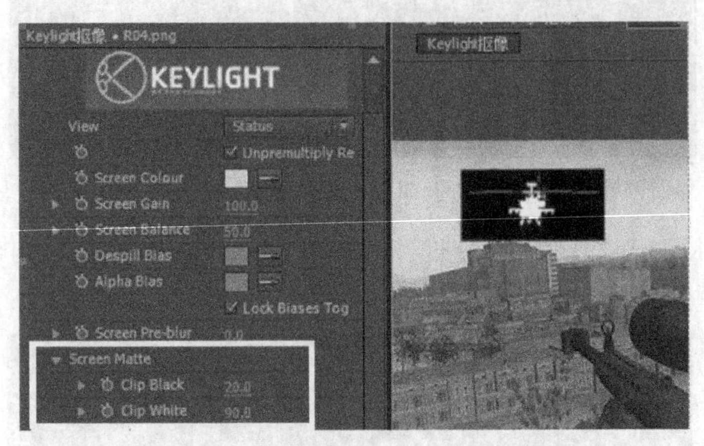

图11–33　设置“Screen Matte”选项参数

（6）再将观看模式换回“Final Result”，看到了一幅更精致的合成影像，如图 11–34 所示。

图11–34　观看模式为“Final Result”的效果

（7）将“R04.png”图层复制两份，“缩放”值分别为 20% 和 10%，“位置”为（280，50）和（350，50），最终效果如图 11–35 所示。

图11–35　最终效果

11.4.4 “内部 / 外部键”抠像

利用对象内外两张蒙版采抠像，可以处理非蓝绿背景或轮廓不明确的对象。

（1）新建合成“内外部键抠像”，设置合成的大小为 320 × 240 像素，“像素长宽比”为“方形像素”，“持续时间为”2 s，如图 11–36 所示。

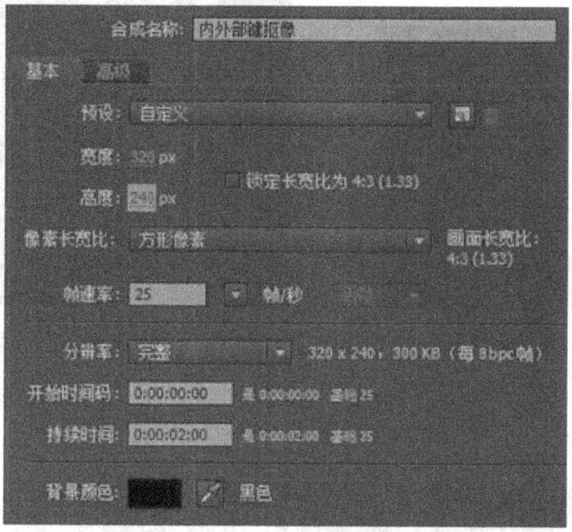

图11–36　合成参数设置

（2）导入“素材”文件夹下的“Bird.jpg”和“Garden.jpg”，然后拖放到“时间轴”窗口中，“Bird.jpg”图层在上，“Garden.jpg”在下，关闭“Garden.jpg”图层的“眼睛”。

（3）选中“Bird.jpg”图层，应用钢笔工具，沿着对象的外边缘轮廓绘制一个蒙版 1，制作时尽量贴近轮廓线，但不需要很精确，如图 11–37 所示。

（4）接下来，沿着对象的内边缘轮廓绘制另一个蒙版 2，制作时也是尽量贴近轮廓线，如图 11–38 所示。

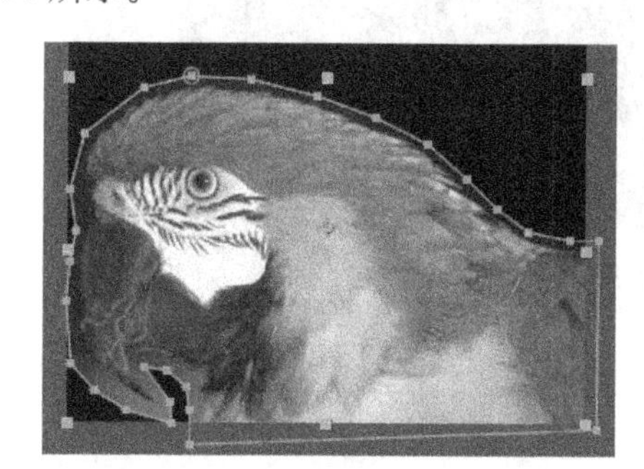

图11–37　绘制“蒙版1”

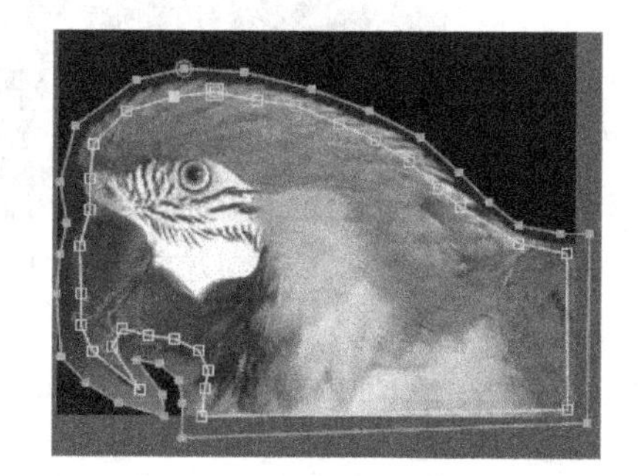

图11–38　绘制“蒙版2”

（5）选中“Bird.jpg”图层，选择“效果” | “键控” | “内部 | 外部键”命令，在“效果控件”面板中设置“前景（内部）”蒙版为“蒙版 2”，设置“背景（外部）”蒙版为“蒙版 1”，就可以看到抠像的效果如图 11–39 所示。

（6）在“效果空间”面板中，设置“薄化边缘”为 0.3，“羽化边缘”为 3、“边缘阈值”为

10，“与原始图像混合”为 10%，如图 11-40 所示。

图11-39 抠像效果

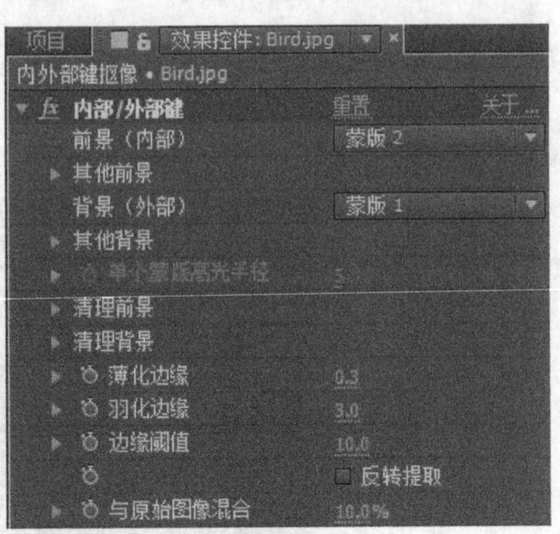

图11-40 设置“内部/外部键”参数

（7）设置“Bird.jpg”图层的“缩放”为 40%，将“Garden.jpg”图层的“眼睛”打开，最终效果如图 11-41 所示。

图11-41 最终效果

11.4.5 “Roto 笔刷”抠像

在计算机动画的技术里有一种称为“Rotoscope”的方法，就是借由人设定某一区域后，让软件自动识别它，锁定它，再利用计算机运算使整段影片都能持续框住某区域，这样我们就可以将该区域抠掉或替换掉。

AE 里的“Roto Brush”就是运用该原理，我们可以先用绿色笔刷在前景（人物）画出大致轮廓，再用红色笔刷画一下背景，Roto Brush 就可以将前景和背景分离，该工具主要运用在没有预设蓝绿幕的情况下。

Roto Brush 有几个步骤很独特也很关键，接下来请一步一步地操作，您将会觉得很容易也很神奇。

（1）新建合成“Roto 笔刷抠像”，设置合成的大小为 800×500 像素，“像素长宽比”为“方形像素”，“持续时间为”2 s，如图 11−42 所示。

图11−42　合成参数设置

（2）导入“素材”文件夹下的“R01.jpg”，拖放到“时间轴”窗口，设置“缩放”为 50%，在工具栏中选择“Roto 笔刷”工具。

（3）使用“Roto 笔刷”工具双击“R01.jpg”图层，从合成窗口切换到图层窗口，因为“Roto 笔刷”工具必须在 Layer 窗口中才能使用，而不是在大家惯用的合成窗口。

（4）用绿色笔刷先刷背景，（按住【Ctrl】键，移动鼠标，可以调整笔刷大小，按【Alt】键切换成背景笔刷）。一般而言，刚开始先用粗大笔刷来定义前景或背景，再用小笔刷调整细节。顺着水果的轮廓线的外侧画下来，不需要非常细腻，Roto Brush 就可以识别一部分背景了，如图 11−43 所示，当用绿笔画线后，被识别的区域将用红色的封闭线标注。

图11−43　刷取背景

（5）用绿色笔刷继续涂抹背景，如果涂抹过头了，可按住【Alt】键，调用红笔刷减去，直到所有背景区域被选中为止，如图 11−44 所示。

（6）在“时间轴”窗口中展开“效果”|“Roto 笔刷和调整边缘”|“Roto 笔刷传播”，设置“查看搜索区域”为“开”，图层窗口画面变成灰色，这表示 Roto Brush 搜寻的区域，实物的移动必须在此范围之内，若不是（实物距部分有黄色色块示意），就要调整“运动阈值”

和“运动阻尼”，使之符合，由于各区段情况有差异，必须设 Keyframe 才能适应各种情况。

(7) 检查抠像范围，运用图层窗口左下角的几个 Alpha 范围按钮，切换检查抠像状况，如图 11−45 所示。

(8) 设置“查看搜索区域”为“关”，在“效果控件”面板中，勾选“Roto 笔刷和调整边缘”|“反转前台|后台”复选框，最终抠像效果如图 11−46 所示。

图 11−44　刷取背景

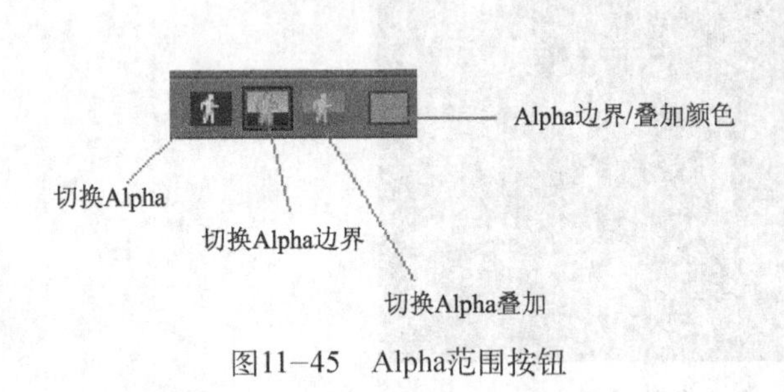

图11−45　Alpha范围按钮

图11−46　最终效果

11.5　范例制作——《撕纸特效》

本例将通过“湍流杂色”“纹理化”和“CC Page Turn”等特效以及蒙版的应用，制作一个撕纸动画，具体过程如下：

(1) 新建合成“撕纸 1”，设置合成的大小为 720 × 576 像素，“像素长宽比”为“D1/DV PAL (1.09)”，“持续时间为”5 s，“背景颜色”为“白色”，如图 11−47 所示。

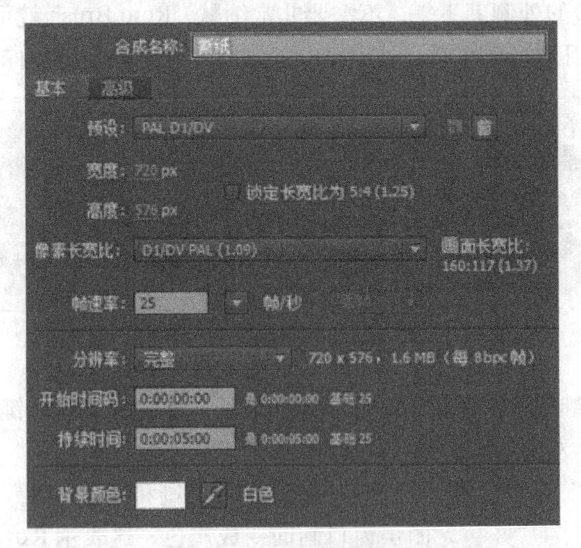

图11−47　合成参数设置

（2）选择“图层”|“新建”|“纯色”命令，在弹出的对话框中设置“颜色”为黑色，单击“确定”按钮，如图 11–48 所示。

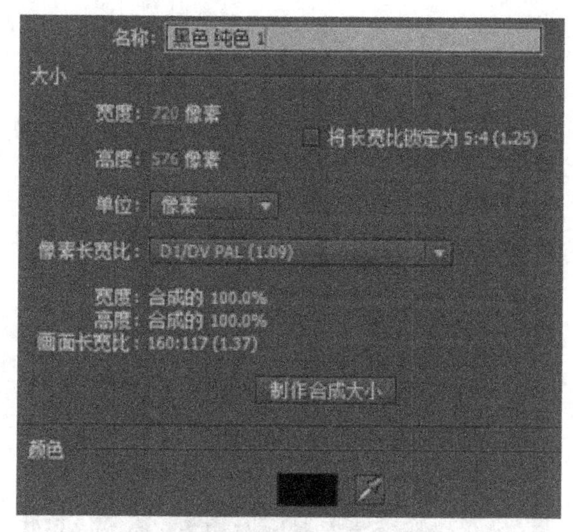

图11–48　纯色设置

（3）选中“黑色纯色 1”图层，选择“效果”|“杂色和颗粒”|“湍流杂色”命令。

（4）在“效果控件”面板中设置“湍流杂色”|“溢出”为“剪切”，如图 11–49 所示。

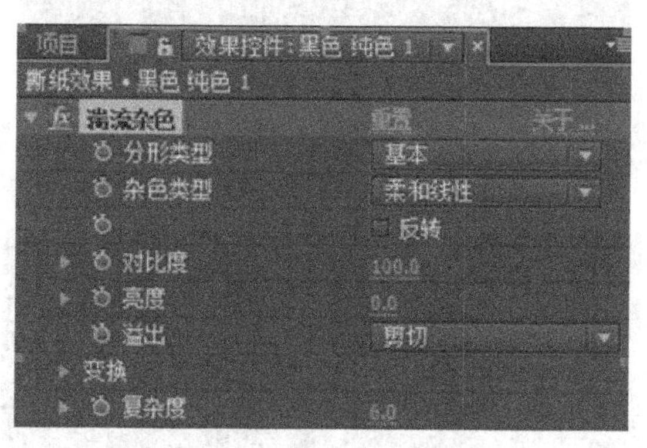

图11–49　设置“湍流杂色”

（5）选择“横排文字工具”，输入文本“撕纸特效”，设置文本的“字体”“字体大小”“字体颜色”，然后设置“缩放”的“水平缩放”为 110，“垂直缩放”为 200，效果如图 11–50 所示。

（6）选中“撕纸特效”图层，选择“钢笔工具”绘制如图 11–51 所示的蒙版。

图11–50　设置字体属性

图11–51　绘制蒙版

(7) 选中“撕纸特效”图层，选择“效果”|“杂色和颗粒”|“湍流杂色”命令，在“效果控件”面板中设置“溢出”为“剪切”，“缩放”为 50，“不透明度”为 50%，如图 11–52 所示。

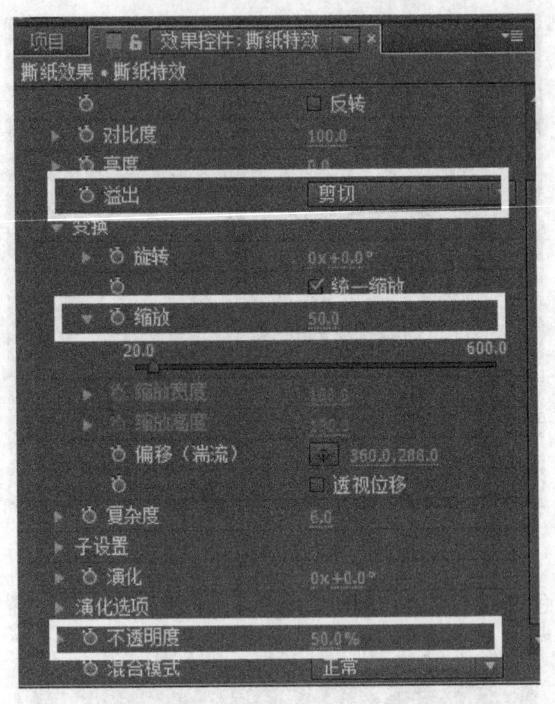

图11–52　设置“湍流杂色”参数

(8) 选中“撕纸特效”图层，选择“效果”|“风格化”|“纹理化”命令，在“效果控件”面板中设置“纹理图层”为“2. 黑色纯色 1”，“纹理对比度”为 2.0，如图 11–53 所示。

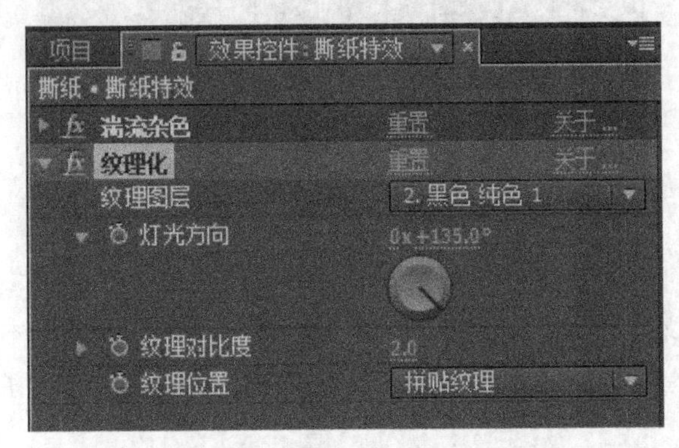

图11–53　设置“纹理化”参数

(9) 在“项目”窗口中选中“撕纸”合成，复制出“撕纸 2”合成，将“撕纸 2”改名为“撕纸特效”。

(10) 双击“撕纸特效”，将“撕纸”合成拖放到“时间轴”窗口中，确保“撕纸”图层位于最上方。

(11) 在“时间轴”窗口中选中“撕纸特效”文字图层，展开“蒙版”选项，勾选“蒙版 1”右侧的“反转”。

（12）在“时间轴”窗口中选中“撕纸”图层，选择“效果”|“扭曲”|“CC Page Turn”命令。

（13）将时间线移至00:00:00:00处，在“效果控件”面板中，设置“CC Page Turn”的“Controls”为“Classic UI”，单击“Fold Position”左侧的秒表并设其值为（650，20），设置“Fold Direction”为200°，“Light Direction”为10°，“Render”为“Front Page”，如图11-54所示。

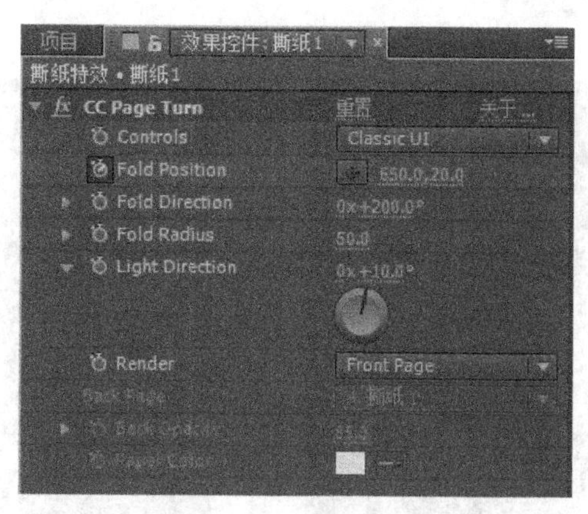

图11-54 设置“Fold Direction”参数

（14）将时间线移至00:00:04:24处，在“效果控件”面板中，设置“CC Page Turn”的“Fold Position”为（300，550）。

（15）选中“撕纸”图层，复制3份，将图层依次重命名，如图11-55所示。

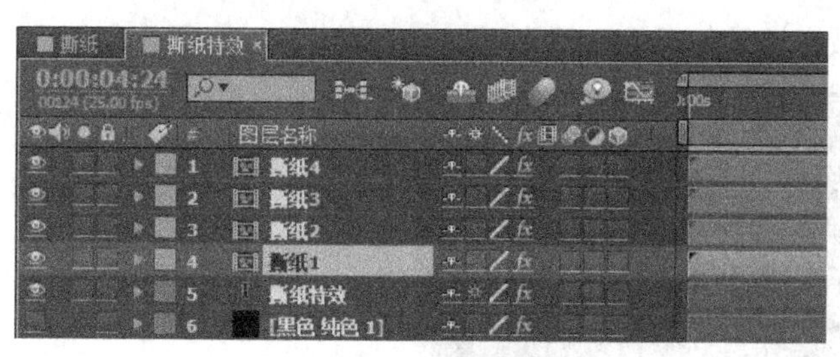

图11-55 复制图层

（16）选中“撕纸2”，在“效果控件”面板中，设置“CC Page Turn”的“Render”为“Back Page”，“Back Page”为“4. 撕纸1”，“Back Opacity”为100，如图11-56所示。

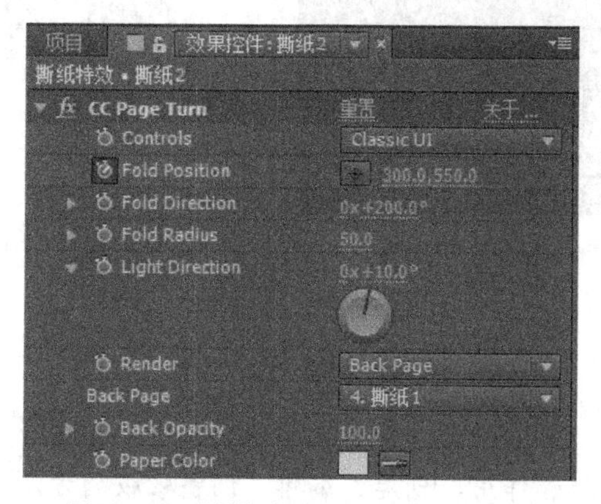

图11-56 设置“CC Page Turn”参数

(17) 选择“效果”|“透视”|“投影”命令，在“效果控件”面板中，设置“投影”的“方向”为90°，“距离”为10，“柔和度”为10，勾选“仅阴影”，如图11-57所示。

(18) 选中“撕纸4”，将时间线移至00:00:00:00处，在“效果控件”面板中，设置“CC Page Turn”的“Render”为“Back Page”，“Back Page”为“4. 撕纸1”，“Back Opacity”为100，如图11-58所示。

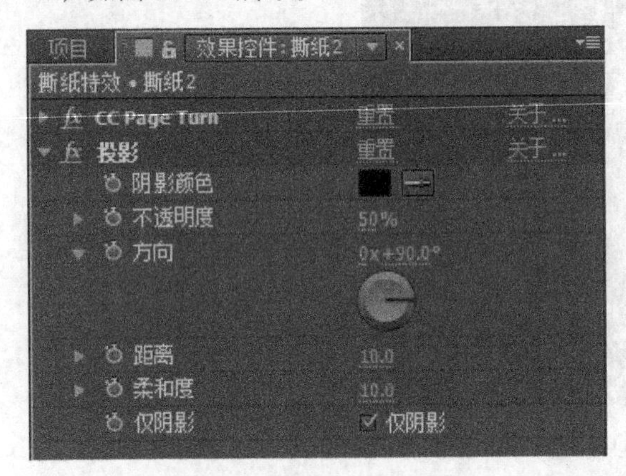

图11-57　设置“投影”参数

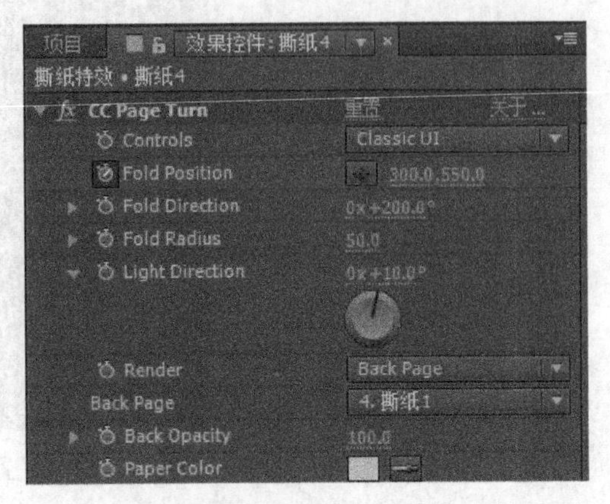

图11-58　设置“CC Page Turn”参数

(19) 选择“效果”|“颜色校正”|“色阶”命令，在“效果控件”面板中，将“色阶”的“灰度系数”为0.5，如图11-59所示。

(20) 预览，最终效果如图11-60所示。

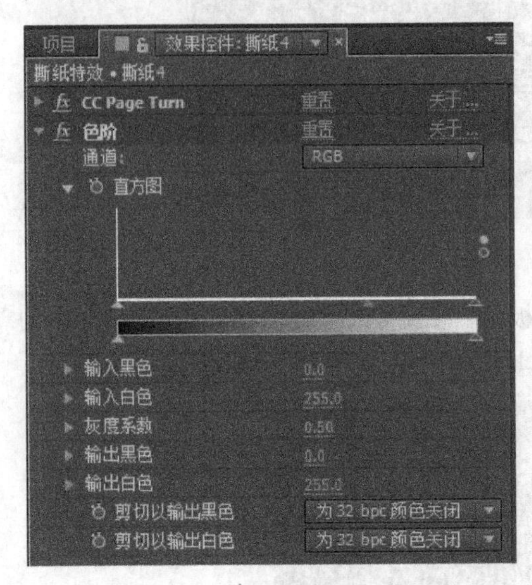

图11-59　设置“色阶”参数

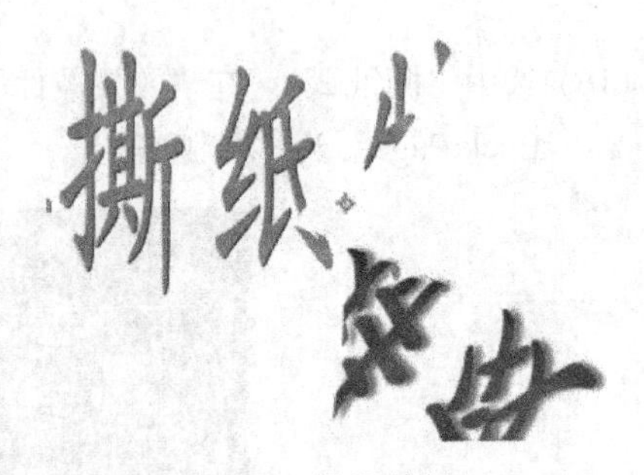

图11-60　最终效果

本章小结

本章介绍了蒙版的概念和作用，创建、编辑、调整蒙版的方法，蒙版混合模式的设置，轨道蒙版的设置，抠像的作用及设置方法。

最后通过制作复合视频特效《撕纸特效》，进一步掌握蒙版和抠像技术的运用。

本章作业

（1）搜集一段背景为白色墙面的跳舞视频和一张海滩图片，运用抠像与合成的方法制作舞者在海滩跳舞的视频。

（2）将你的大一寸白底照片变成蓝底和红底照片。

第12章 文字效果

文字动画广泛应用于视频、网页，熟练使用文字功能是影视后期的基本功之一。After Effects提供多种制作文字特效的方法。

学习目标

- 熟悉各种创建文字的方法；
- 掌握文字效果的设置、制作各种特效文字。

12.1 创建文字

12.1.1 旋转文字

不需新建图层，可以直接用文字工具创建文字图层。

（1）新建合成“旋转文字”，合成参数设置如图12–1所示。

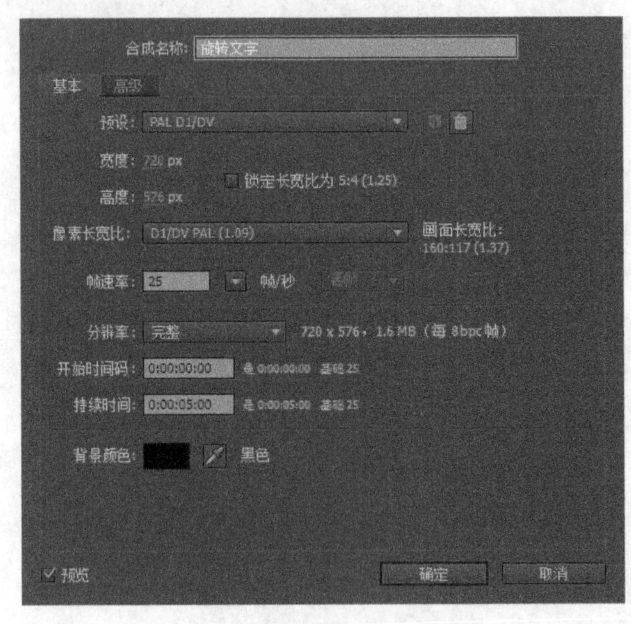

图12–1　合成参数设置

（2）显示工具栏（选择“窗口”|“工具”命令），单击“文字”工具按钮，如图 12–2 所示。

图12–2　“文字”工具按钮

（3）打开“字符（Character）”和“段落（Paragraph）”面板中进行文字的相应设置，如图 12–3 所示。如果屏幕上没有显示这两个面板，就从“窗口”菜单中逐一调用。

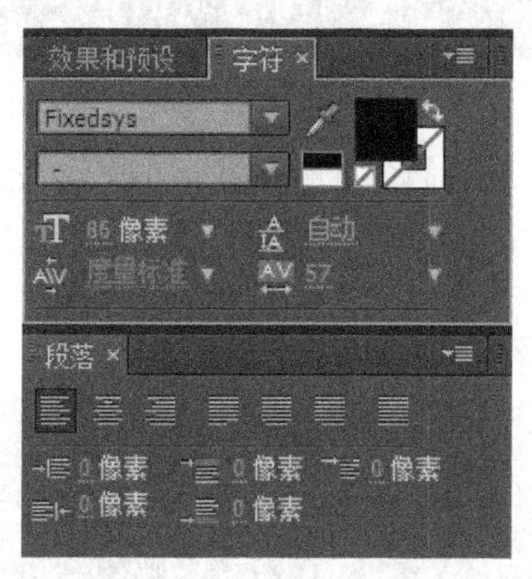

图12–3　“字符”和“段落”面板

（4）单击合成窗口，输入“Welcome to ShenZhen Polytechnic”，此时“时间轴”窗口会自动生成同名的图层。

（5）使用“椭圆工具”，绘制一个椭圆形的蒙版，在“路径”选项选择“蒙版 1”，文字就会沿着遮罩的形状排列，如图 12–4 所示。

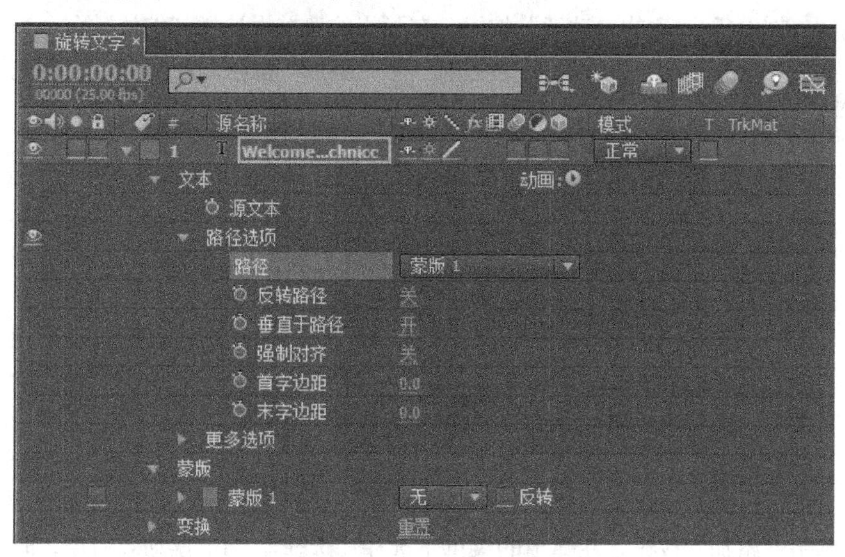

图12–4　设置文本路径

（6）当前的文字是环绕着遮罩的内圈，如果将“反转路径”设置为“开”，就会改为环绕外圈，如图 12–5 所示。

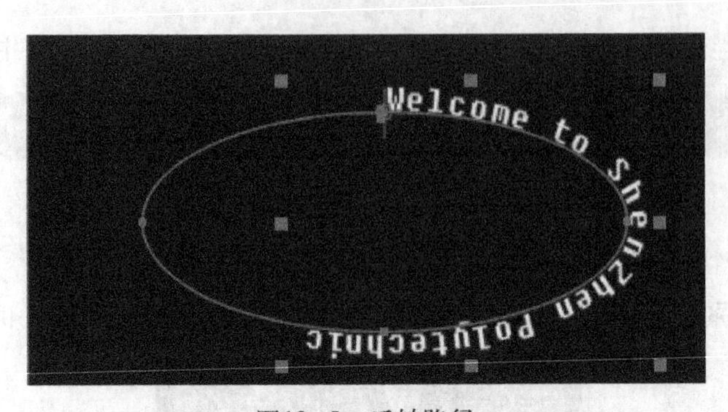

图12–5　反转路径

（7）将“字符”窗口的“字符间距”的数值设大一些，字间距就会宽松些。

（8）“首字边距”是以字符为单位，将它进行动画设置，可使文字在外圈游走。将时间线移至0 s处，设置“首字边距”为0，然后将时间线移至4 s处，设置“首字边距”为1300，刚好可以绕行一圈，如图12–6所示。

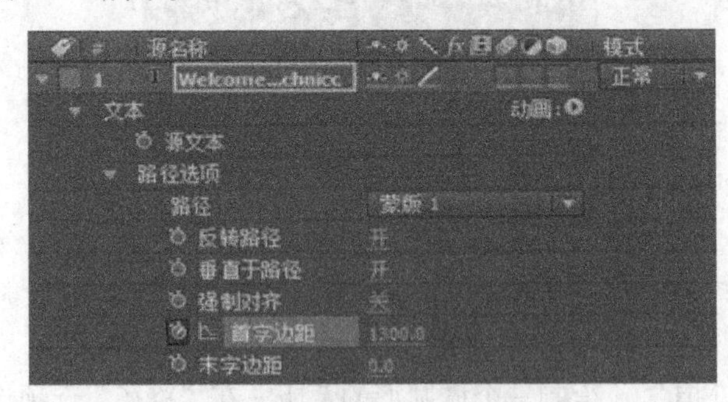

图12–6　设置“首字边距”参数

（9）单击“文本”选项的“动画”按钮，在弹出的菜单中选择“缩放”命令，“时间轴”窗口中会添加一个“动画制作工具1”，右边有一个“添加”按钮，如图12–7所示。

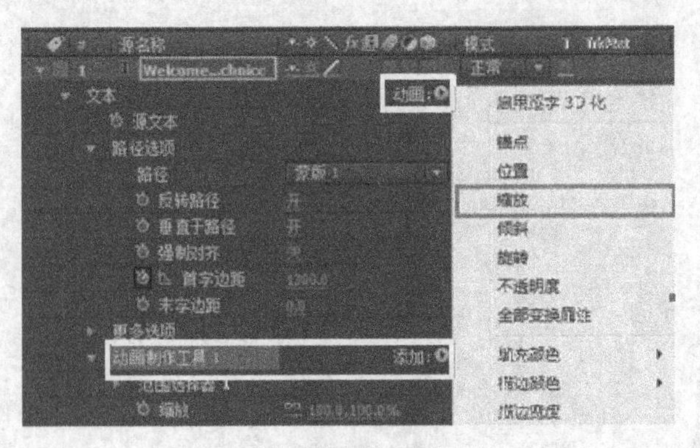

图12–7　添加“缩放”动画

（10）单击“添加”按钮，在弹出的菜单下选择“选择器”|“摆动”命令，时间线上会添加一个“摆动选择器1”，其中有一些新的动画选项，如图12–8所示。

（11）设置“缩放”动画效果，从0 s到4 s，缩放比例从180%到100%，不过这里的缩放并非齐头式的，而是根据大小的变化，从剧烈到平静的跳动，如图12–9所示。

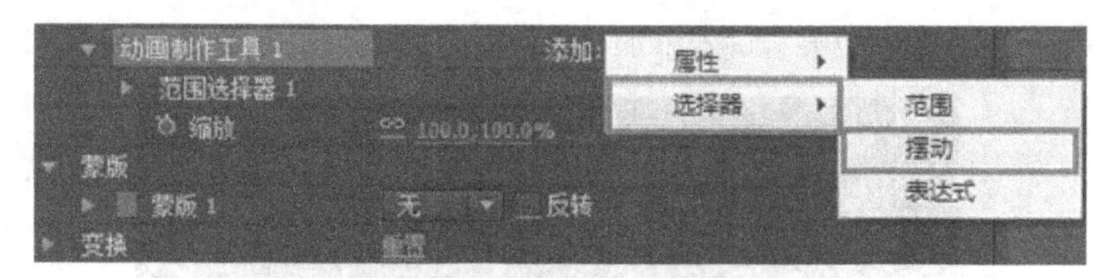

图12-8　添加“摆动选择器1”

图12-9　“缩放”动画效果图

（12）再从“添加”菜单下选择“属性”|“填充颜色”|“RGB”，为“摆动选择器 1”下的“填充颜色”选项设置动画：从 0 s 到 4 s，颜色从红到蓝，这样字符串就会沿路径变换颜色，如图 12–10 所示。

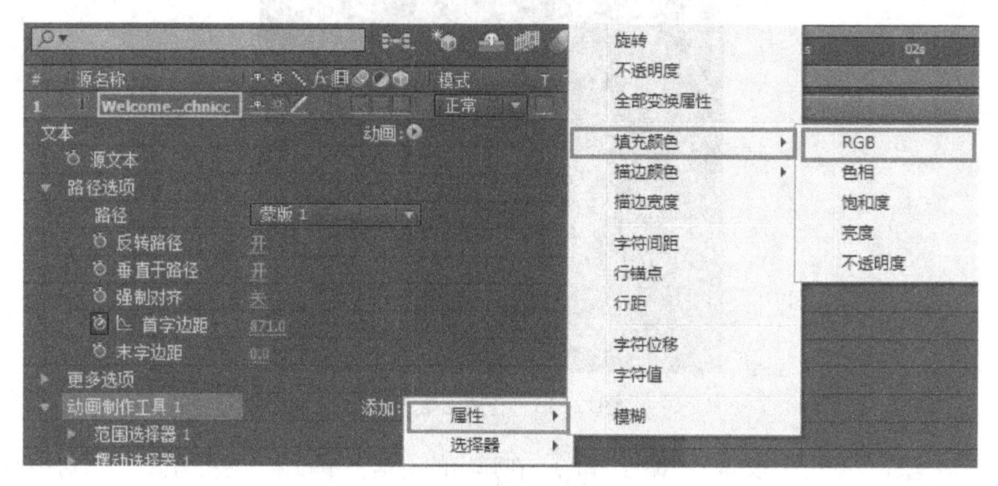

图12-10　添加“填充颜色”动画

（13）为了使字的颜色变化达到最好的效果，可以先将字的颜色恢复白色。再使用“值：填充颜色”做颜色变化的动画，结果色彩变化更醒目，如图 12–11 所示。

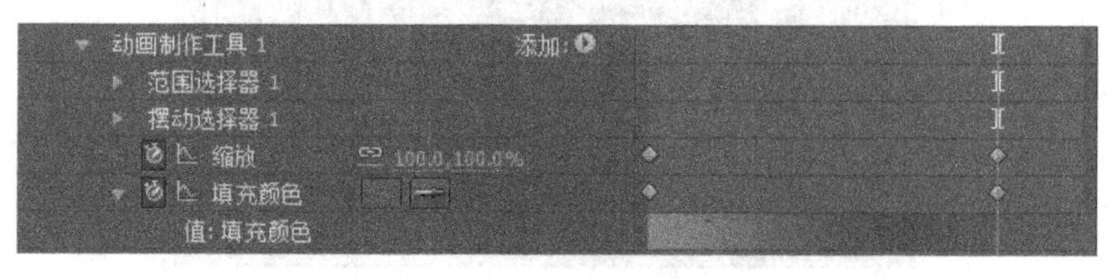

图12-11　设置“填充颜色”参数

（14）预览一下，观察效果。试着添加“属性”|“旋转”，最终效果如图 12–12 所示。

图12–12　最终效果图

12.1.2　跳动的数字

“数字（Numbers）”用于制作数字、日期和时间等效果。下面结合“表达式（Expression）”来制作一个随机跳动的字符串。

（1）新建一个合成“跳动的数字”，选择“图层”|“新建”|“纯色”命令，添加一个纯色，取名为“黑色纯色 1”，如图 12–13 所示。

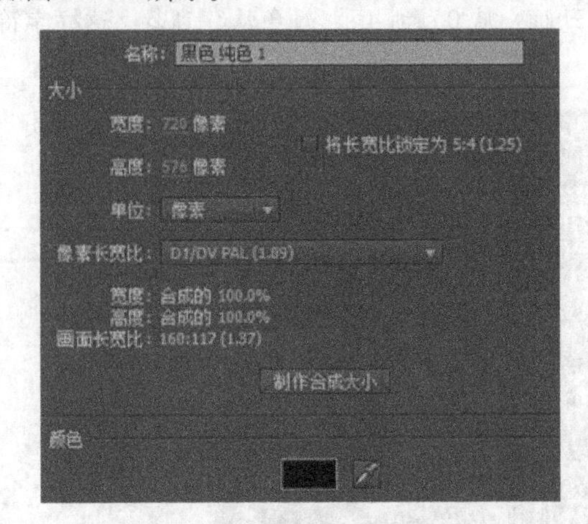

图12–13　合成参数设置

（2）选择“效果”|“文本”|“编号”命令，在弹出的对话框中设置“对齐方式”为“居中对齐”，单击“确定”按钮，如图 12–14 所示。

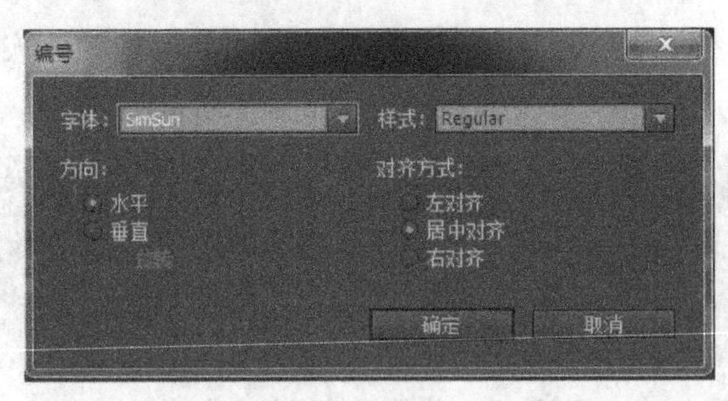

图12–14　“编号”对话框

(3) 打开"效果控件"面板，设置字的"类型"为随机值，颜色改为蓝色，并适当调整"数值 / 位移""小数位数""大小""字符间距"等参数，如图 12–15 所示。

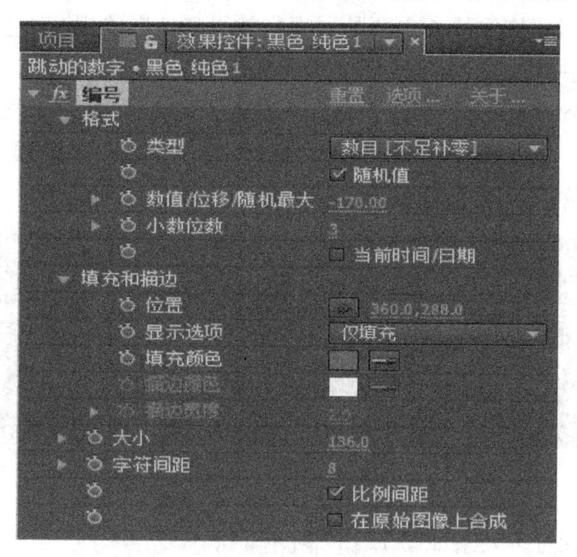

图12–15 设置"编号"参数

(4) 展开"编号"选项，制作"大小"和"字符间距"动画（忽大忽小），在本例中数值不需精确，主要是优先考虑视觉效果，如图 12–16 所示。

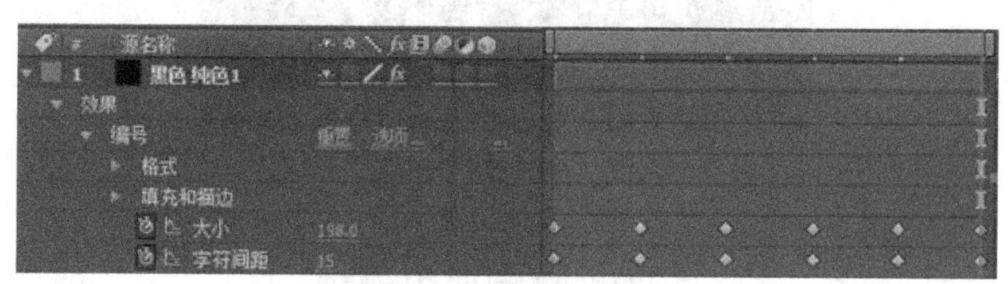

图12–16 设置"大小"和"字符间距"参数

(5) 选择"效果"|"模糊和锐化"|"快速模糊"命令，选中"模糊度"，选择"动画"|"添加表达式"，再将它拖放到"大小"，如图 12–17 所示。

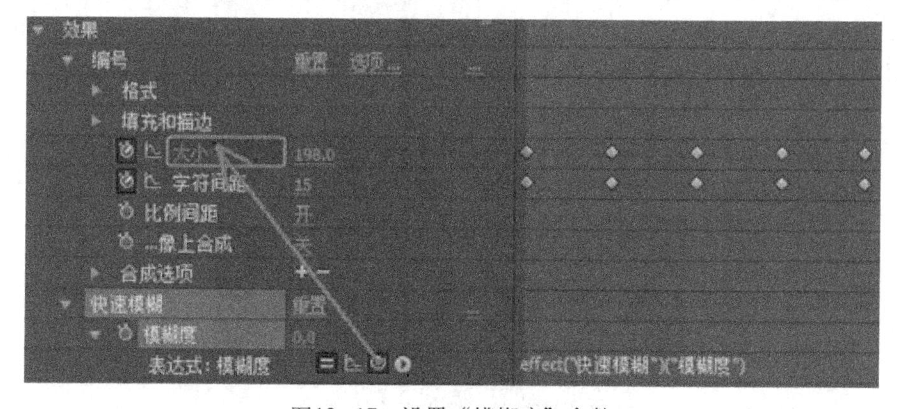

图12–17 设置"模糊度"参数

（6）现在“模糊度”与数字的大小连动了，所以当数字放大（跳上来）时，文字就会模糊到几乎看不清的程度，所以在 Expression 的最后还要除以 15。

（7）运算方式并不是特定的，主要是看视觉效果，所以除以 15 也不是固定不变的，您可以试试除以 10（会比较模糊），或除以 20（会比较清晰）：

（8）另外复制一个“黑色纯色 1”图层，改名为“黑色纯色 2”。展开它的“效果”选项，用鼠标全选“大小”和“字符间距”的关键帧，选择菜单“动画”|“关键帧辅助”|“时间反向关键帧”命令，使它们的顺序完全颠倒过来，如图 12–18 所示。

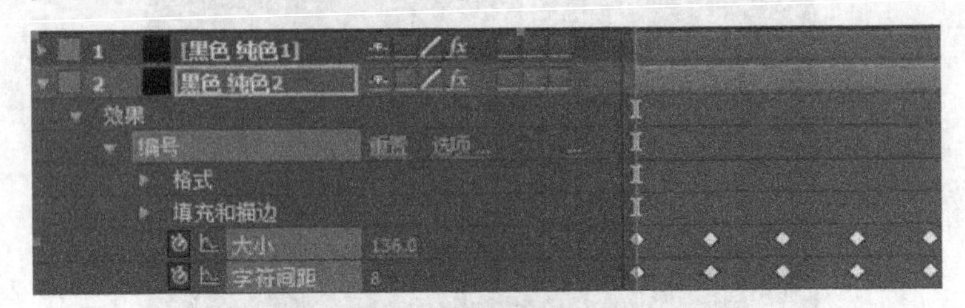

图12–18　时间反向关键帧

（9）按空格键，预览，效果如图 12–19 所示。

图12–19　最终效果图

12.2　文字效果设置

AE 提供了许多预置的特效让用户快速地套用，而且每种特效都可以再根据需求变更关键帧。

（1）新建一个合成“文字效果设置”，用文字工具直接在合成上键入文字“no pain no gain”和“Imposible is nothing”。为了体验更多的变化，将“no pain no gain”和“Imposible is nothing”分开为 2 个图层，如图 12–20 所示。

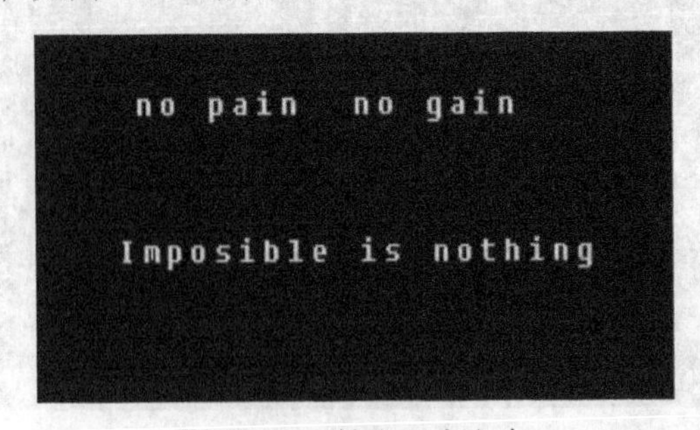

图12–20　输入两个文本

（2）为了使字体居中，先在“段落”选项卡中将两列文字以中间为准，再就是用“对齐”选项卡中的居中对齐图标，如图 12–21。

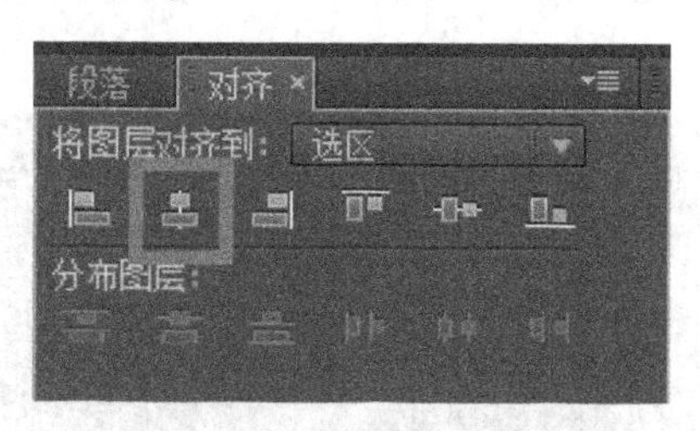

图12–21 “居中”对齐

（3）选择“窗口”|“效果和预设”命令，展开“动画预设”|“Text”，在此含有 10 多个文件夹，而每个文件夹中拥有多个设置。将“Organic”展开，将“随机回弹”拖到“no pain no gain”图层，动画就完成了，如图 12–22 所示。

图12–22 添加“随机回弹”效果

（4）预览一下动画效果，这个特效就是文字上下跳动的感觉，看起来很专业，做法却很简单，效果如图 12–23 所示。

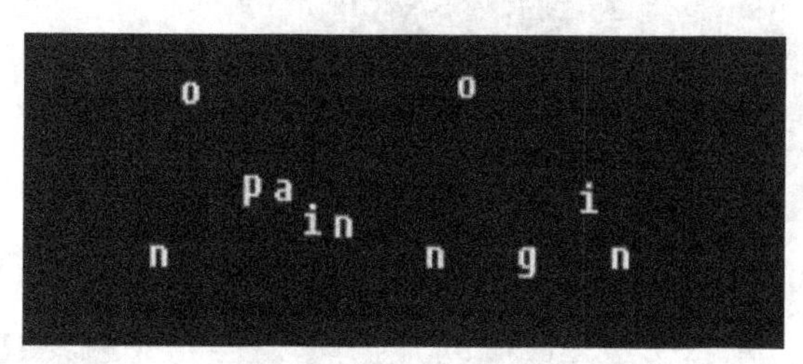

图12–23 “随机回弹”效果图

（5）再将“潮汐”拖入“Imposible is nothing”，这时文字就有潮涨潮落的效果。

（6）为了让两组文本出场时有先后顺序，可以将“Imposible is nothing”图层往后延，如图 12–24 所示。

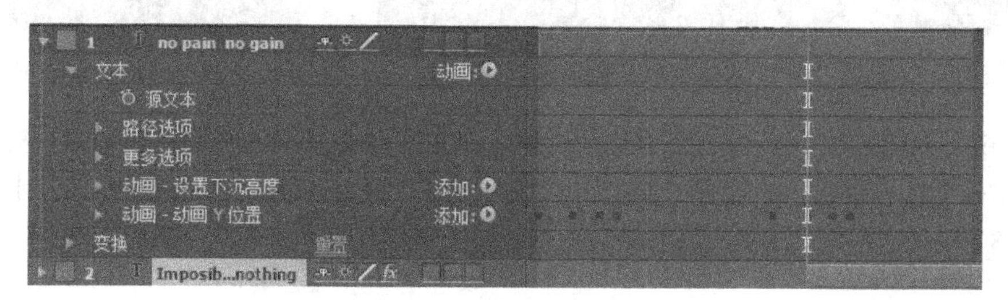

图12–24 图层后移

（7）特效也能多重应用，移动播放指针拖到字符串完全出现之后，再将“滑行颜色闪烁”效果施加于“Imposible is nothing”图层，这样就可以在所有文字完全进入之后再次强调主题，如图 12–25 所示。

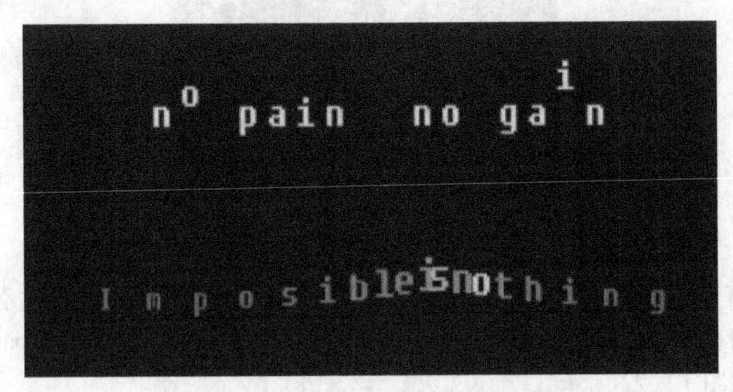

图 12–25 “滑行颜色闪烁”效果图

12.3 范例制作 12–1 ——《手写字动画“上善若水”》

可以利用 Paint 特效结合 Set Matte 制作手写笔迹。

（1）新建合成“手写字”，大小为 720 × 576 像素，持续时间为 0:00:05:00，如图 12–26 所示。

（2）单击文字工具，在画面上输入“水”，用鼠标可以任意改变大小，约为 200 px，如图 12–27 所示。

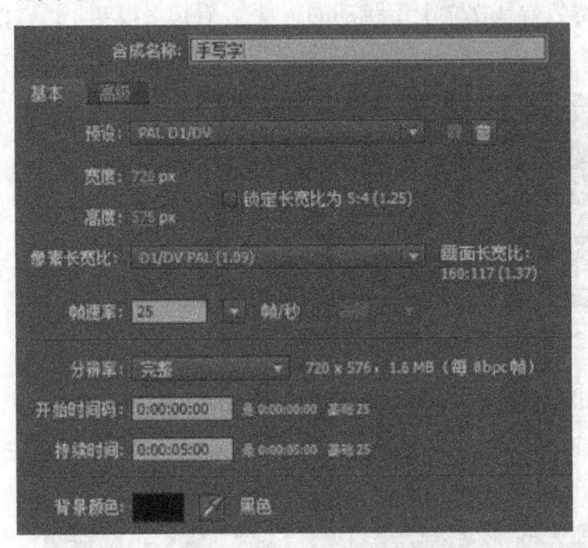

图12–26 合成参数设置

图12–27 “水”效果图

（3）由于只能在图层窗口上使用画笔绘画，而文字本身又不能在图层窗口中打开，所以必须将此文字转变为合成才行。选择“图层”|“预合成”命令，“水”图层就转变为“水合成 1”，如图 12–28 所示。

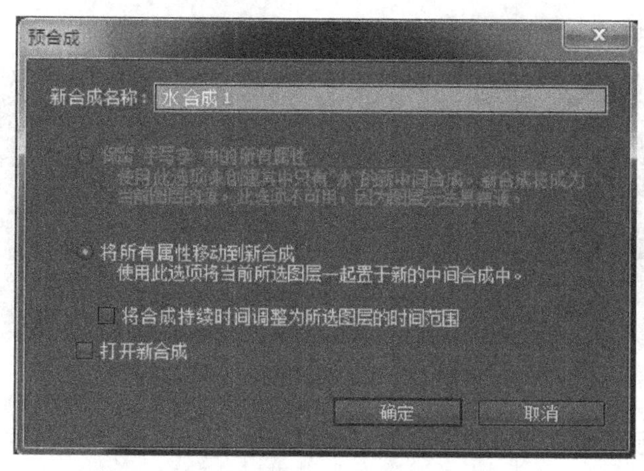

图12–28　设置“预合成”

（4）在“时间轴”窗口中，双击“水合成 1”这个图层左侧的图标，就可以打开它的图层视窗，如图 12–29 所示。

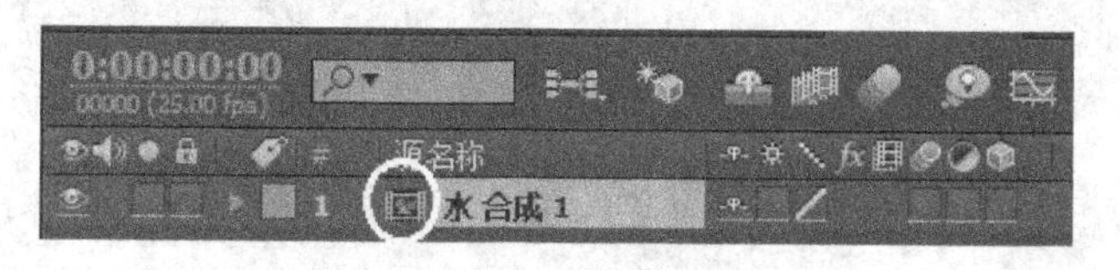

图12–29　双击“水合成1”

（5）单击“水合成 1”，选择工具栏中的画笔工具，就可以开始绘制了。这里要打开“绘画”面板，因为画笔的颜色、大小都可以在此选择 。“持续时间”选项若是“固定”就直接绘图，形成静态图像，将它选为“写入”才能记录关键帧，形成动画，如图 12–30 所示。

（6）现在开始沿着“水”的笔画顺序描绘，用鼠标描绘可能有点难度，不过可以慢慢地画，此时准确度的重要性高于速度的流畅性（可以放大 200%，更便于描绘），不需写得多漂亮，主要是要能精确地覆盖黑色的字，同时注意书写所有笔画的时间不要超过合成的持续时间 5 S，如图 12–31 所示。

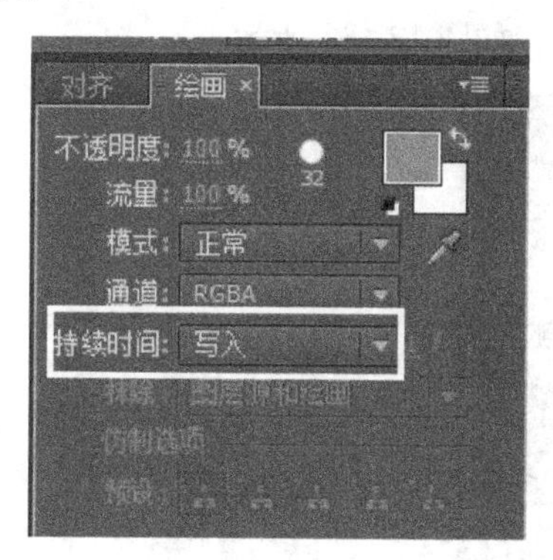

图12–30　设置“持续时间”

图12–31　手写“水”效果

（7）书写完 4 个笔画后，会发现“效果”“绘画”之下生成了 4 个画笔，而且也记录好关键帧了。要注意每书写一笔画，就得移动时间指针到该笔画的末端，如此下一笔画就会从这儿接续下去，否则这四笔画的关键帧就会同时起步，就不像是自然书写的状态，如图 12–32 所示。

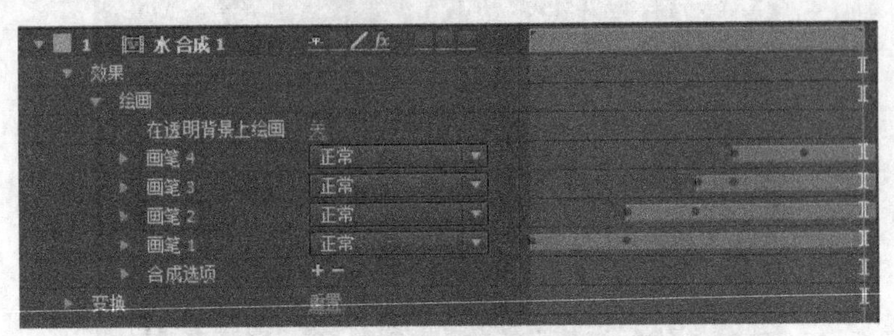

图12–32　设置画笔的开始时间

（8）做实际的预览后，您可能会发觉笔画的动作太慢了，此时就必须依照实际的视觉感受进行调整。将画笔 1 展开，将“描边选项”的“结束”的关键帧距离缩短，即可加快速度，画笔 2、画笔 3、画笔 4 依照此法调快速度，如图 12–33 所示。

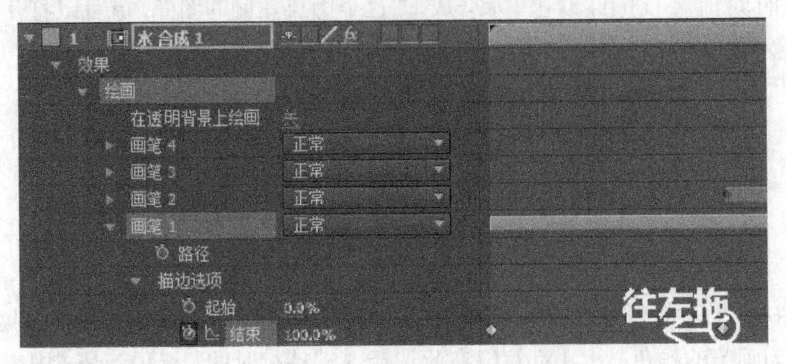

图12–33　加快笔画速度

（9）速度上的问题解决了，现在的关键在于：真正的笔画是计算机字体，要用蒙版将它画出来。在“水合成 1”下，添加“效果”|“通道”|“设置遮罩”，在“效果控件”面板中，设置它的“从图层获取遮罩”为“水合成 1”，“用于遮罩”为“Alpha 通道”，如图 12–34 所示。

（10）设置完成后，刚才的字就会以“水合成 1”为它的 Alpha 通道，当然只会出现该计算机字体的模样，所有“超出”的部分就隐藏起来了，如图 12–35 所示。

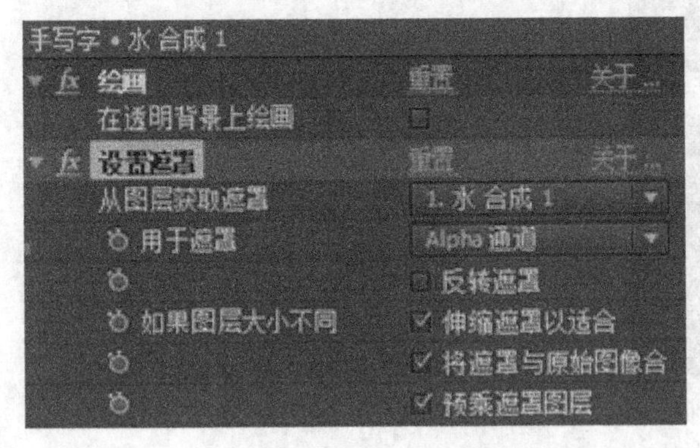

图12–34　设置遮罩

图12–35　设置遮罩后的文字效果图

（11）再回到合成的画面，将发现当前这个动画是：从黄色字体顺笔画转成红色字体，并不是“写字效果”，其关键是勾选“在透明背景上绘画”选项，如图 12–36 所示，这样，原始的黑色字体就会消失，变成是写字的效果了。

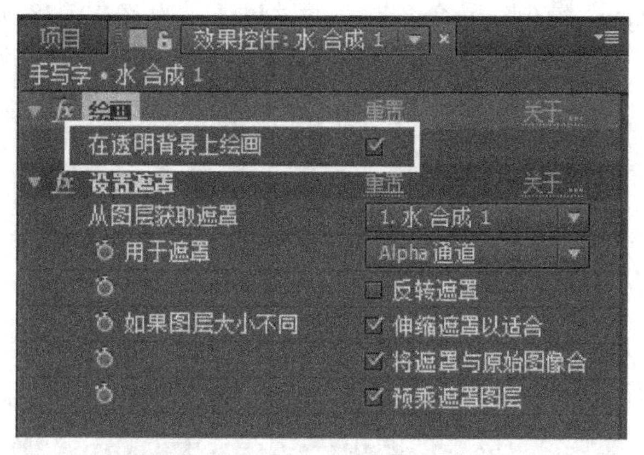

图12–36 设置“在透明背景上绘画”选项

（12）按以上方法，用 Text 工具分别制作其他手写字的绘制，并加入不同的文字效果。

12.4 范例制作 12–2 ——《玻璃文字》

可以利用“亮度和对比度”特效和轨道遮罩来制作文字好似写在玻璃上的效果，过程如下：

（1）新建合成“玻璃文字”，大小为 720 × 576 像素，像素长宽比为“方形像素”，持续时间为 0:00:05:00，如图 12–37 所示。

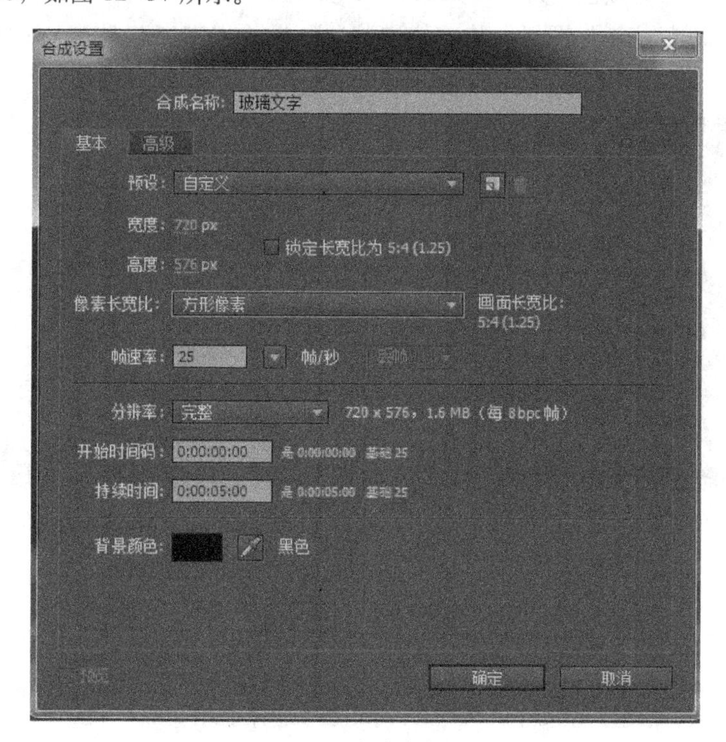

图12–37 合成参数设置

（2）导入“素材”文件夹下的“pic00.jpg”，并将其拖入“时间轴”窗口。

（3）选中“pic00.jpg”复制，并命名为“副本 .jpg”，如图 12–38 所示。

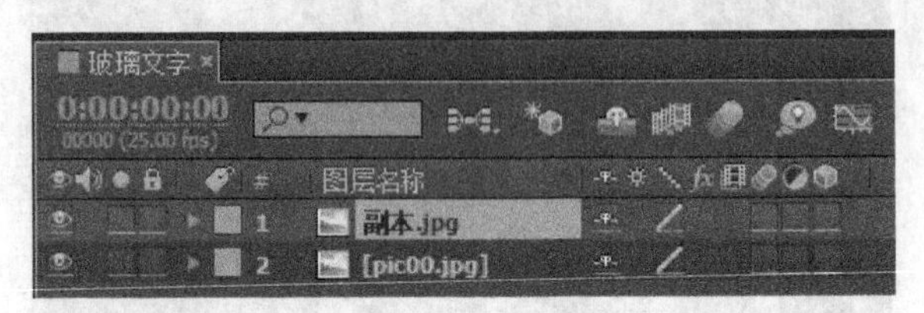

图12–38　复制图层

（4）选中“副本 .jpg”图层，选择菜单“效果”|“颜色校正”|“亮度和对比度”命令 .

（5）在“效果控件”面板中，设置“亮度”为 –80，“对比度”为 20，如图 12–39 所示。

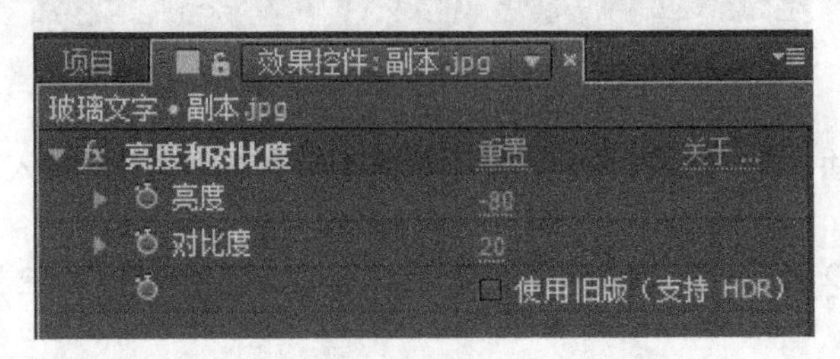

图12–39　设置“亮度”和“对比度”

（6）单击“横排文字工具”，输入“MY LOVE”，设置“字体”为“Segoe Script”，“大小”为 120 像素，“填充颜色”为“#C4C3C3”，如图 12–40 所示。

（7）选中“副本 .jpg”图层，将“轨道遮罩”设为“亮度遮罩 MY LOVE”，效果如图 12–41 所示。

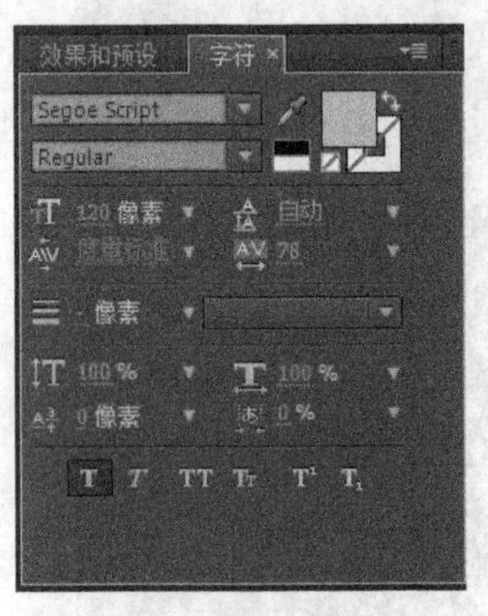

图12–40　设置字符属性

图12–41　设置“轨道遮罩”

本 章 小 结

本章讲解了如何创建各种文字、文字效果设置等基本操作方法。通过实例《上善若水》和玻璃文字“MY Love”的制作讲解了手写字动画特效的实现方法和具体实现。

文字效果应用非常广泛，请读者熟练掌握各种文字效果的制作。

本章作业

（1）新建一个合成，完成自己姓名的手写字动画，并渲染输出。

（2）使用“效果和预设”动画，制作一个文字蒸发效果，并渲染输出为格式为 .mp4 的视频。

第 13 章 3D 图层

After Effects 提供的 3D 功能可以将图片、视频等二维素材变成可以从前、后、左、右、上和下观看的立体效果，为影视后期效果开拓了空间。

学习目标

- 了解三维空间；
- 熟悉 3D 图层的属性设置；
- 掌握摄像机的设置与应用；
- 掌握灯光的设置与应用。

13.1　三维图层概述

After Effects 一直以来可以对 2 维图层进行处理特效，也可以对 3 维图层进行特效处理。在新版本中，三维空间的运用就更方便了。如果学会应用 After Effects 来分担部分的工作，或利用视觉特性来虚拟三维立体空间的话，就可达到事半功倍的效果。

如果将图层设为 3 维，After Effects 将为其添加一个 Z 轴，用来控制该图层的深度。当 Z 值变大，该图层将移动到更远的位置，反之，将移动到更近的位置。使用拥有 X、Y、Z 轴的 3D 图层，可以制作出实际的非常逼真的 3 维立体空间。

进入 3D 的世界，最重要的改变就是除了原来的 X、Y 轴外，多了深度 Z 轴。而视图也成为基本的六种（Front、Left、Top、Back、Right、Bottom）和自定义视图（Custom View）。

13.2　三维图层的属性设置

（1）新建合成“倒影”，设置合成大小改为 720×576 像素，“像素长宽比”为“方形像素”，“持续时间”为 5 s，如图 13-1 所示。

（2）双击项目窗口的空白处，导入“素材”文件夹下的“01.png”。

（3）选择“图层”|“新建”|“纯色”命令，“颜色”为白色，其他缺省，如图 13-2 所示。

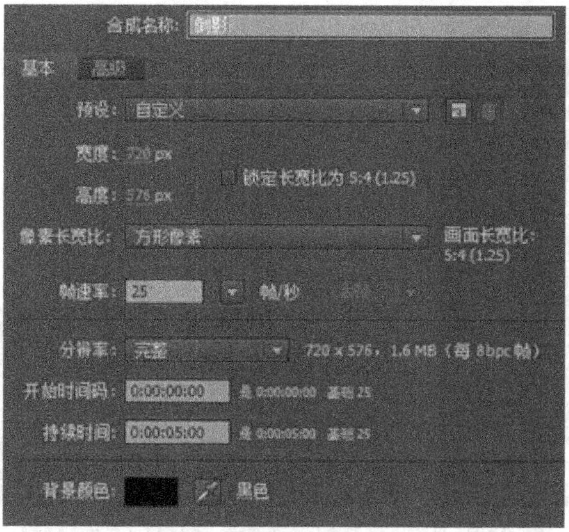

图13-1 合成参数设置

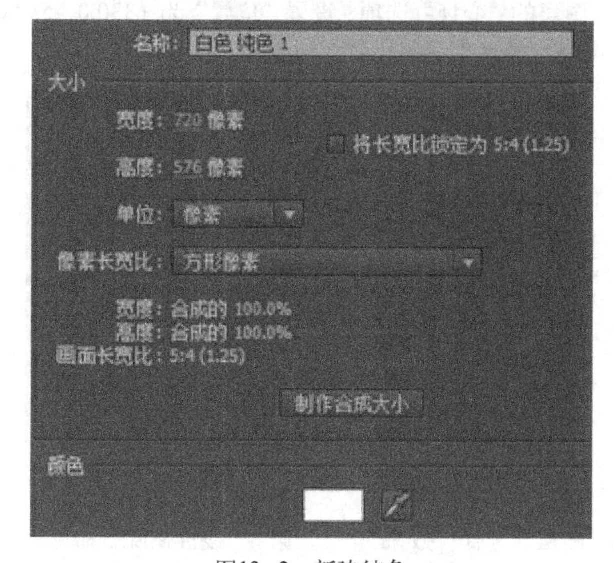

图13-2 新建纯色

(4) 打开“效果和预设”面板，选中“生成”|“梯度渐变”特效，双击，如图 13-3 所示。

(5) 在“效果控件”面板中，设置“起始颜色”的 RGB 的值为（175，175，175）。

(6) 将“01.png”拖放到“时间轴”窗口中 0 “白色纯色 1”图层的上方，设置“01.png”图层的“位置”为（330，230），“缩放”为 30%，按【Ctrl+D】组合键将其复制，并将复制图层命令为“复制”，设置“复制”图层为“3D 图层”，如图 13-4 所示。

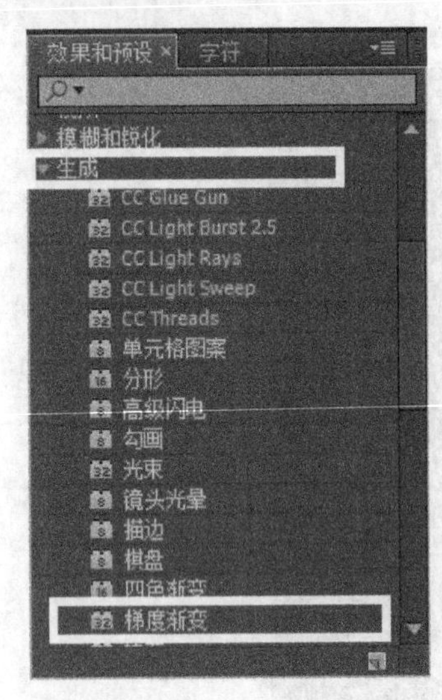

图13-3　添加“梯度渐变”特效

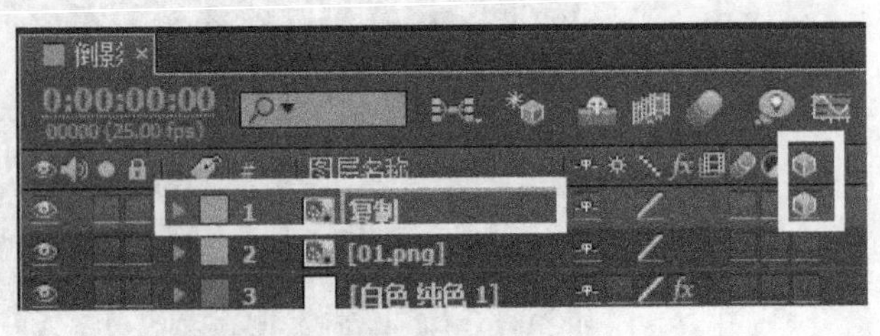

图13-4　图层复制

（7）展开“复制”图层的“变换”选项，设置“位置”为（330.0，550.0，0.0），“X 轴旋转”为“0x+180.0°”，如图 13-5 所示。

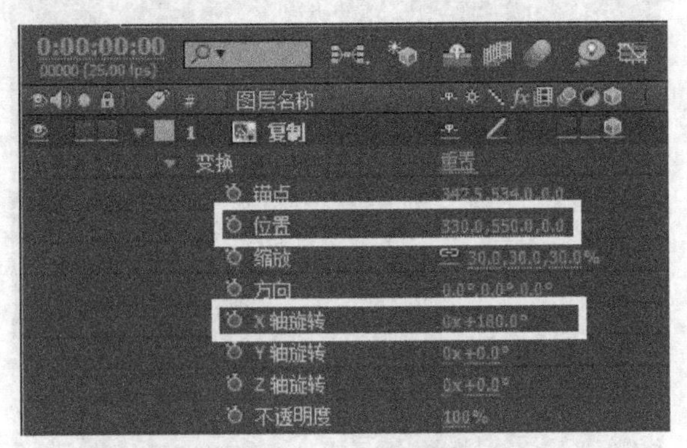

图13-5　设置“位置”和“X轴旋转”参数

（8）选中“复制”图层，选择“效果”|“过渡”|“线性擦除”命令，在“效果控件”面板中，设置“过渡完成”为 80%，“擦除角度”为“0x−180.0°”，“羽化”为 420.0，如图 13-6 所示。

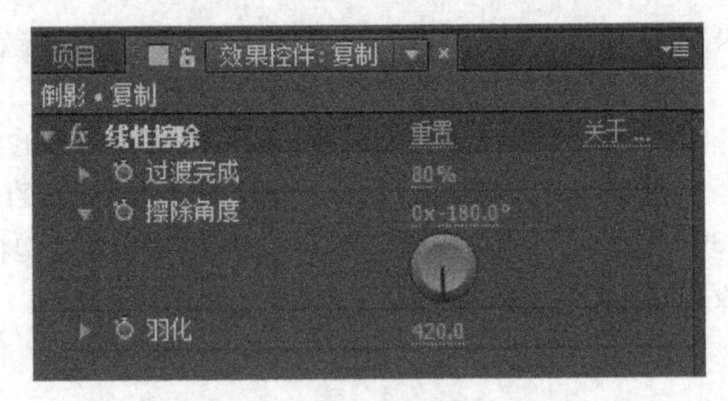

图13-6　设置“过渡完成”参数

（9）在活动摄像机调整好大小之后，为了同时观看不同的视点，可以选择 2 个视图，右边是原来的活动摄像机，左边就是另一种视点（可以是顶部视图，左视图等）。如果是左视图，此时的“手机”将变成一条细线。

（10）如果想观看更多不同的视点，也可以选择成4个视图，设置的方法是：先单击该画面，再到视点选项进行选择。因此，从上到下的小画面分别为：左侧、顶部、自定义视图1。

（11）新建一个“黑色纯色1”，选择“效果”|“过时”|“路径文本”命令，输入路径文本“IPhone–IPhone”，设置“形状类型”为“圆形”，勾选“反转路径”选项，调节适当字体、大小和颜色，如图13–7所示。

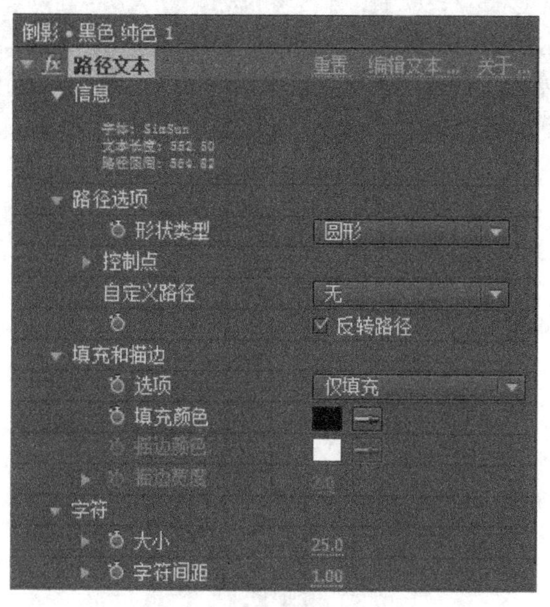

图13–7 新建“路径文本”

（12）使其成为三维图层，在Left视点下，用Z轴使图层向右移（表示在片轴的前面），Camera再切换回Active，用旋转X轴使“IPhone–IPhone”向后倒，形成立体空间，如图13–8所示。

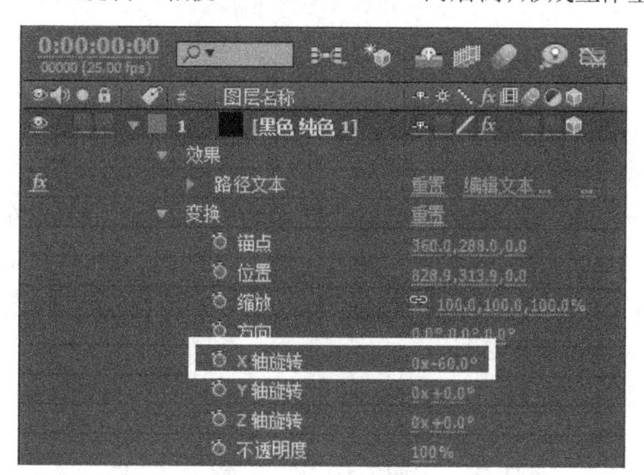

图13–8 设置“X轴旋转”参数

（13）展开“效果”|“路径文本”|“段落”，将时间线移至0:00:00:00处，单击“左边距”

左侧的秒表，设置“左边距”为0，然后将时间线移至0:00:01:00处，设置“左边距”为400，字符串就会逆时针旋转，如图13-9所示。

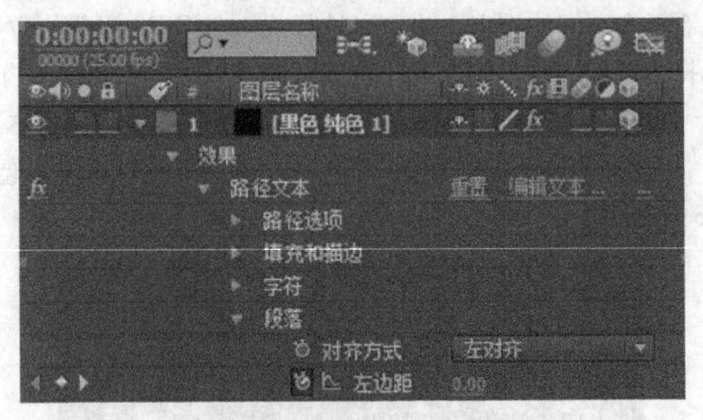

图13-9　设置“左边距”参数

（14）选择“效果”|“透视”|“斜面Alpha”命令，增加文字的厚度，也就是形成立体动画的文字。

（15）预览，效果如图13-10所示。

图13-10　最终效果图

总结2D图层与3D图层的关系：

- 在AE中，二维对象（XY轴）可以与三维对象（XYZ轴）同时存在。
- 无论从Active Camera或Left等任何视点来看，二维图层都只会朝向正面。
- 当图层转化为三维图层时，时间线中的上下顺序（即前后关系）已经没有任何意义了，对象的前后关系是取决于Z轴。
- 三维对象的阴影只会投射在三维对象上，并不会投射在二维对象上。

13.3　摄像机的设置与应用

读者有没有想过一个问题，在AE中为什么能够看到画面？那是因为AE自动假设有一台摄像机在拍摄，但这台摄像机具有固定的位置、视角和焦距等。如果能够自设另一台摄像机的话，就具有自定义的拍摄角度、镜头焦距和景深控制，更重要的是摄像机本身还可以进行动画处理。

13.3.1 多重三维对象处理

（1）创建一个“海底世界”合成，导入“Bubble.mpg”“Ray.mpg”和“Fish01.psd”～“Fish12.psd”，并将“Fish01.psd”～“Fish12.psd”全部转换为三维图层。

（2）由于鱼的图形太大，所以在全选的情况下，按【S】键，即可展开所有图层的比例，将它们改为50%，如图13-11所示。

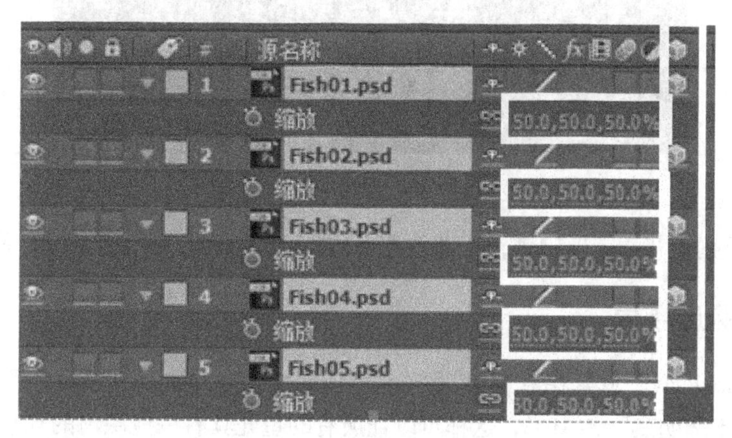

图13-11 设置“缩放”参数

（3）单击时间线的任意一点，释放所有的图层，接下来就是把集结成堆的鱼儿们稍微错开。原则是：头部向左的鱼放在右边，头部向右的鱼放在左边，正面的就尽量靠近中间，利于设置动作，如图13-12所示。

图13-12 鱼群错开效果图

（4）将视点切换为“顶部”视图，此时的正面即为下方，将12张图以z轴相互错开，形成不同的远近感。为配合将来的二维图层，以“Fish12”靠近前面，“Fish01”在最后为原则，如图13-13所示。

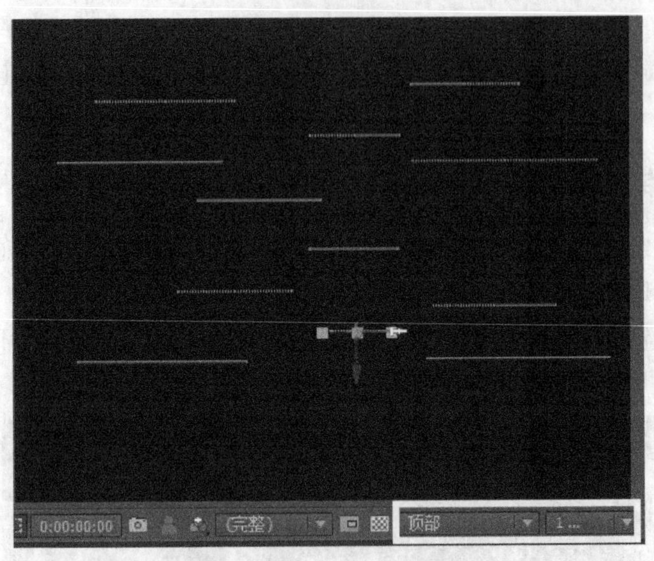

图13-13　“顶部”视图

（5）根据个别鱼儿的远近因素，再调整大小与位置，并做一些位置移动，使整体呈现动感。

13.3.2　虚拟深度场景

（1）将“Bubble.avi”放置在最下层，设置“不透明度”为50%，将“Ray.avi”放置在“Fish12”的上面，设置“不透明度”为10%，这样可以让所有的鱼儿具有一些深海的气息。

（2）为了要使不同深度的鱼具有不同程度的蓝色调，必须在其中多设一些深海的场景。复制一个“Ray.avi”，放置在“Fish09”和“Fish10”之间，设置“不透明度”为30%: 再复制一个“Ray．avi”，放置在“Fish06”和“Fish07”之间，“不透明度”为30%: 再复制一个“Ray．avi”，放置在“Fish03”和“Fish04”之间，“不透明度”为30%，如图13-14所示。

图13-14　设置“不透明度”参数

13.3.3　新建摄像机

（1）选择“图层”|“新建”|“摄像机”命令，打开“摄像机设置”对话框。在此可以自

定义镜头焦距为 80 mm，其他参数暂时不变，如图 13–15 所示。

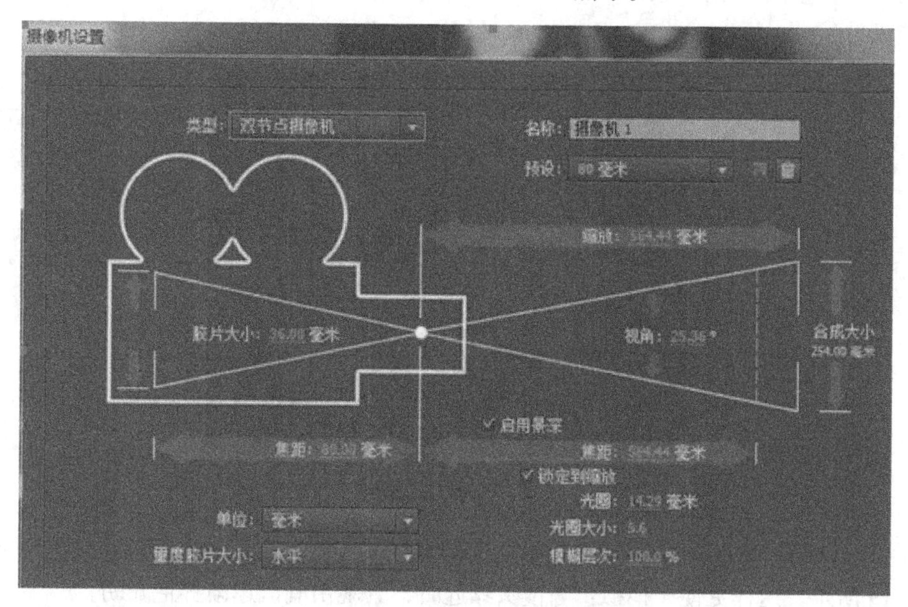

图13–15　“摄像机”参数设置

（2）将视点选为 Left，展开“摄像机 1”的“变换”，单击“目标点”和“位置”左侧的按钮。

（3）将时间线移至 0:00:00:00 处，将“目标点”移至对准第一排鱼儿，如图 13–16 所示。

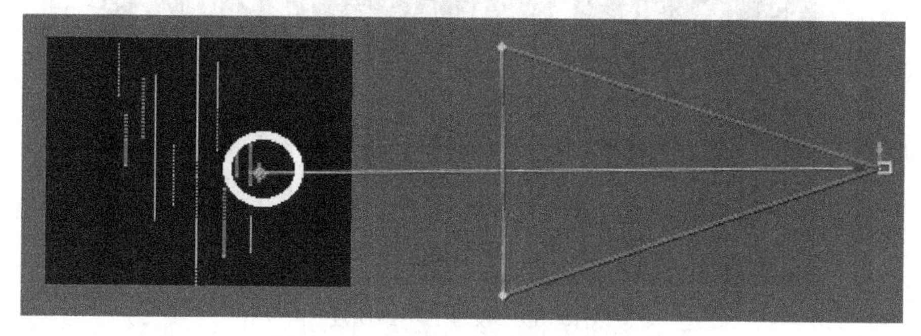
图13–16　设置摄像机的“目标点”

（4）将时间线移至 0:00:05:00 处，将“目标点”移至对准最后一排鱼儿，并且将“摄像机 1”的“位置”也随着“目标点”前移，如图 13–17 所示。

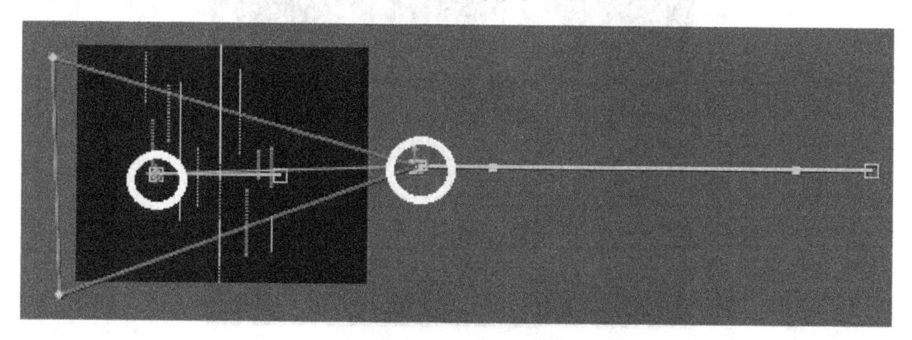
图13–17　设置摄像机的“目标点”和“位置”

(5) 当“摄像机 1”的参数设置完毕时，效果如图 13−18 所示，要记住将视点调为“摄像机 1”以便观察成果。

图13−18　效果图

(6) 展开所有“Ray.avi”的“不透明度”选项，从上层到下层，使“不透明度”逐渐变为 0，如图 13−19 所示，这样更便于模拟：当镜头靠近时，景观由蓝调逐渐鲜艳开朗。

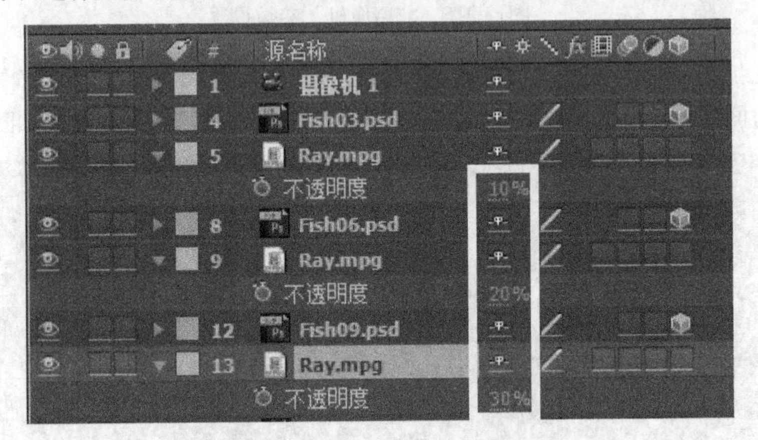

图13−19　设置“不透明度”

(7) 最终效果如图 13−20 所示。

图13−20　最终效果图

13.3.4　多台摄像机与推镜

可以架设多台摄像机，以呈现多种角度，而推镜方式可以以曲线或是变焦进行。

（1）新建一个合成“海底世界 2”，导入“Bubble.mpg”、“Ray.mpg”和“Fish01.psd”～“Fish6.psd”，并拖放到“时间轴”窗口中，将“Fish01.psd”～“Fish6.psd”全部转换为三维图层。

（2）这次不做摄像机的移动，而是以“摄像机选项”中的“变焦”（Zoom）使鱼的画面逐渐变大。切换至“顶部”视图，展开“摄像机 1”|“摄像机选项”，将时间线移至 0:00:00:00 处，单击“缩放”左侧的秒表，设置其值为 280 pixels，将时间线移至 0:00:03:00 处，设置“缩放”为 950 pixels，这样就可以使画面由宽松全景变成紧迫特写了，如图 13–21 所示。

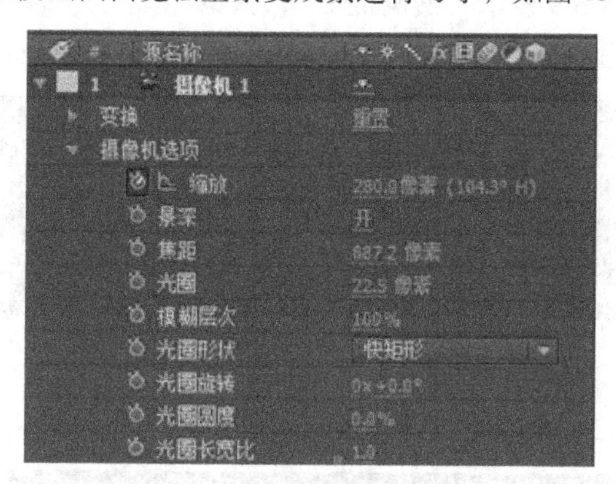

图13–21　设置“缩放”

（3）再添加一台“摄像机 2”，展开“变换”选项，单击“目标点”和“位置”左侧的按钮，刻意让它跑曲线，目的是要能看到左右两边的鱼，如图 13–22 所示。

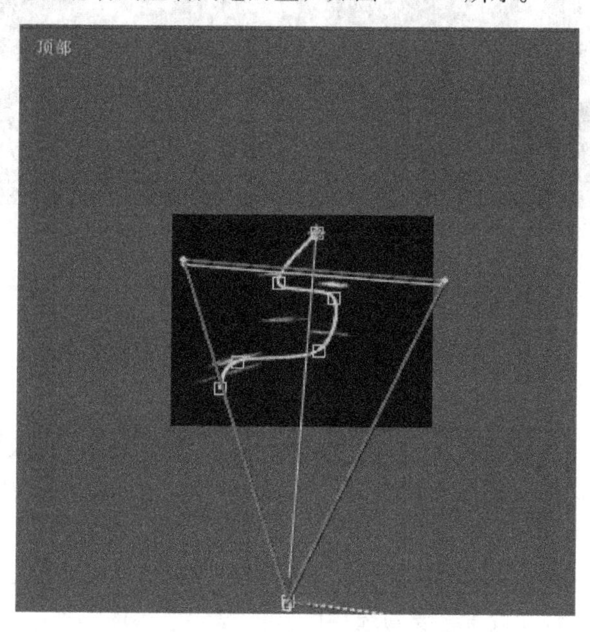

图13–22　设置“目标点”和“位置”

（4）然而，当摄影机左右倾斜拍摄时，会跟鱼画面产生夹角，就会有一定程度的扭曲变形，

要校正这个缺点，就要选中所有鱼儿图层，然后选择“图层”|“变换”|“自动方向”，在弹出的窗口中，勾选“定位于摄像机”，如图 13–23 所示，当摄影机经过某条鱼时，这条鱼就会自动翻转，永远以图形的正面面对镜头，以保持图形不变形。

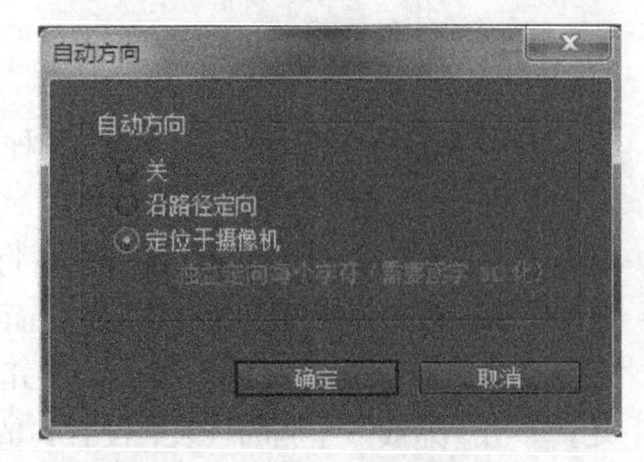

图13–23　设置“自动方向”

（5）现在已经有两台不同取景方式的摄像机了，这样可以做不同镜位的切换，比如说：将“摄像机 1”的前 2 s 用鼠标取消，后两秒也取消，这样将造成 0 到 2 秒显示“摄像机 2”，2 到 3 s 显示“摄像机 1”，从第 3 s 以后再显示 2 S 的“摄像机 2”，如图 13–24 所示。如此就形成一种多机剪接的功能。

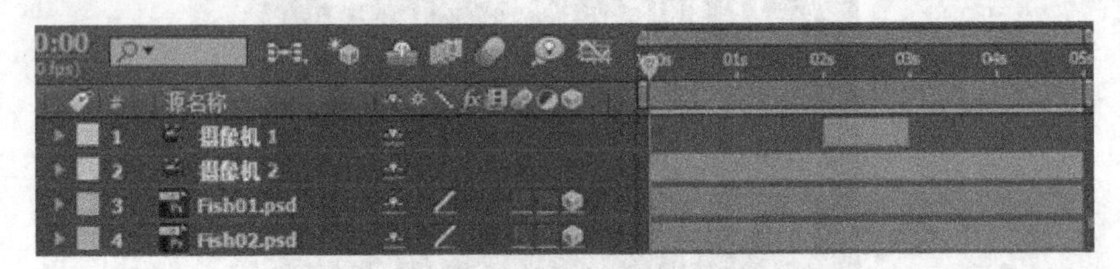

图13–24　不同镜位的切换

（6）最终效果如图 13–25 所示。

图13–25　最终效果图

13.4　灯光的设置与应用

在一般情况下，AE 会自动设置一个环境光源，照亮整个场景，但缺点是三维图像显得没有层次感。新增的灯光可以通过控制光源的类型、亮度、颜色与质感等，产生相对应的反光和阴影，营造场景中更加特别的氛围。

如图 13–26 所示，表现阴影一定要注意两点：

（1）照射光源的“灯光设置”要勾选“投影”。

（2）被照射的对象的“材质选项”|“投影”的值要设置“开”。

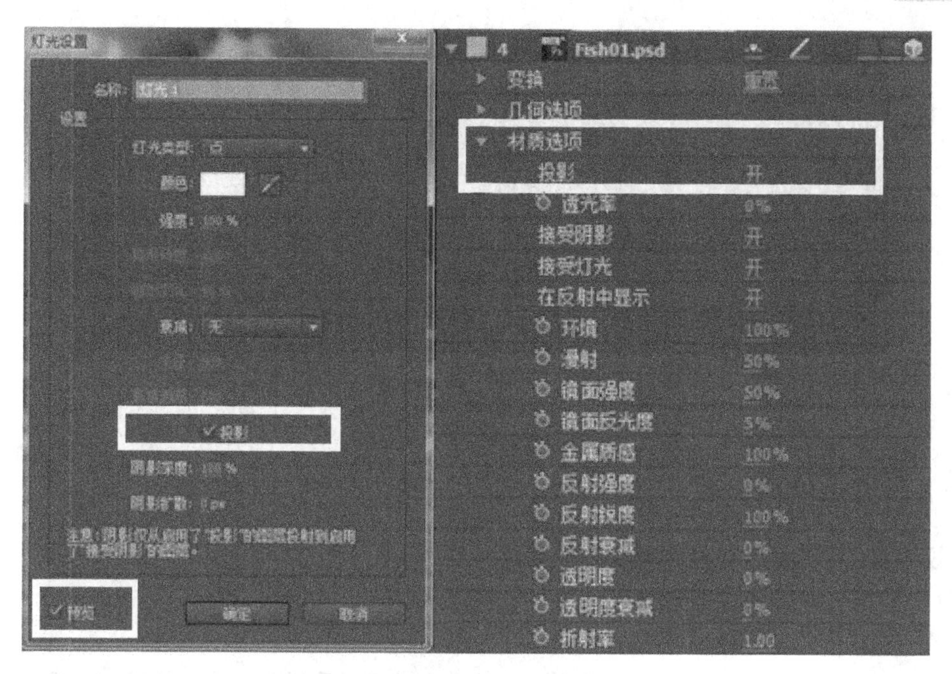

图13–26 “灯光”设置

13.4.1 灯光的设置

选择“图层”|“新建”|“灯光”命令，进行灯光的设置。

（1）“平行光源”：光线均匀射出，表面平整没有层次感，阴影比较锐利，如图 13–27 的左图所示。

（2）“聚光光源”：有灯罩的聚光灯，光线集中逐渐往外扩散，亮暗面和阴影明显，如图 13–27 的右图所示。

图13–27 “平行”和“聚光”光源

（3）“点光源”：就像没有灯罩的灯泡，向四周散射，表面有层次感，阴影较柔和，如图 13–28 的左图所示。

（4）“环境光源”：照亮整个场景的平均光，提高亮度，无阴影表现，如图 13–28 的右图所示。

图13-28　“点”和“环境”光源

13.4.2　灯光的应用

自设多重光源和类型来控制层次和质感。

(1) 打开一个新的项目 Comp Light，选择“图层”|“新建”|“纯色”加入一张白色色块作为背景。

(2) 用文本工具键入“NEW SPACE”，设为金黄色并取适当大小，如图 13-29 所示。

(3) 目前各图层仍为 2D 图层，请将它们转换为 3D 图层。

(4) 选择“图层”|“新建”|“灯光”，新增一盏光源（Light Type：Spot），照射光源设定一定要选择“Casts Shadows”，如图 13-30 所示。

图13-29　文字效果

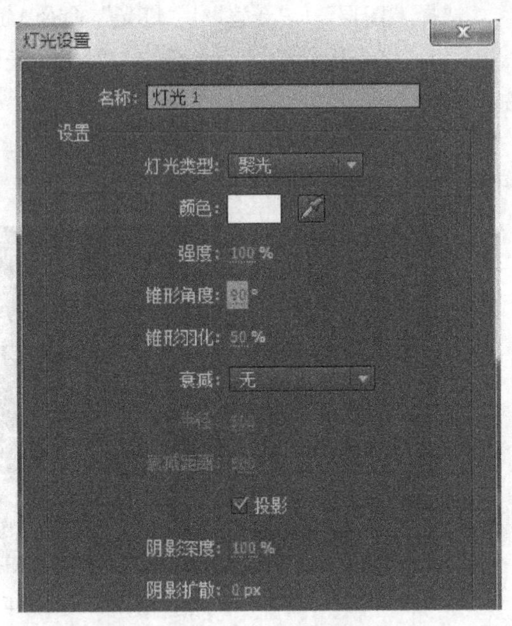

图13-30　灯光设置

(5) 当图层皆为 3D 而且额外新增灯光的状况下，就可以明显感受到光照射的效果，如图 13-31 所示。

(6) 但是目前的灯光太过聚焦，而且周围都很暗，看起来很不自然。我们可以执行以下两步来改善视觉效果：

① 新增一个环境光源 Ambient Light，强度（Intensity）为 50%，如图 13-32 所示。

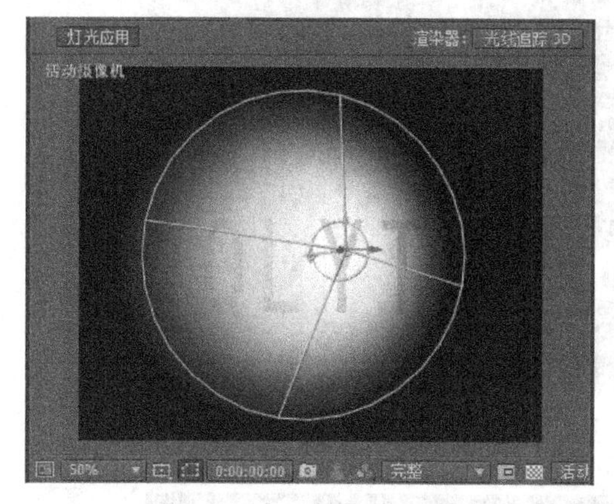

图13-31 光照射效果

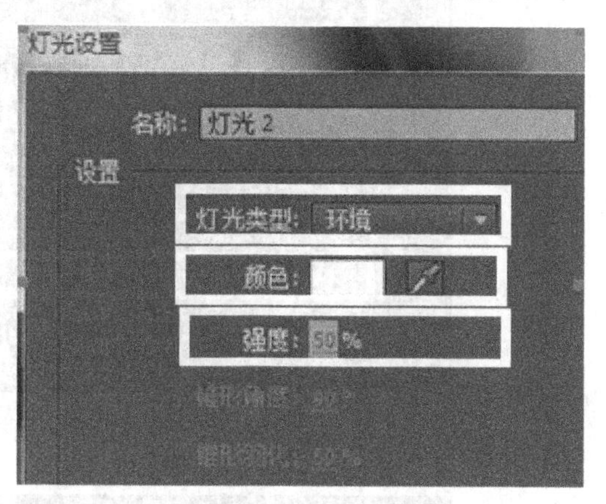

图13-32 灯光设置

② 在“时间轴”窗口中，双击“灯光 1”，将原来的“强度”由 100% 减弱为 50%，效果如图 13-33 所示。

(7) 若觉得光仍然很窄，可以将视角选为“左侧”。此时视窗（Composition）可选为 2 Views，同时能看到两个视角的画面。

(8) 选中文字图层，在“左侧”视图下将“位置”的 Z 轴移动，使之和背景分离开来，就会自动产生阴影了，如图 13-34 所示。

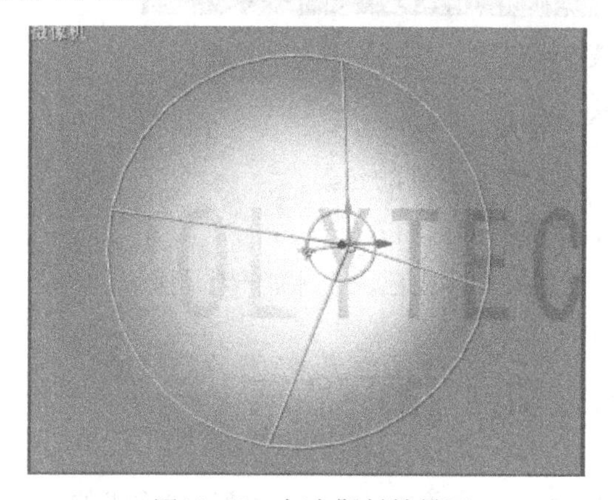

图13-33 灯光照射效果图

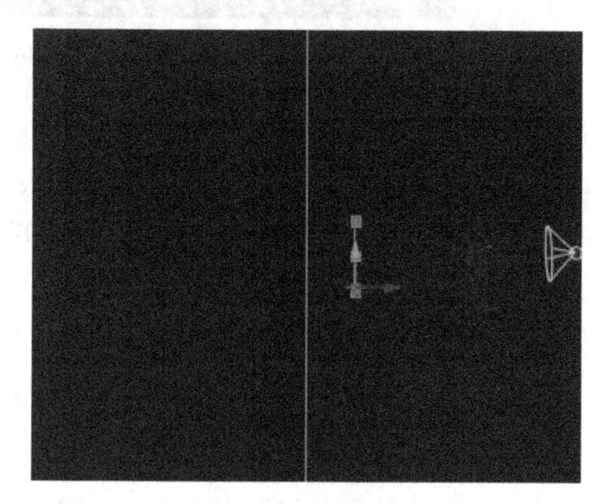

图13-34 文字和背景分离

(9) 因为阴影和本体有点重叠，可以尝试将光源往左上移动，即“灯光 1”的“位置”的 XY 轴移动。

(10) 选中“灯光 1”，展开“变换”和“灯光选项”，单击“目标点”和“颜色”左侧的秒表，将时间线移至 0:00:00:00 处，设置“目标点”X 轴的值为 200，“颜色”为红色，将时间线移至 0:00:05:00 处，设置“目标点”X 轴的值为 600，“颜色”为蓝色，如图 13-35 所示。

(11) 最终效果如图 13-36 所示。

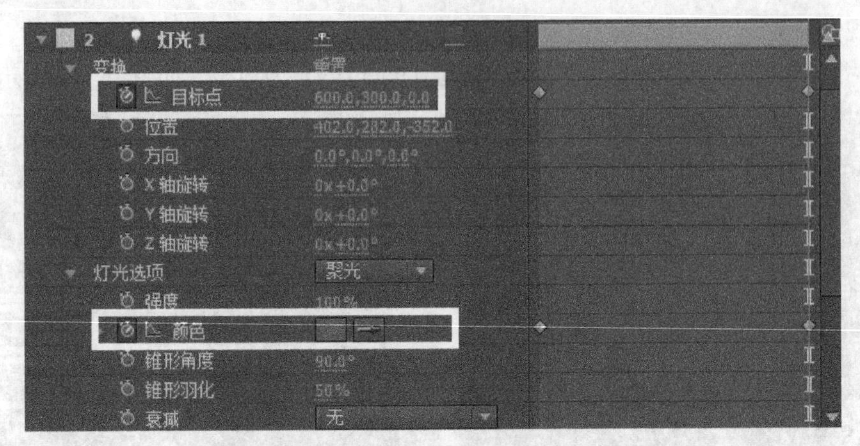

图13－35　设置“变换”和“灯光选项”参数

图13－36　最终效果图

灯光与投影之间的重点：

- 在 3D 图层中，光主宰了所有物体的表情，而阴影是表现的元素。
- 要将光源和被照射物的“投影”同时开启，才能有阴影的效果。
- “背景颜色”不代表真正的实体背景，一定要加入实体或色块，才能产生阴影。

13.5　范例制作——《三维动画“名画欣赏”》

本例详细介绍了如何利用多幅二维图片搭建一个三维立体空间，然后通过摄像机的移动，模拟了一个在博物馆欣赏名画的过程，制作步骤如下：

（1）打开“素材”文件夹，预览其中所有图片，绘制一张隧道平面图，底部、顶部各 3 个矩形面，两侧共有 6 个矩形面。隧道的宽度为 600，高度为 480，长度为 4400，（图片素材中，文件名以 d 开头的为底部素材，以 t 开头的为顶部素材，其余为侧面素材）。

（2）查看所有图片素材的尺寸，若尺寸不符合要求，应先用图像处理软件将图片处理成需要的尺寸。

（3）新建一个合成“名画欣赏”，设置大小为 720*576，“像素长宽比”为“方形像素”，“持续时间”为 0:00:10:00，如图 13－37 所示。

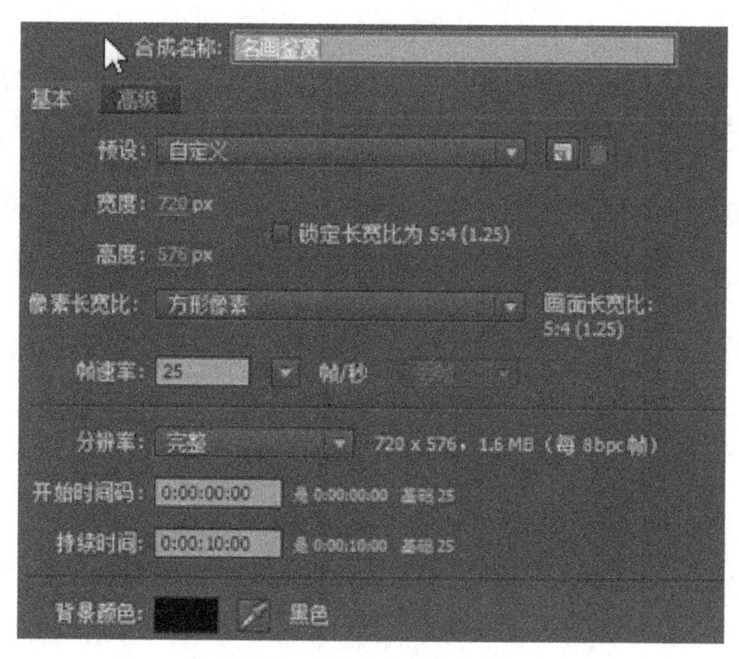

图13–37　合成参数设置

（4）选择“文件”|“导入”|“多个文件”命令，选择“素材”文件夹中的“001.jpg ~ 007.jpg”“d01.jpg ~ d03.jpg”“t01.jpg ~ t03.jpg”等文件。将素材拖放到时间轴，注意素材的开始与时间轴的起始与时间轴的起始位置对齐。

（5）为设置方便，先关闭所有图层的“眼睛”开关，并打开所有层的三维开关。先关闭层“眼睛”开关的目的是设置，避免其他层的图像影响该层的设置，如图 13–38 所示。

图13–38　隐藏图层

(6)为便于边制作边观察，我们以地面、两侧、顶部的顺序来设置隧道。所有层的设置都在“顶部”视图完成。

(7) 将视图切换到“顶部”视图，先设置 d01，打开 d01 层的“眼睛”开关，展开“变换（Transform）”属性栏，将“缩放（Scale）”参数中的 x、y、z 的设置为 15%。

(8) 将旋转参数中的“X 轴旋转（X rotation）”值设为 90°，如图 13-39 所示。

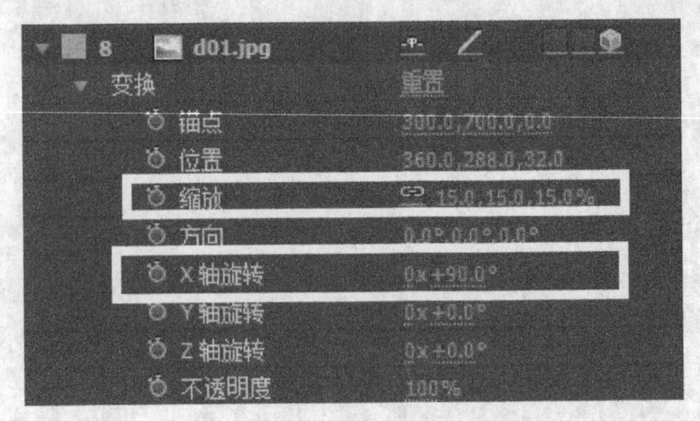

图13-39　设置“缩放”和“X轴旋转”

(9) 打开 d02 层的“眼睛”开关，用设置 d01 层同样的方式设置 d02 层，设置完后注意将两者的边缘对齐。将合成预览窗口的显示比例调整为 100%，可比较方便地将其对齐，如图 13-40 所示。

(10) 将设置好的 d02 层复制，展开“变换（Transform）”属性栏，将旋转参数中“Z 轴旋转（Z rotation）”值设为 90°，然后将它与 d01 的边对齐，如图 13-41 所示。

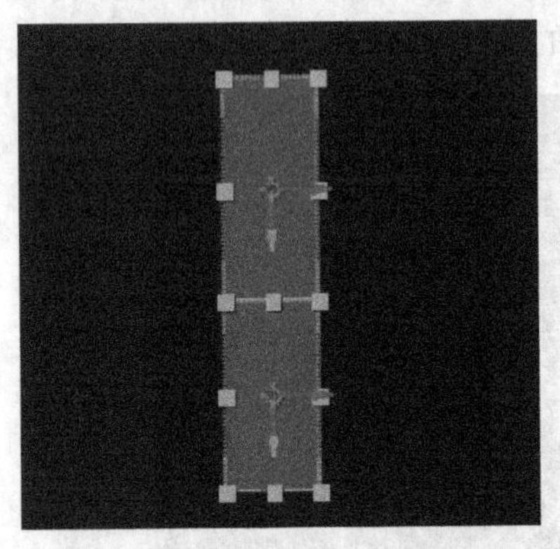

图13-40　隧道底部中段图层边缘对齐

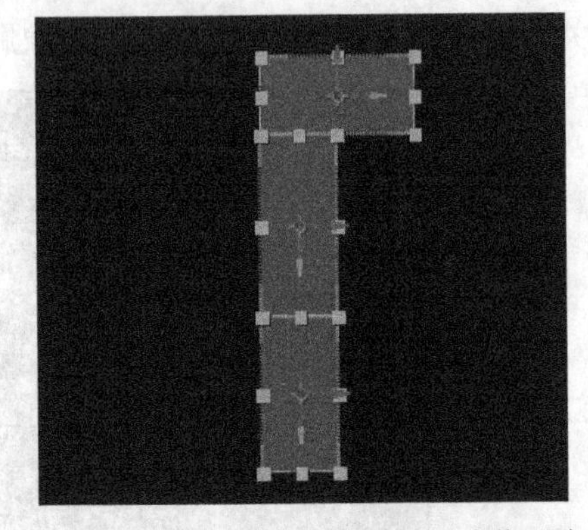

图13-41　隧道后端与中段图层边缘对齐

(11) 打开 d03 层的“眼睛”开关，用设置 d01 层同样的方法设置 d03 层，将旋转参数中“X 轴旋转（X rotation）”和“Z 轴旋转（Z rotation）”值设为 90°，然后将它与 d02 的边对齐。地面设置完成后的合成预览窗口如图 13-42 所示。

(12) 接下来设置“隧道”的侧面，先设置中段，打开 007 层的“眼睛”开关，展开“变换（Transform）”属性栏，将“缩放（Scale）”参数中的 x、y、z 设置为 15%，将旋转参数中的“Y 轴旋转（Y rotation）”值设置为 90°，移动至与地面的左边缘对齐，如图 13-43 所示。

(13) 切换到“右侧”视图，按【↑】键，将 007 层的底边与地面平齐，如图 13-44 所示。

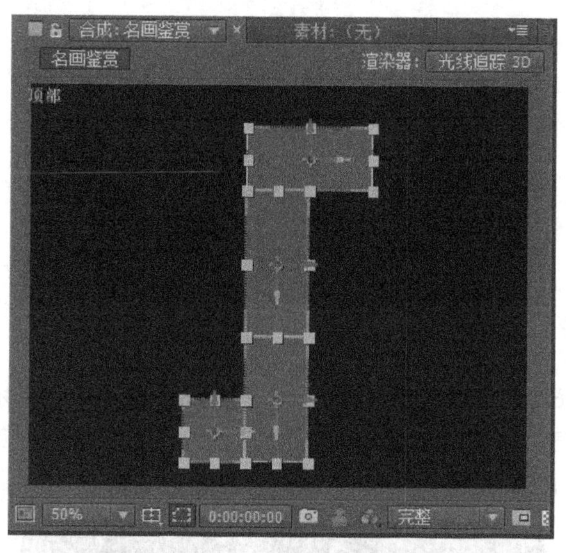

图13-42　隧道前端与中段图层边缘对齐

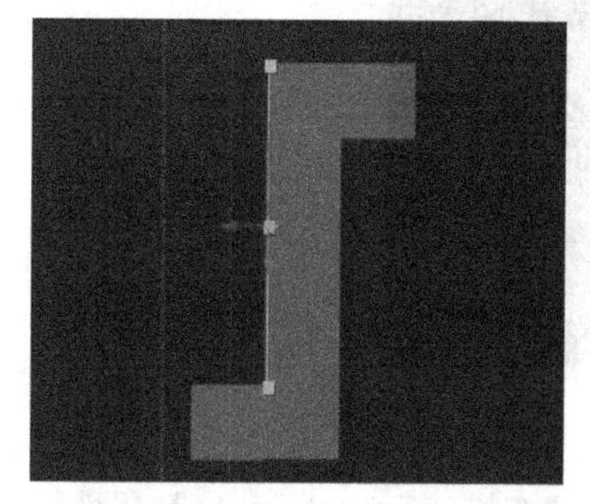

图13-43　隧道侧面与中段图层左侧边缘对齐

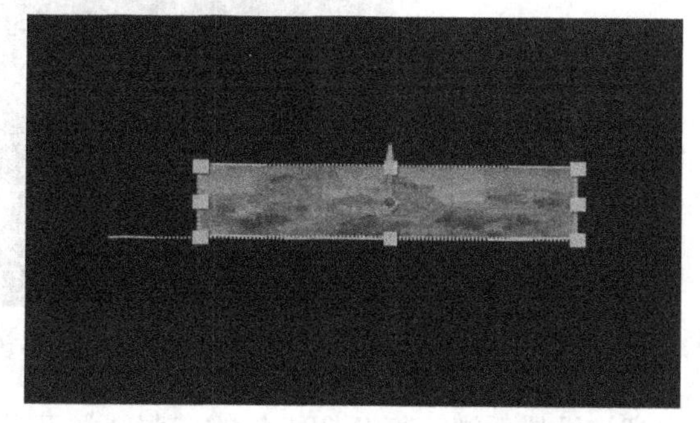

图13-44　隧道侧面与底部水平面对齐

（14）切换至“自定义视图 3”，设置好的三维效果如图 13-45 所示。

（15）切换到“顶部”视图，打开 006 层的视频打开，展开“变换（Transform）”属性栏，将“缩放（Scale）”参数中的 x、y、z 值设置为 15%，将旋转参数中的“Y 轴旋转（Y rotation）”值设为 90°，移动与地面的右边缘对齐，如图 13-46 所示。

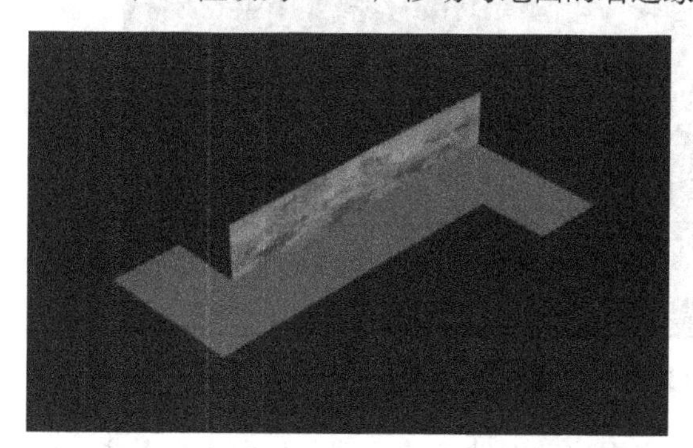

图13-45　三维效果

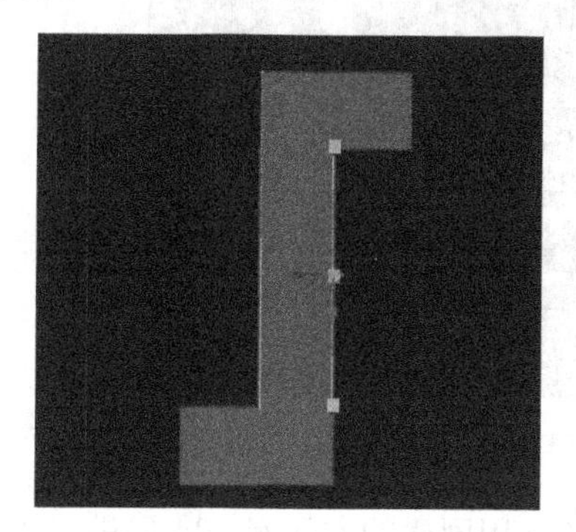

图13-46　隧道侧面与中段图层右侧边缘对齐

（16）切换到“右侧”视图，按【↑】键，将 006 层的底边与地面平齐，如图 13-47 所示。

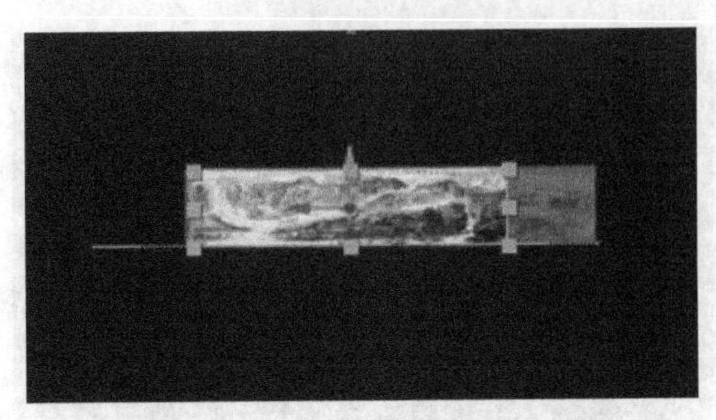

图13-47　隧道侧面与底部水平面对齐

（17）这时发现，006图片比007图片要短600，需要添加另外一个素材片段。打开003层的“眼睛”开关，用设置006层的方法设置003层，要注意将003层与006层相衔接对齐，切换至“自定义视图3”，设置好的三维效果如图13-48所示。

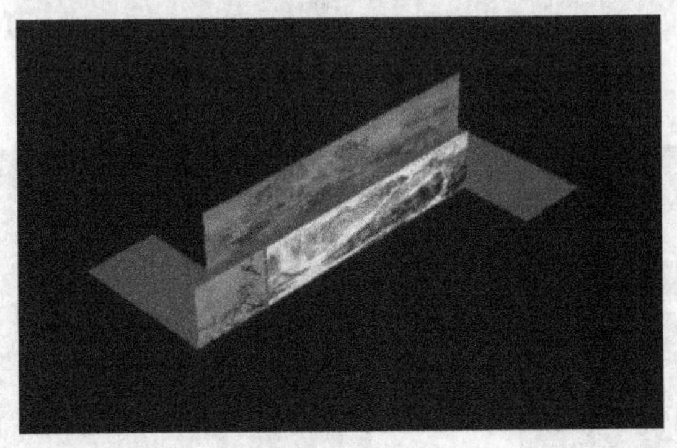

图13-48　三维效果

（18）设置后端。打开001层的“眼睛”开关，展开“变换（Transform）”属性栏，将“缩放（Scale）”参数中的x、y、z设置为15%，切换至“顶部”视图，移动至与地面的后端后边缘对齐，如图13-49所示。

（19）切换到“正面”视图，按【↑】键，将001层底边与地面对齐，如图13-50所示。

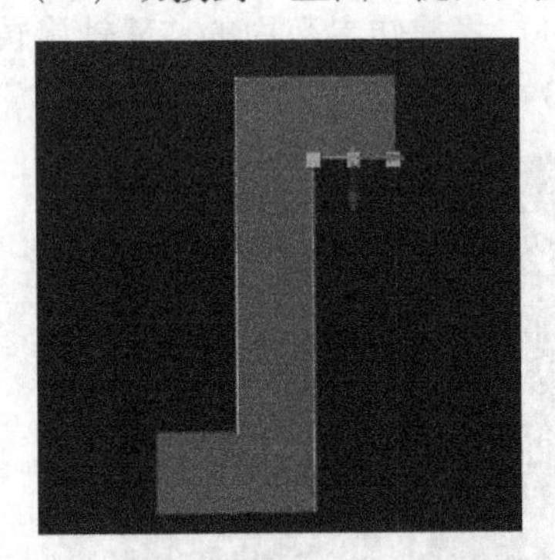

图13-49　后端与隧道后端的前边缘对齐

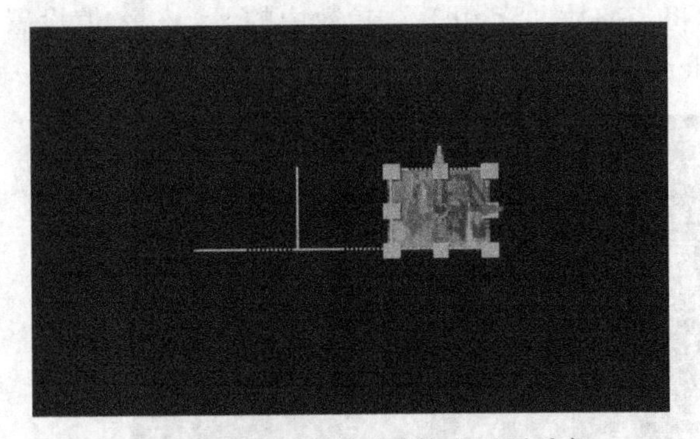

图13-50　后端与隧道后端的水平面对齐

（20）用同样的方法对004层进行设置，要注意需移动至地面的后端，与后边缘对齐，切换至“自定义视图3”，设置好的三维效果如图13-51所示。

（21）设置前端。打开005层的“眼睛”开关，展开“变换（Transform）”属性栏，将“缩放（Scale）”参数中的 x、y、z 设置为 15%，切换至“顶部”视图，移动至与地面的前端前边缘对齐，如图 13–52 所示。

图13–51　三维效果

图13–52　前端与隧道前端的前边缘对齐

（22）切换到“正面”视图，按【↑】键，将 005 层的底边与地面平齐，如图 13–53 所示。

图13–53　前端与隧道前端的水平面对齐

（23）用同样的方法对 002 层进行设置，要注意需移动至与地面的前端后边缘对齐。这样，隧道的侧面就制作完成了，切换至“自定义视图 3”，其三维效果如图 13–54 所示。

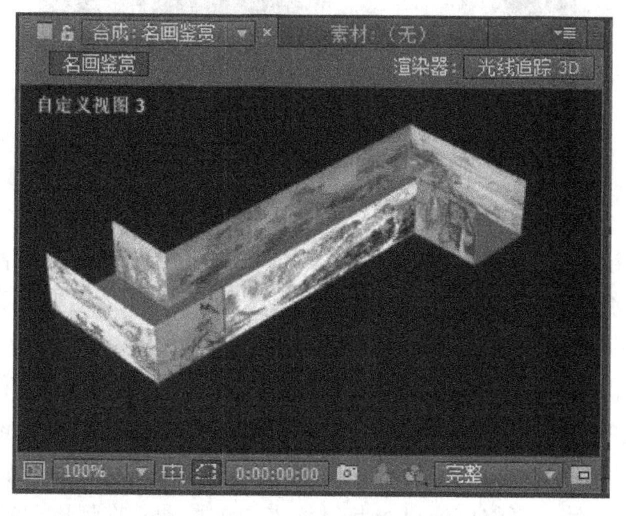

图13–54　三维效果

（24）接下来设置“隧道”的顶部，打开 t01 层的“眼睛”开关，展开“变换（Transform）”属性栏，将“缩放（Scale）”参数中的 x、y、z 设置为 15%，将旋转参数中的 X 轴旋转（X rotation）和 Z 轴旋转（Z rotation）值设为 90°，切换至“顶部”视图，移动至与隧道中段的左右边缘对齐，如图 13–55 所示。

（25）切换到“左侧”视图，按【↑】键，将 006 层与侧面上沿对齐，如图 13–56 所示。

图13–55　隧道顶部与中段左右边缘对齐

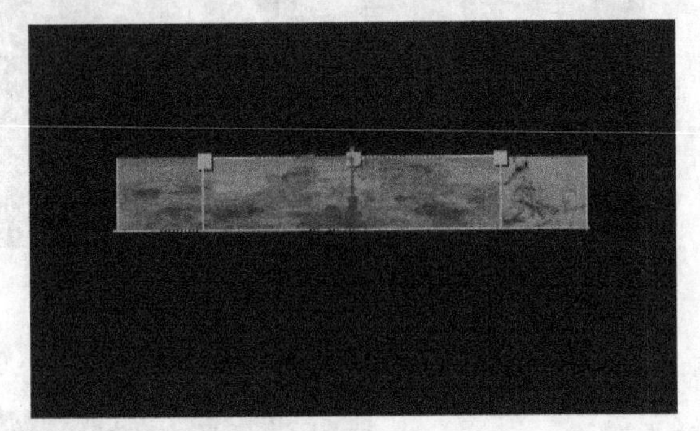

图13–56　隧道顶部与侧面上沿对齐

（26）打开 t02 层的“眼睛”开关，展开“transform（变换）”属性栏，将“scale（缩放）”参数中的 x、y、z 设置为百分之 15，将旋转参数中的 X 轴旋转（X rotation）值设为 90 度，移动至与隧道后端的四边边缘对齐。切换到“左侧”视图，按【↑】键，将 t02 层与侧面上沿对齐。用同样的方法设置 t03 层，要注意需移动至与隧道前端的四边边缘对齐，切换至“自定义视图 3”，其三维效果如图 13–57 所示。

图13–57　隧道最终三维效果

（27）执行“图层”|“新建”|“摄像机”命令，打开摄像机设置对话框。设置“预设”为 20 mm，以获得大广角的宽视野。不勾选“启用景深”选项，即不用景深功能。其余参数取默认值。设置完成后单击“确定”按钮，完成摄像机的创建，如图 13–58 所示。

（28）展开摄像机的“变换（Transform）”属性栏，单击“目标点位置”和“位置”左侧的秒表，打开这两个属性前面的关键帧开关，在轨道上两个属性的相同位置分别设置若干个关键帧。将时间线移至 0:00:00:00 处，用鼠标拖动“摄像机”及其“目标点”到合适位置。单击关键帧向右箭头，定位到下一个关键帧，再将摄像机极其目标点向前移动，直到移动到最后一个关键帧，如图 13–59 所示，在设置的过程中，要注意摄影机的高度控制，因为要保证摄像机的高度始终处于隧道的中间（已经知道隧道的高度是480像素，在中间就应该始终在240左右），所以在每一个关键帧时，直接修改Y轴（即第二个）位置参数为240即可。这样，摄像机的设置就完成了。

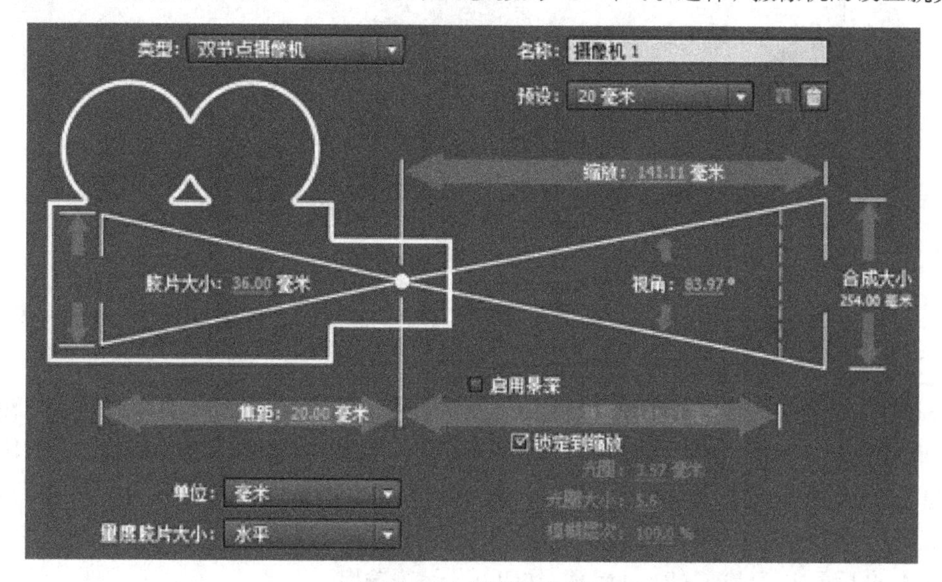

图13-58 摄像机设置

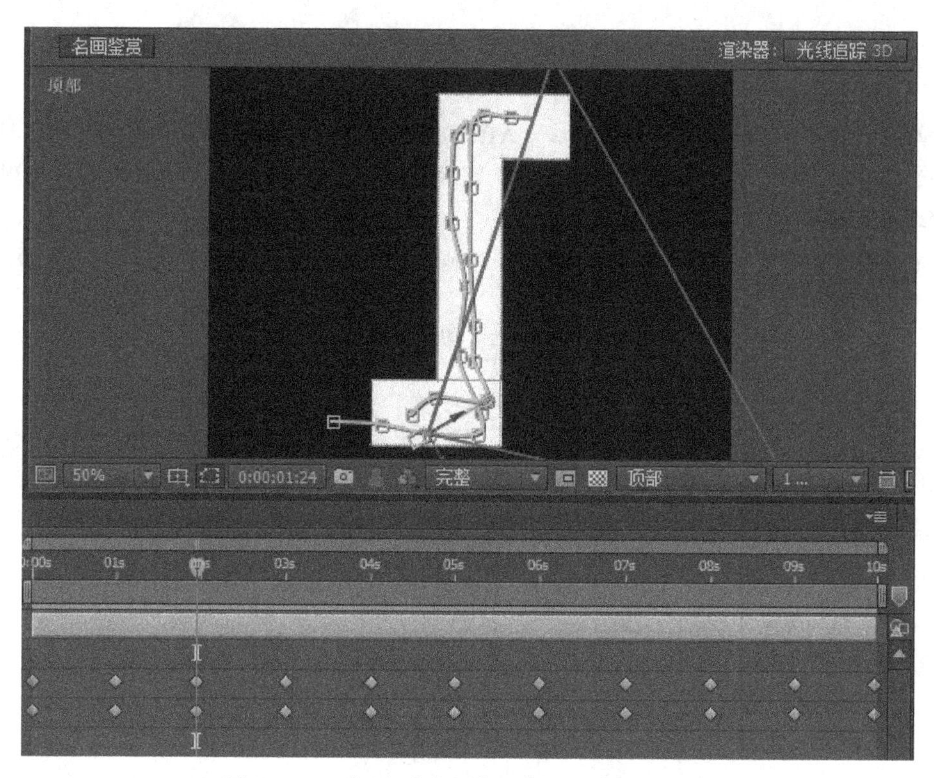

图13-59 “目标点位置”和“位置”参数设置

（29）预览，最终效果如图13-60所示。

图13-60　三维动画效果

（30）选择“文件”|“创建代理”|“影片”命令，将选定合成添加到“渲染序列（Render Queue）”中，在“Render Queue”窗口进行一些必要的设置。

（31）在“渲染属性（Render Setting）”设置区，选择“最好设置（Best）”：“输出模式（Output Module）”设置区，“输出格式（Format）”选择“video for windows”，确认视频尺寸为720×576，取消“剪切（Crop）”和“音频输出（Audio Output）”的选择。在“输出到（Output To）”设置区设置输出文件名和地址。

（32）最后单击“渲染（Render）”按钮开始渲染输出。

本章小结

本章重点介绍了三维效果的设置方法。After effects中的三维效果是通过设置纵深轴，并赋予对象位置、大小、方位、旋转等各种属性，提供摄像机和灯光等三维辅助工具来实现的一种虚拟立体空间效果。

三维效果实例《名画欣赏》和制作过程很好地印证了三维层设置的相关知识与技术。

本章作业

（1）制作一个任意旋转的立方体。

（2）使用“3D图层”和“灯光”，制作人物投影的3D动画。

第 14 章 内置特效

“特效”是 After Effects 最具魅力的部分之一，而事实上它包含了校正色彩、影像矫正、绘图功能、影像扭曲、抠像、文字变化和转场等功能，可调整的项目从单一参数设置到上百个参数设置都有，有时还会借用其他辅助工具（如 Path、Mask）来完成，具有相当的可看性，但也有一定的难度。

学习目标

- 了解 After Effects 的特效分类和使用方法；
- 熟练使用内置特效和参数设置。

14.1 内置特效类型

After Effects 特效插件可分为视觉和音效两种类型。除了其自身所带的插件外，它还支持 Adobe 其他产品 (例如 Photoshop) 的插件和第三方公司开发的插件。如果注册了 After Effects 还可从 Adobe 公司的网站下载到以下的插件：CardDance、CardWipe、Caustics、Foam、WaveWorld 等。After Effects 支持第三方插件，有许多公司专门从事相关插件的开发。本篇重点介绍内置特效的功能和一般设置。

14.2 范例制作 14–1——《下雪特效》

本例主要是通过为素材添加 CC Snowfall 特效来模拟下雪效果。制作步骤：

（1）新建一个合成文件“下雪”，设置大小为 720*576，“像素长宽比”为“方形像素”，持续时间为 0:00:05:00，如图 14–1 所示。

（2）导入“素材”文件夹下的“城市街道 .jpg”，拖放到“时间轴”窗口，然后设置“缩放”为（166,135），如图 14–2 所示。

（3）选中“城市街道 .jpg”图层，选择“效果”|“模拟”|“CC snowfall”命令。

（4）在“效果控件”面板中，设置“Flakes”为 45000，“Size”为 10，“Variation%（Size）”为 70，“Scene Depth”为 6700，“Speed”为 50，“Variation%（Speed）”为 100；设置“Background Illumination”的“Influence”为 30，“Spread Width”为 0，“Spread Height”为 50；设置“Extras”的“Offset”为 510，370，如图 14–3 所示。

（5）最终效果如图 14-4 所示。

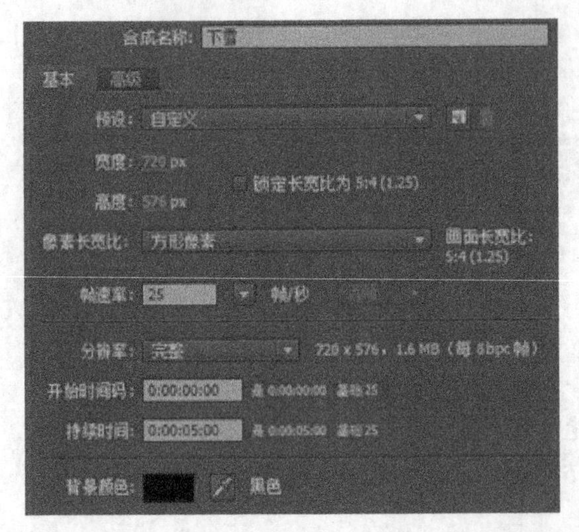

图14-1　合成参数设置

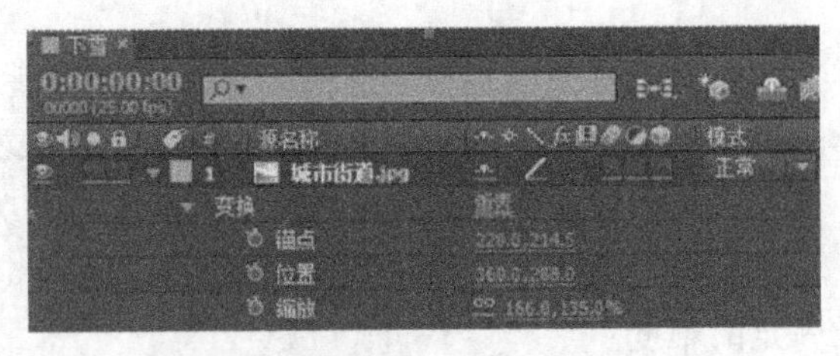

图14-2　设置“缩放”参数

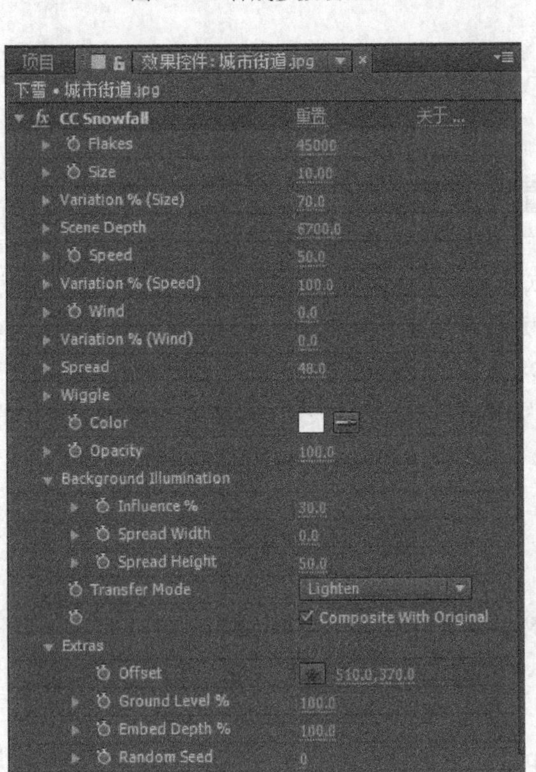

图14-3　设置“CC Cnowfall”参数

图14-4　下雪效果

14.3　范例制作 14-2——《翻书特效》

本例主要是通过为素材添加 CC Page Turn 特效来完成书页翻动的特效。制作步骤：

（1）新建一个合成文件“翻书”，设置大小为720*576，“像素长宽比”为“方形像素”，持续时间为0:00:05:00。

（2）导入“书本.jpg”“书页1.jpg”和“书页2.jpg”共3个素材，拖放到“时间轴”窗口，如图14–5所示。

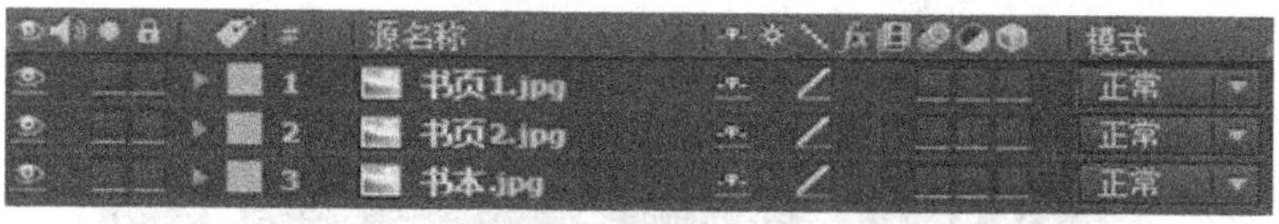

图14–5 拖放素材

（3）设置“书页1.jpg”的“位置”为（468.8,243.2），“缩放”为（120.5,122.8），“书页2.jpg”的“位置”为（465.0,244.5），“缩放”为（112.5,110.0），如图14–6所示。

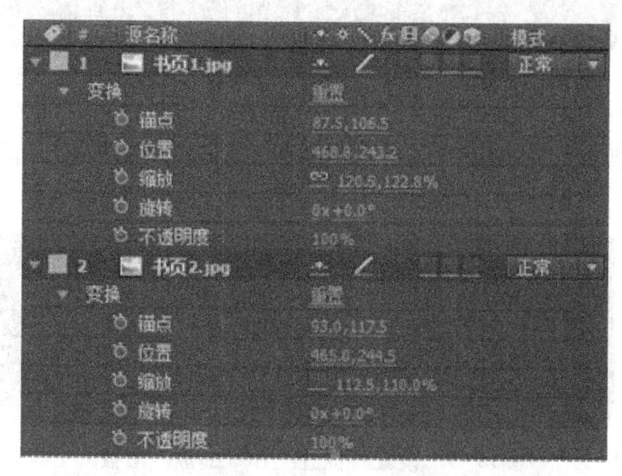

图14–6 设置“位置”和“缩放”参数1

（4）选中“书页1.jpg”图层，选择“效果”|“扭曲”|“CC Page Turn”命令。

（5）将时间线移至0:00:00:00处，在“效果控件”面板中，点击“Fold Position”左侧的秒表，设置“Back Opacity”为100，“Back Page”为“1 书页1.jpg”，如图14–7所示。

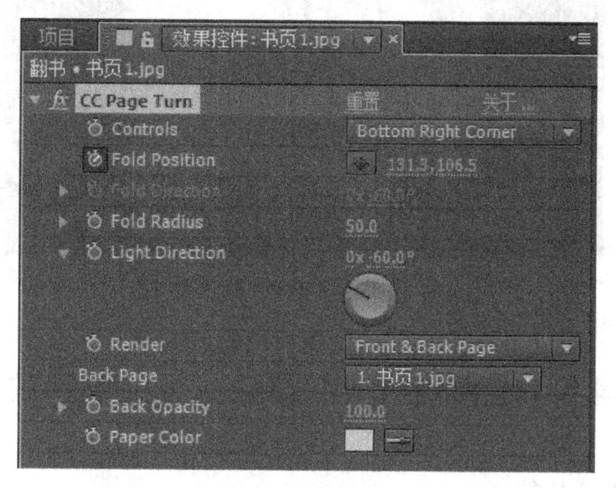

图14–7 设置“CC Page Turn”参数

（6）将时间线移至 0:00:01:00 处，在“效果控件”面板中，设置“Fold Position”为 (−30,190)；将时间线移至 0:00:02:00 处，在“效果控件”面板中，设置“Fold Position”为 (−160,222)。

（7）将时间线移回至 0:00:01:10 处，单击“位置”左侧的秒表，设置值为 (468.8,250.0），单击“缩放”左侧的秒表，将“缩放锁定”取消，如图 14−8 所示。

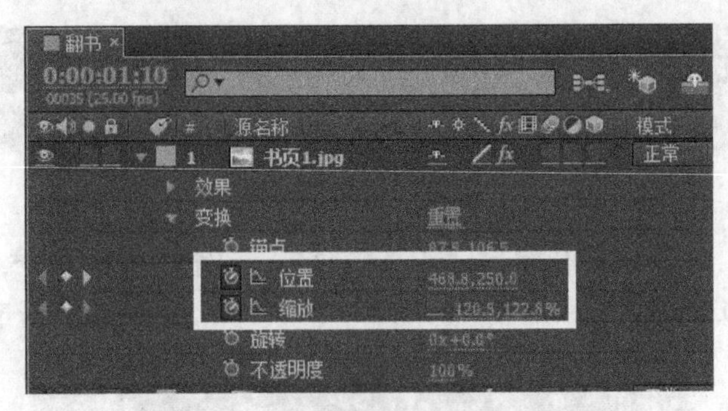

图14−8　设置“位置”和“缩放”参数2

（8）将时间线移回至 0:00:03:00 处，设置“位置”值为 (470.0,245.0），“缩放”为 (123.5,122.8)，如图 14−9 所示。

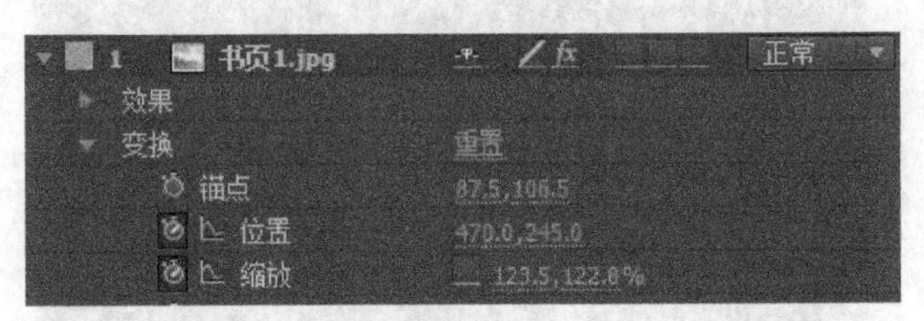

图14−9　设置“位置”和“缩放”参数3

（9）至此，“书页 1.jpg”的翻书效果制作完成，效果如图 14−10 所示。

图14−10　“翻书”最终效果

14.4　范例制作 14−3——《火焰特效》

1. 制作合成文件“火 1”

（1）运行 After Effects 软件，新建一个合成文件“火 1”，如图 14−11 所示。

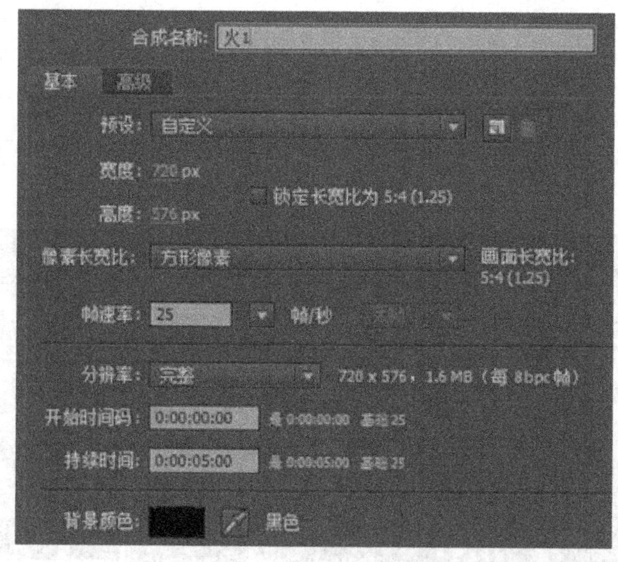

图14-11 合成设置

（2）选择“图层”|“新建”|“纯色”命令，弹出“纯色设置”对话框，参数设置见图 14-12，在“时间轴”窗口中出现“黄色”图层。

（3）选择“效果”|“生成”|“椭圆”命令，在“黄色”图层的“效果控件”面板中，设置“椭圆”特效的“柔和度”参数为 0%，“内部颜色”为橘红色，“外部颜色”为深红色，见图 14-13。

（4）在“时间轴”窗口中，单击“转换控制”切换按钮，切换至工具箱模式，打开抗锯齿选项。将时间线移至 0:00:00:00 位置，点击“黄色”“效果”“椭圆”的“宽度”和“厚度”左侧的秒表，见图 14-14。

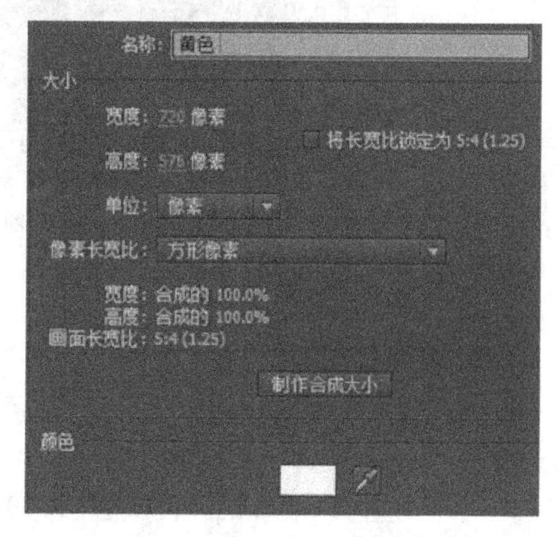

图14-12 固态图层选项设置

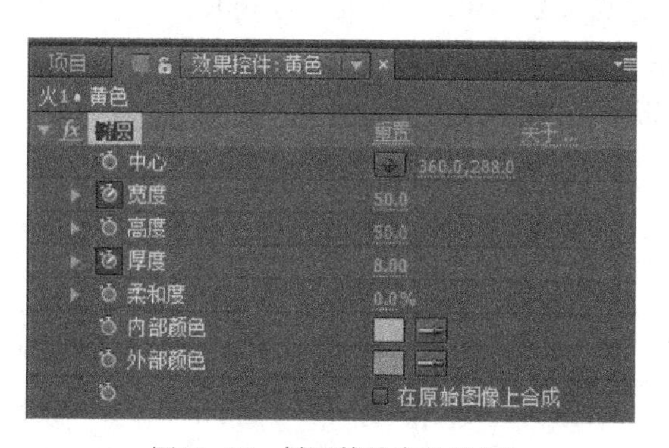

图14-13 椭圆特效参数设置1

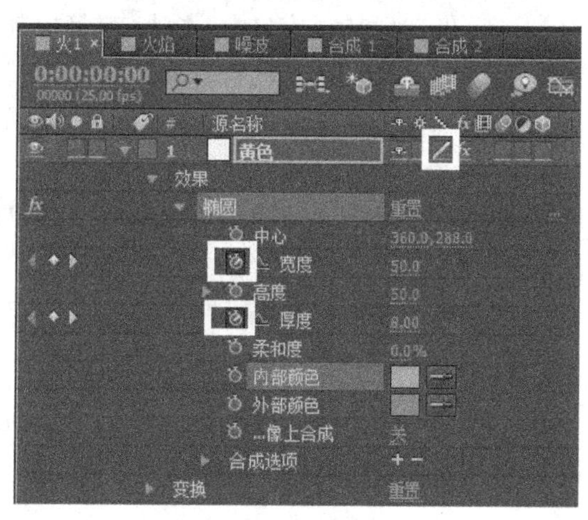

图14-14 椭圆特效参数设置2

（5）将时间线移至 0:00:04:24 位置，设置“宽度”为 700，“厚度”为 700，播放动画，可以看到圆环的变化。

（6）为“高度”添加表达式，使其与“宽度”参数的动画效果一致。选中“高度”参数，选择“动画”|“添加表达式”命令，在时间线编辑栏中输入表达式：effect（“椭圆”）（“宽度”），如图 14–15 所示。

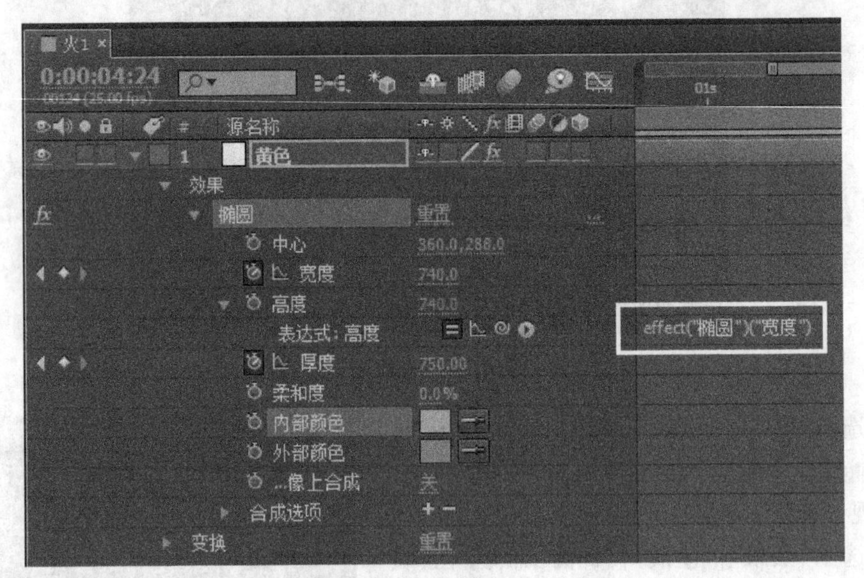

图14–15　在时间线编辑栏中输入表达式

（7）播放动画并观看效果。

2. 制作合成文件“火 2”

（1）新建一个合成文件“火 2”，将项目窗口中“黄色”图层拖入该合成文件中，执行菜单命令“效果”|“生成”|“椭圆”，则“黄色”图层被赋予了 ellipse 效果。

（2）设置“椭圆”的“柔和度”为 50%，“内部颜色”为橘红色，“外部颜色”为深红色，如图所示。

（3）在“时间轴”窗口中，单击“转换控制”切换按钮，切换至工具箱模式，打开抗锯齿选项。将时间线移至 0:00:00:00 位置，点击“黄色”“效果”“椭圆”的“宽度”和“厚度”左侧的秒表。

（4）将时间线移至 0:00:04:24 位置，设置“宽度”为 1350，“厚度”为 260。

（5）为“高度”添加表达式，使其与“宽度”参数的动画效果一致。选中“高度”参数，选择菜单命令“动画”|“添加表达式”，在时间线编辑栏中输入表达式：effect（“椭圆”）（“宽度”），如图 14–16 所示。

（6）播放动画，观看效果。

3. 制作合成文件“噪波”

（1）新建一个合成文件“噪波”，将项目窗口中“黄色”图层拖入该合成文件中，执行菜单命令“effect”|“杂色和颗粒”|“分形杂色”，则“黄色”图层被赋予了“分形杂色”的效果。

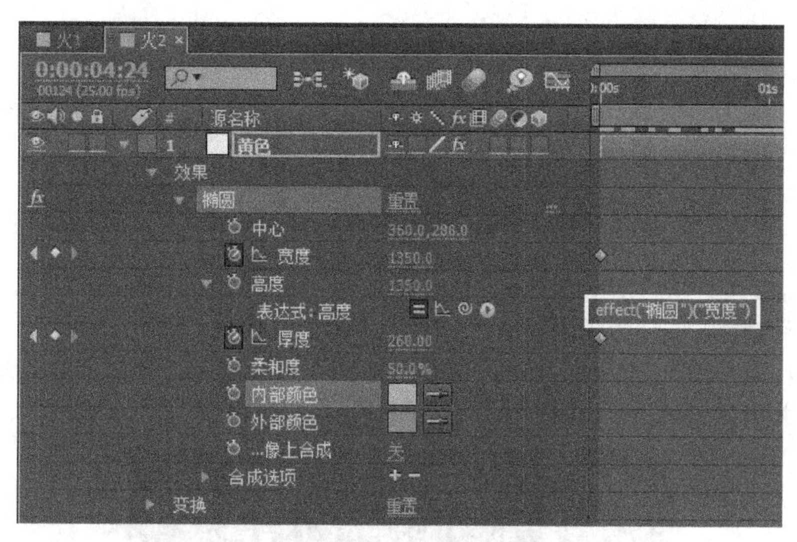

图14–16 在时间线编辑栏中输入表达式

(2) 打开“黄色”图层的“效果控件”面板，将时间线移至0:00:00:00处，单击“变换”|“偏移（湍流）”和“演化”左侧的秒表，如图 14–17 所示。

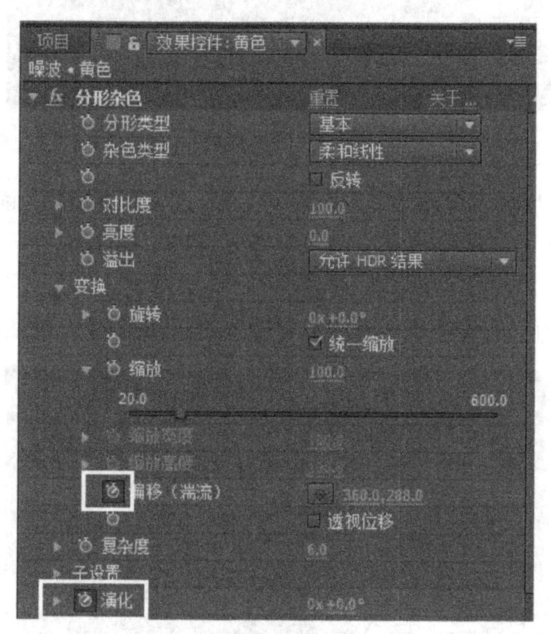

图14–17 设置“偏移”和“演化”参数

(3) 将时间编辑线指针移至0:00:04:24 帧的位置，设置“偏移（湍流）”为(360,–488)，“演化”为 6x+0.0 度。

4. 制作合成文件“火焰”

(1) 新建一个合成文件“火焰”，参数与前述合成文件相同。将项目窗口中合成文件“火 1”、“火 2”和“噪波”拖入合成文件“火焰”中，如图 14–18 所示。

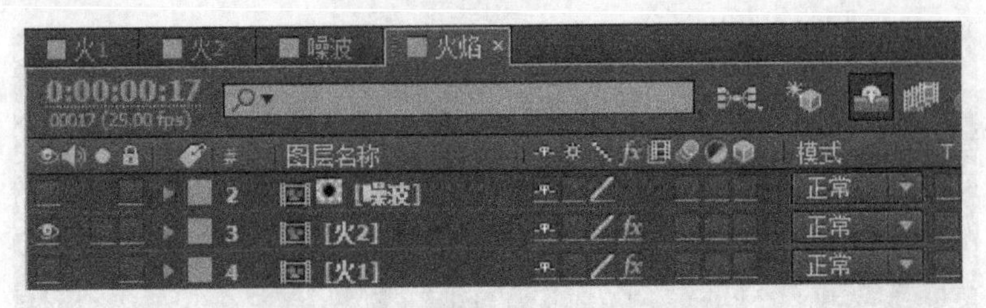

图14–18　设置图层的轨道遮罩属性

（2）在“时间轴”窗口中选择“火 1”图层，执行菜单命令“效果”|“扭曲”|“置换图”。在“火 1”层的“效果控件”面板中，设置“置换图层”为“2. 噪波”，“最大水平置换”为 75，“最大垂直置换”为 100，参数面板及效果如图 14–19 所示。

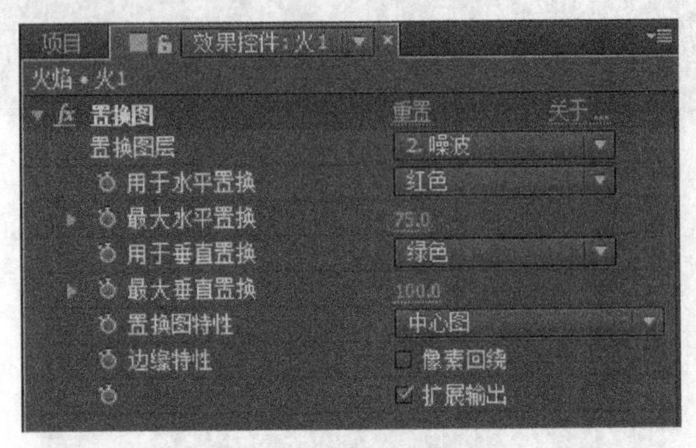

图14–19　特效“置换影射”参数设置

（3）用同样方法为“火 2”层添加“置换图”效果。在“效果控件”面板中，设置“置换图层”为“2. 噪波”，“最大水平置换”为 75，“最大垂直置换”为 100。

（4）单击菜单命令“效果”|“模糊与锐化”|“快速模糊”，为“火 2”添加一些模糊效果。

（5）在“火 2”层的“效果控件”面板中，设置“快速模糊” 效果参数，如图 14–20 所示。

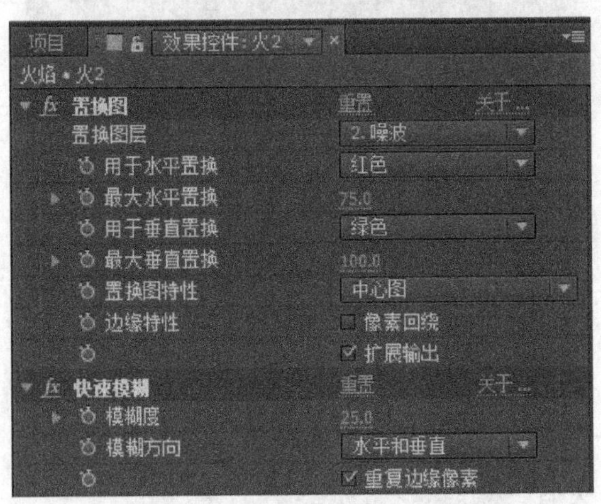

图14–20　设置“快速模糊”效果参数

（6）复制“火 2”层，重命名为“火 2_ 副本”并设置“模糊度”的值为 10。

（7）在“时间轴”窗口中单击“转换控制”按钮，切换至图层运算模式，设置“噪波”

层的 trkMat 为 alpha 反转遮罩“火 2_ 副本”，使“火 2_ 副本”层作为“噪波”层的遮罩，如图 14–21 所示。

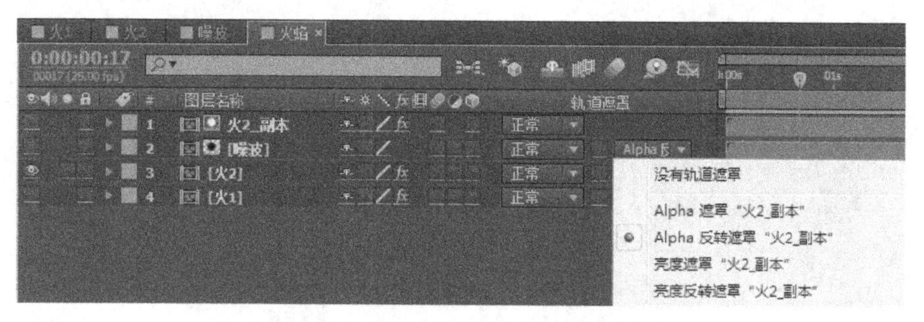

图14–21　设置“噪波”层的轨道遮罩属性

（8）预览，效果如图 14–22 所示。

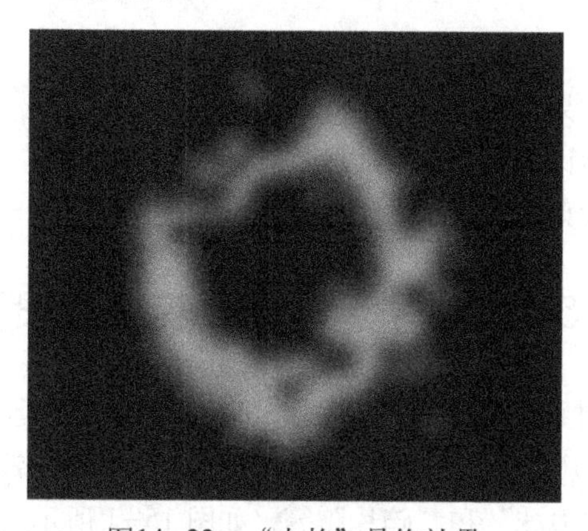

图14–22　“火焰”最终效果

（9）渲染输出，执行“文件”|“创建代理”|“影片”命令，进行渲染输出。

本 章 小 结

本章主要介绍了 After Effects 内置特效的添加和参设置方法，以及一些常用特效的主要特点在影视动画中的应用。通过实例“燃烧的火焰”，具体介绍了椭圆、分形噪波、置换影射特效的应用和参数关键帧的设置，以及动画表达式的设置，从而提供了一套创建燃烧火焰特效的设计思路、制作流程和具体操作方法。

本 章 作 业

（1）使用“效果”|“扭曲”|“波纹”，制作湖面泛起波纹的效果。

（2）使用“效果”|“生成”|“圆形”，“效果”|“生成”|“高级闪电”和“效果”|“扭曲”|“CC Lens（透镜）”，制作魔法球的效果。

第15章 粒子运动

光效和粒子经常用于制作视频的背景，也可用来制作超级绚丽的效果。本章将通过多个案例，介绍粒子在 After Effects 中的应用。

学习目标

- 熟悉粒子运动场的效果与属性；
- 熟悉粒子类型、属性设置；
- 掌握各种粒子爆炸效果的应用。

15.1 粒子运动场及其效果设置

粒子与爆炸效果都是利用菜单命令“效果”|“模拟”|“粒子运动场”这一仿真效果实现的。选择菜单命令“效果”|“模拟”，在其子菜单中可以看到各种仿真特效，如“波形环境”“焦散”“卡片动画”“粒子运动场”“泡沫”和“碎片”等，如图 15-1 所示。

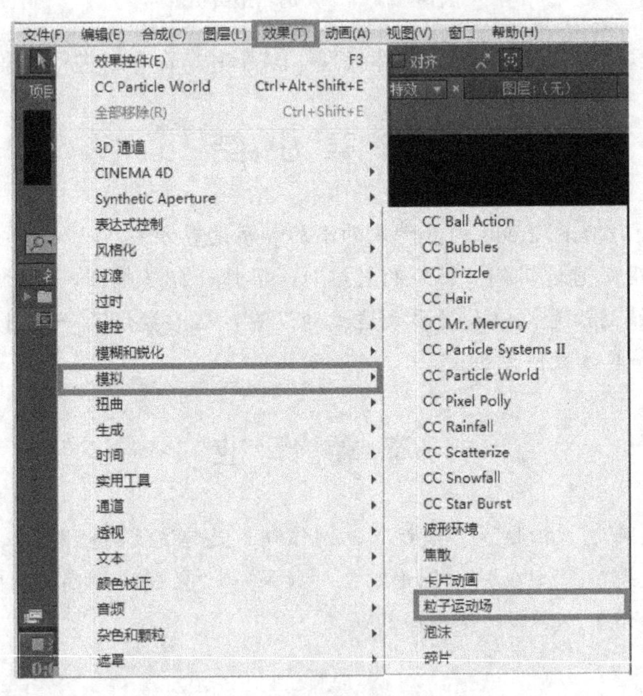

图15-1 粒子与爆炸效果类型

执行菜单命令“效果”|“模拟”|“粒子运动场”，这时在“效果控件”面板中出现“粒子运动场”的属性界面，如图 15–2 所示。

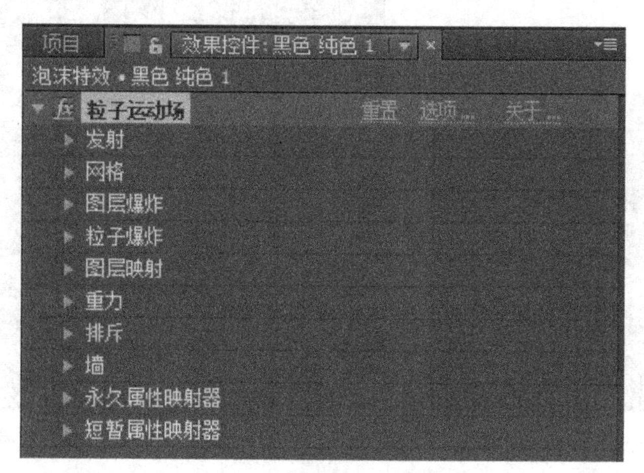

图15–2 “粒子运动场”属性栏

- “选项”：用来设定粒子的选项，包括用文字代替离子功能。
- “发射”：系统默认的产生粒子的发生器，它就像加农炮一样向外发射连续的粒子流。
- “网格”：也是一种粒子发生器，可以从一组网格交叉点产生连续的粒子面。
- “图层爆炸”：将目标对象分裂为粒子，可以模拟爆炸、烟火等效果。
- “粒子爆炸”：将已经存在的粒子分裂成许多新粒子，可以模拟爆炸、烟火等效果。爆炸粒子时，新粒子继承了原始粒子的位置、速度、不透明度、缩放和旋转属性。
- “图层映射”指定一个图层来代替粒子。代替粒子的图层可以是静止的图像，也可以是动态的动画。 如果使用动化素材进行代替时，可以设定每个粒子产生时定位在哪一帧，使同一个层粒子有不同的变化。
- “重力”，“排斥”和“墙”：这三个参数控制粒子的运动效果，后面章节将有详细介绍。
- “永久属性映射器”可以在粒子的生存期内保持它的最近形态，除非有其他力来改变它。
- “短暂属性映射器” 在每一帧后恢复粒子的形态为最初状态。

使用粒子运动场特效可以产生大量相似物体单独运动的动画效果，比如雪花飘飘、炊烟瑟瑟，落雨纷飞、花瓣凋零等。在粒子运动场中，可以通过设置关键帧来控制粒子的运动方式，但在实际制作中是直接应用程序进行控制。一个粒子系统包含成千上万的单独粒子，如果要求粒子运动能模拟自然中的雪、火、烟、雨、云等现象的逼真效果，使用设置关键帧的方法显然不是最理想的。

15.2 粒子发生器类型

粒子发生器包括“发射”“网格”“图层爆炸”和“粒子爆炸”4 种类型。下面分别介绍。

15.2.1 “发射”粒子发生器

“发射”是系统默认的产生粒子的发生器，它就像加农炮一样向外发射连续的粒子流，如图 15–3 所示。

单击粒子运动场属性栏中“发射”左侧的图标，展开“发射”属性面板，如图 15–4 所示。

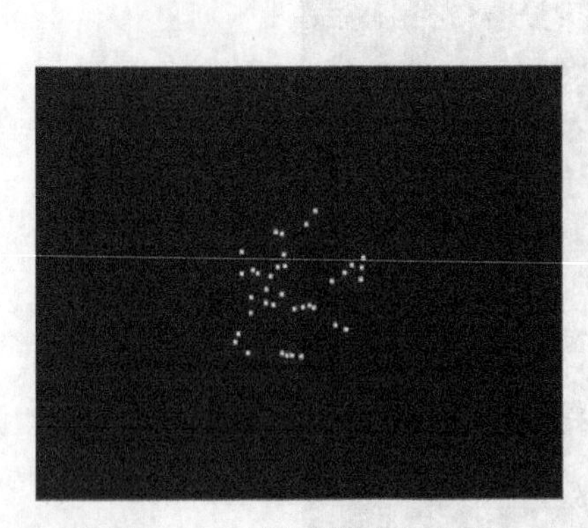
图15–3 “发射”粒子效果

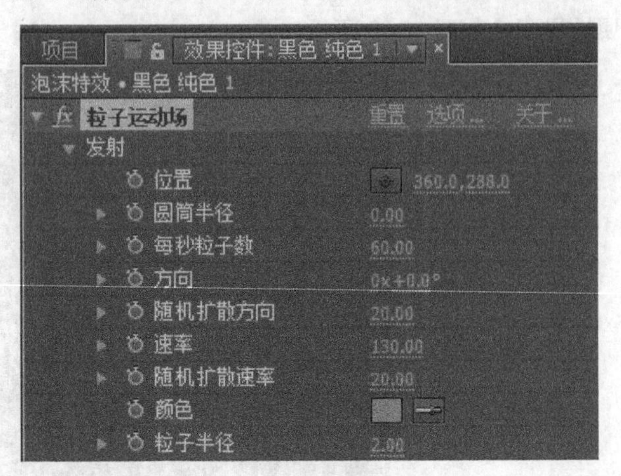

图15–4 “发射”属性面板

- “位置”：设置粒子发射点在屏幕上的位置。
- “圆筒半径”：设置发生器柱体半径，正值产生一个方柱体，负值产生一个圆柱体。该参数的绝对植越大，生成粒子的范围越广。
- “每秒粒子数”：设置发生器每秒钟发射的粒子数量。高值产生高密度的粒子，将其设为 0 时，将不产生粒子。
- “方向”：设置粒子发射的角度。
- “随机扩散方向”：设置粒子的随机扩散方向。确定每个粒子随机地偏离发射器方向的偏离量。
- “速率”：设置粒子发射的初始速度，即像素 / 秒。
- “随机扩散速率”：控制粒子速度的随机量，值越大，粒子变化速度越大。
- “颜色”：确定圆点粒子或文体粒子的颜色。
- “粒子半径”：设置粒子圆点的尺寸（以 pixel 为单位）或字符的尺寸（以 dot 为单位），如果将其值设置为 0，将不产生粒子。

15.2.2 “网格”粒子发生器

“网格”粒子发生器，是从一组网格交叉点产生连续的粒子面，如图 15–5 所示。网络粒子的移动完全依赖于重力、排斥、墙和属性映像设置。默认情况下，重力属性处于有效状态，网络粒子向框架的底部飘落。“网格”粒子发生器的属性面板如图 15–6 所示。

- “位置”：设置网格中心的位置。不论粒子是圆点、层或文体字符，粒子一经产生都是出现在交叉点中心。
- “宽度”：设置网格的边框宽度，以像素为单位。
- “高度”：设置网格的边框高度，以像素为单位。
- “粒子交叉”：设置粒子的横向交叉，确定网格区域中水平方向上分布的粒子数，其值设置为 0，将不产生粒子。
- “粒子下降”：设置粒子的纵向交叉，确定网格区域中垂直方向上分的粒子数，其值设置为 0，将不产生粒子。

- “颜色”：设置网络粒子或文本粒子的颜色。
- “粒子半径”：设置圆点粒子半径或者文本的尺寸。将其值设置为 0 时，不产生粒子。

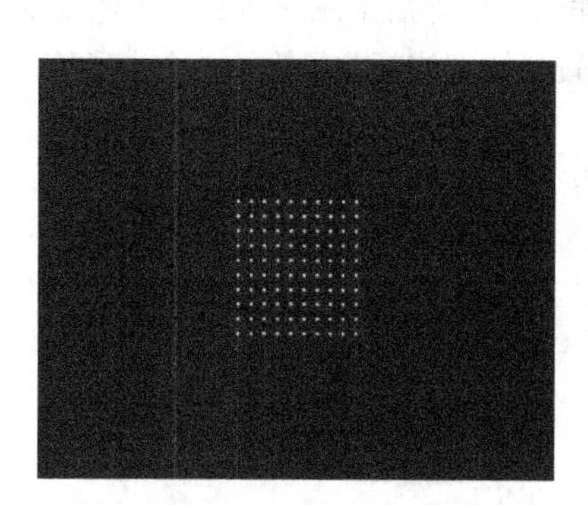

图15-5 网格粒子

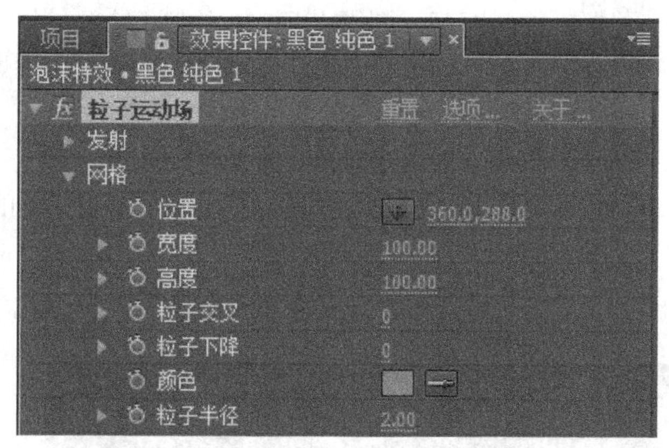

图15-6 “网格粒子”发生器的属性面板

15.2.3 “图层爆炸”

“图层爆炸”将目标层分裂为粒子，可以模拟爆炸、烟火等效果。“图层爆炸”属性面板如图 15-7 所示。

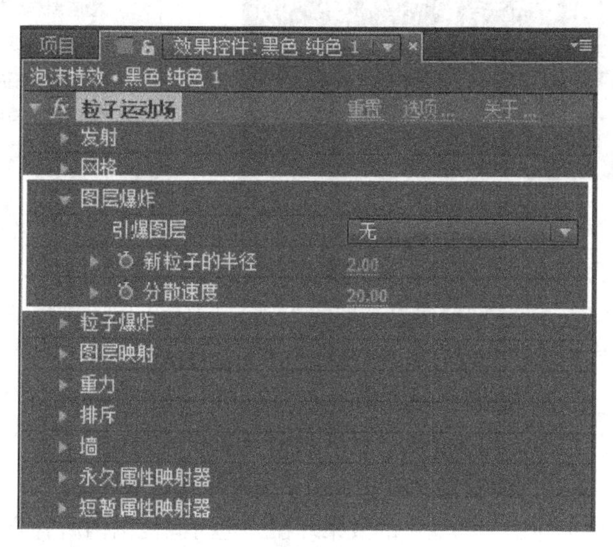

图15-7 “图层爆炸”属性面板

- “引爆图层”：可选择一个用来爆炸的图层。
- “新建粒子半径”：为爆炸所产生的粒子输入一个半径值，该值必须小于原始层的半径值。较高值所产生一个更分散的爆炸，较低值则使新粒子聚集在一起。

15.2.4 “粒子爆炸”

这种粒子发生器将粒子分裂成许多新的粒子。爆炸粒子时，新粒子继承了原始粒子的位置、速度、不透明度、缩放和旋转属性。当原始粒子爆炸时，新粒子的移动受重力、排斥力、墙和属性映像选项的影响。

"粒子爆炸"属性面板如图 15–8 所示。其中，

- "新粒子的半径"：为爆炸所产生的粒子输入一个半径值，该值必须小于原始层的半径值。
- "分散速度"：该值以像素 / 秒为单位，决定了爆炸图层爆炸后生成的新的粒子速度变化范围的最大值。较高值产生一个更为分散的爆炸，较低值则使新粒子输入一个半径值。

"影响"设置各种因素对粒子造成的影响。

- "粒子来源"：可在其下拉列表中选择粒子发生器的组合，如图 15–9 所示。

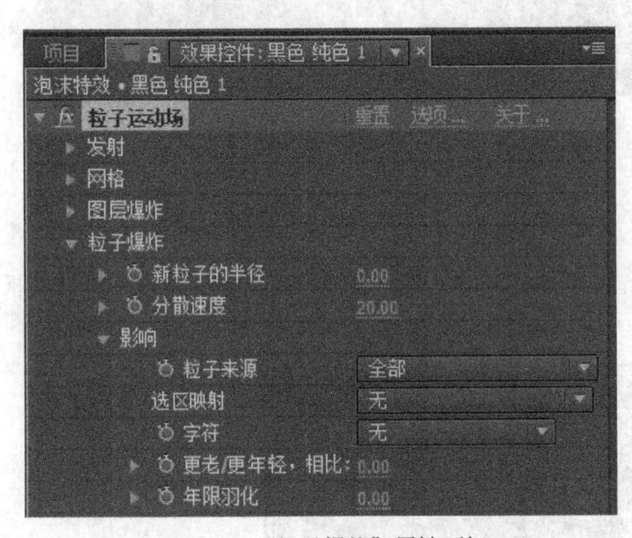

图15–8　"粒子爆炸"属性面板

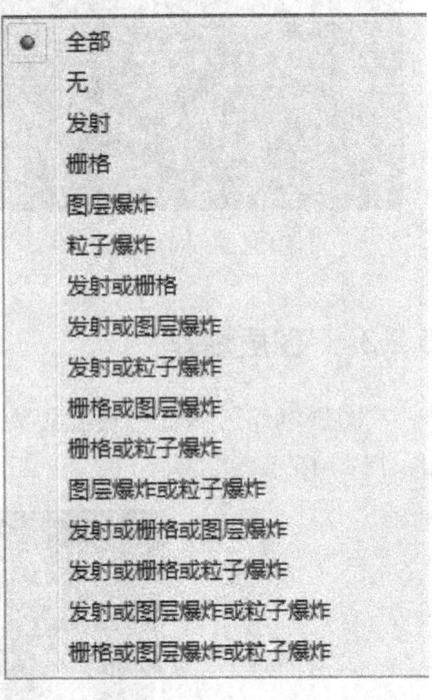

图15–9　粒子来源

- "选区映射"：以所选图层图像的亮度来影响粒子，当粒子穿过不同亮度的层映射时，粒子所受的影响不同。若层图像像素亮度值为 255（白色）时，则粒子受百分之百影响；若层图像像素亮度值为 0（黑色）时，则粒子不受影响。
- "字符"：指定受当前选项影响的字符的文体区域。该选项只对将字符作为粒子时有效。
- "更老 / 更年轻"：指定用于年龄域值，以秒为单位，给出粒子受当前选项影响的年龄上限和下限，指定正的影响较老的粒子，而负值影响年轻粒子。
- "年限羽化"：用于控制平均羽化的效果。在一定时间范围内所有粒子都会被羽化或柔和，时间以秒为单位。羽化产生一个逐渐的而不是突然的变化效果。

15.3　粒子的物理状态

粒子的物理状态是指粒子发射后的状态会受重力、排斥力、墙等属性的影响。在具体环境中产生的粒子的最终状态是多变的，这样才可以模拟不同的环境下粒子运动的逼真效果。

15.3.1 “重力”

用来模拟真实世界中的重力现象，也可以用来在一定方向上对粒子产生作用力，从而影响粒子的运动状态。“重力”属性面板如图 15–10 所示。

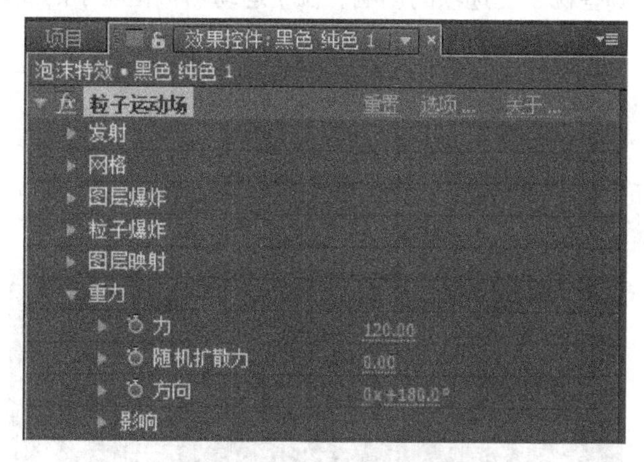

图15–10 “重力”属性面板

- “力”：控制受重力的影响。正值，沿着重力方向影响粒子。
- “随机扩散力”：指定受重力影响的随机值范围。该值为 0 时，所有粒子使用相同速度下落；该值不为 0 时，粒子以不同的速度下落。
- “方向”：设置重力的方向。默认值为 180°，重力向下。
- “影响”：设置各种因素对粒子造成的影响。粒子运动场根据粒子的属性指定包含的粒子或排除的粒子。

15.3.2 “排斥”

用来控制粒子间的作用力，包括相互排斥力和相互吸引力，避免粒子间的碰撞，类似给每个粒子增加正、负磁极。“排斥”属性面板如图 15–11 所示。

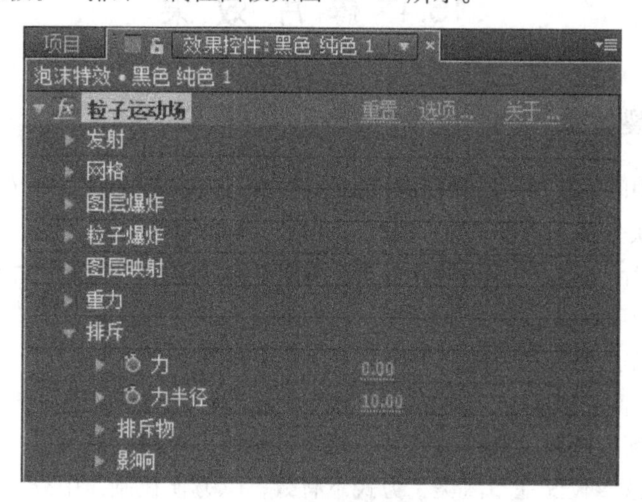

图15–11 “排斥”属性面板

- “力”：设置粒子间排斥力的影响程度，正值排斥，负值吸引。
- “力半径”：设置粒子间受到的排斥或吸引的范围。
- “排斥物”：指定哪些粒子作为一个粒子子集的排斥源或吸引源。
- “影响”：指定哪些粒子受选项的影响。粒子运动场根据粒子的属性指定包含的粒子或排除的粒子。

15.3.3 “墙”

用来控制粒子受约束的范围。用遮罩工具形成的墙，可以让碰到它的粒子以相同碰撞速度弹回。“墙”的属性面板如图 15–12 所示。

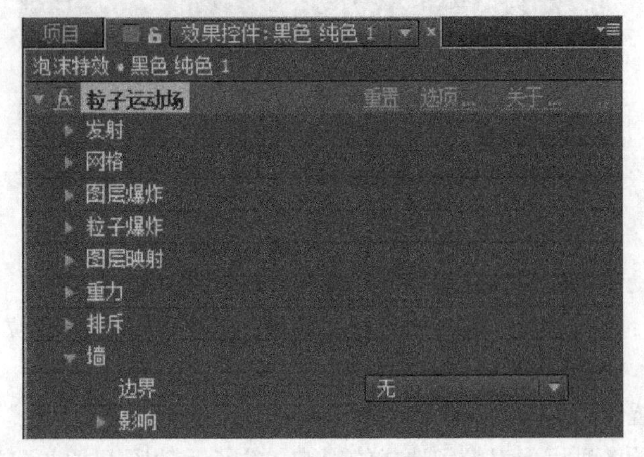

图15–12 “墙”属性面板

“边界”：可使用路径或遮罩定义一面或多面墙，使墙外粒子不可见。

“影响”：指定哪些粒子受选项的影响。离子运动场根据粒子的属性指定包含的粒子或排除的粒子。

15.4 碎片效果

15.4.1 形状分裂效果

After Effects 中的“碎片”特效能够模拟物体的爆炸和击碎效果，是专业的动力学插件，可以将物体按指定形状分裂。分裂的受力情况、灯光、摄影机等均可以自定义。选择菜单命令“效果”|“模拟”|“碎片”，在“效果控件”面板中展开的“碎片”属性栏如图 15–13 所示。

- “视图”：此选项可以选择爆炸效果的显示方式，包括“已渲染”“线框正视图”“线框”“线框正视图 + 作用力”和“线框 + 作用力”五种方式。
- “渲染”：包括“全部”“图层”和“块”三个选项，用来设置渲染的目的对象。“全部”包括爆炸中所有的碎片和片段；“图层”显示没有被爆炸的图像；“块”则只显示爆炸中的碎片。该参数仅在“渲染”方式下有效，以方便在制作中分项渲染目标对象，减少渲染工作量。

• “形状”：设置爆炸过程中碎片的形状。相关参数设置如图 15-14 所示。

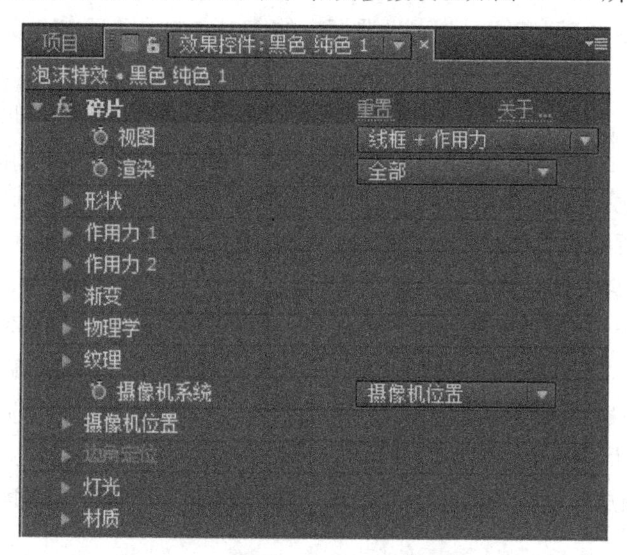

图15-13 “碎片”属性栏

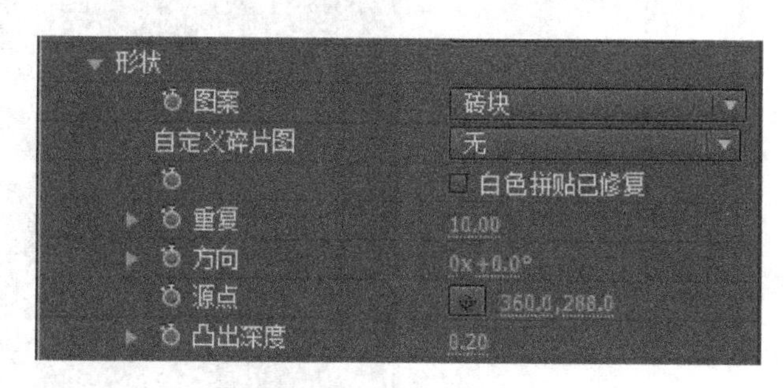

图15-14 形状参数设置

• “图案”：可以设置碎片的形状，After Effects 提供了 20 种不同的类型供选择，如砖块、拼图、木板等。
• “自定义碎片图”：设置爆炸后形成的目标所在的图层。此选项只有在“图案”设定为“自定义”的情况下才有效。
• “白色拼贴已修复”：使所选图层为白色。
• “重复”：设置碎片爆炸后复制的数量，数值越大，则形成的碎片越多，渲染时间越长。
• “方向”：设置爆炸后碎片分散方向。
• “源点”：设置爆炸中心点位置，分为 x、y 两个对应值。
• “凸出深度”：设置爆炸后碎片的厚度，能够在视觉上形成更好的立体感。

15.4.2 分裂的受力效果

设置爆裂对象所受力量，一个目标可以同时受到两个力的作用、“作用力”相关设置如图 15-15 所示，提供了“位置”“深度”“半径”和“强度”4 个参数来设置力量的状态。

- “渐变”：可以在该参数栏中指定一个层，利用该层的渐变影响爆炸的效果，设置渐变效果之前必须在“渐变图层”中设置渐变的范围：勾选“反向渐变”，将反转显示渐变的效果。
- “物理学”：设置爆炸中碎片的物理学状态，包括“旋转速度”“倾覆轴”“随机性”，以及碎片飞散后具有的“黏度”和“大规模方差”，在受力上可以设定碎片所受的“重力”“重力方向”和“重力倾向”。
- “纹理”：设置爆炸后碎片粒子的颜色、纹理和贴图效果。“颜色”参数控制碎片的颜色，默认情况下，碎片使用当前层图像作为贴图。在使用设置的颜色时，必须在“正面模式”下拉列表中为使用颜色的面选择“yanse”选项；如果选择“着色图层”选项，系统在当前图像基础上，根据设定的颜色对其进行色彩化处理后作为碎片贴图。“颜色图层 + 不透明度”“图层 + 不透明度”和“着色图层 + 不透明度”这三个选项根据不透明度参数的设置，对碎片进行半透明处理，如图 15–16 所示。如果以层图像为基础作为碎片贴时，可以在正面图层、侧面图层和背面图层下拉列表中为碎片的不同面指定合成中的一个层作为贴图。

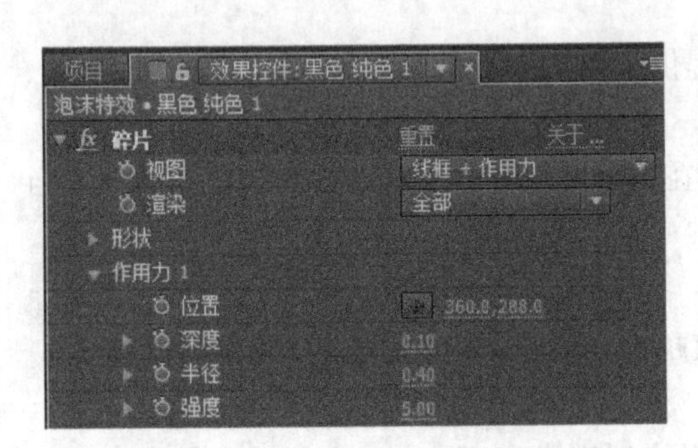

图15–15　“作用力”相关参数设置

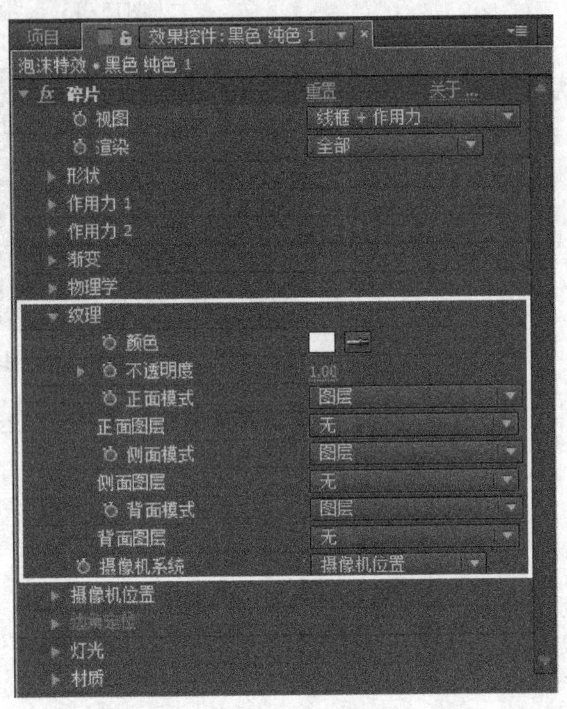

图15–16　“纹理”参数设置

15.4.3　摄像机效果

“摄像机位置”参数设置包括“位置”“焦距”“变换顺序”“灯光”和“材质”等，如图 15–17 所示。X、Y、Z 轴旋转参数控制摄像机在 X、Y、Z 轴上的旋转角度。X、Y、Z 位置参数控制摄像机在三维空间中坐标值，其位置也可以在合成窗口中直接拖动摄像机控制点来确定。

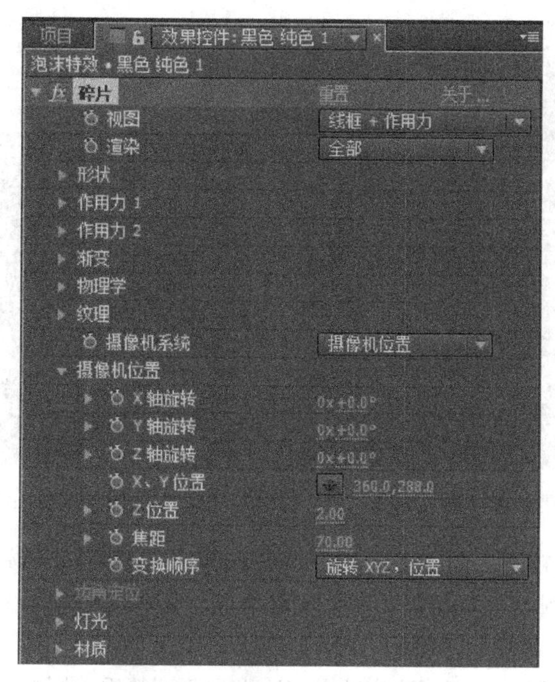

图15－17　摄像机位置参数设置

摄像机系统选择角度方式后，则在层的四个角产生控制点，可以改变层状态，同样也可以在合成窗口中利用鼠标拖动直接确定其位置。

“灯光”参数控制特效中所有灯光的参数。

在“灯光类型”下拉列表中可以选择特效使用的灯光方式，包括“点光源”“远光源”“首选合成灯光”，使用合成中的第一盏灯为场景照明，此类型表示不受灯光参数影响。

灯光参数还包括“灯光强度”“灯光颜色”“灯光位置”“灯光深度”和“环境光”，其中“灯光深度”参数表示灯光 z 轴上的深度位置，“环境光”参数控制环境光的强度。

“材质”参数控制特效场景中素材的材质属性。“漫反射”参数控制漫反射强度，“镜面反射”参数控制镜面反射的强度，“高光锐度”参数控制高光锐化度。

15.5　范例制作 15–1——《数字雨》

本例是利用粒子特效制作下数字雨的效果。本例首先新建一个纯色，给该纯色施加粒子特效，然后将粒子替换为数字等符号，再经过“残影”滤镜处理，从而产生拖尾的数字雨滴效果。

（1）新建合成“数字雨”，大小为 720*576 像素，持续时间为 5 S，设置完成后单击“确定”按钮关闭对话框，如图 15–18 所示。

（2）新建一个纯色，命名为“黑色”，图层大小与合成画面大小相同。

（3）选中“黑色”，选择“效果”|“模拟”|“粒子运动场”命令。

（4）在“效果控件”面板中，展开“发射”属性栏，设置“圆筒半径”为 350，“每秒粒子数”为 90，“方向”为“0x+180”，“随机扩散方向”为 0，“随机扩散速率”为 0，“速率”为 0，“颜色”为草绿色，“字体大小”为 26，相关参数如图 15–19 所示。

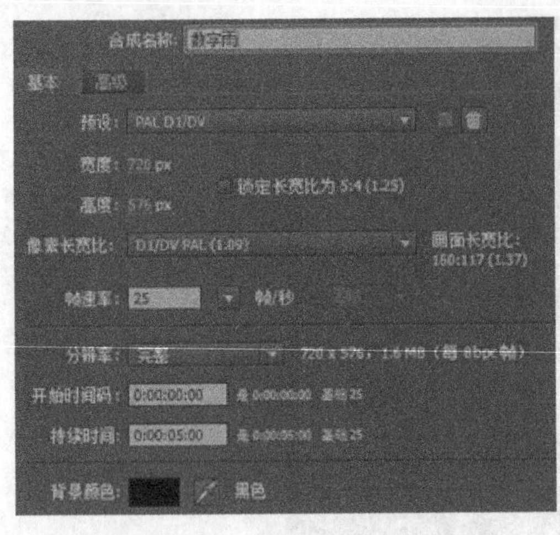

图15–18 新建合成设置对话框

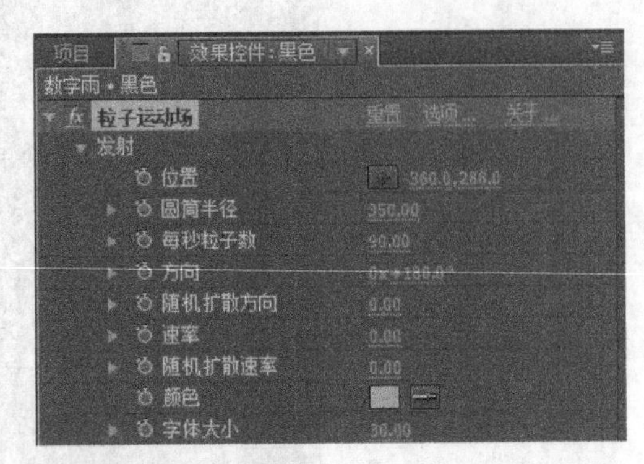

图15–19 粒子运动相关参数设置

（5）利用文本替换粒子，在“效果控件”面板中单击“选项 ...”按钮，进入“粒子运动场”对话框，单击“编辑发射文字”按钮，在弹出对话框的文本框中输入 1234567890 ￥$@% 等数字和字母，单击“确定”按钮，如图 15–20 所示。

（6）预览影片，发现数字下落速度较慢，这里需要调整重力影响，从而加快其下落速度。打开“重力”属性栏，将其力量（Force）设为 300，按【Enter】键即可观看效果，如图 15–21 所示。

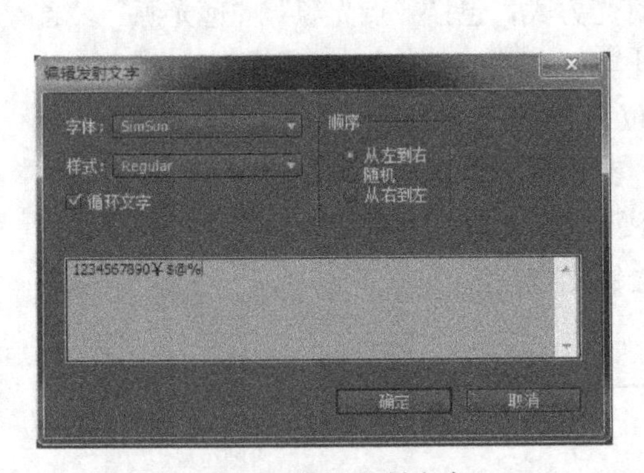

图15–20 编辑发射文字

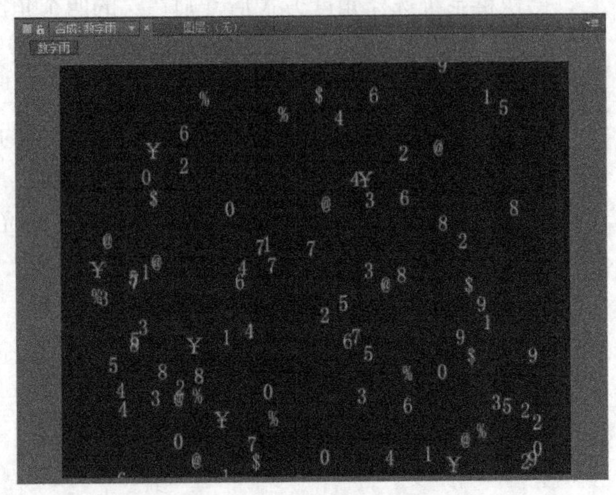

图15–21 文本运动效果

（7）“残影”特效原理是在层的不同时间点上设置关建帧，使前后帧有时间差，从而形成拖尾和运动模糊的效果。选择“效果”|“时间”|“残影”命令，打开“残影”选项栏进行相关参数设置，如图 15–22 所示。

其中：“残影时间”：指两个反射帧之间的时间，负值表示在时间方向上向后退，正值表示前移动，绝对值越大，反射帧的范围也就越广。注意该值只在前后几帧中融合，其值不宜设置得过高，此案例中为默认值。

• “残影数量”：指反射帧的数量，此案例中设置为 5。

• “起始强度”：指开始帧的强度，将其设置为 1，表示开始帧没有衰减。

- “衰减”：控制反射帧的衰减比例，这里设为 1，表示后一帧总是前一帧的 1，不断重复就形成了拖尾效果。
- “残影运算符”：控制反射帧的运算方式，“相加”“最大值”“最小值”“滤色”“从前至后组合”“从后至前组合”和“混合”7 种方式，请自行尝试各种方式产生的效果，本例采用“相加”运算。最终效果如图 15–23 所示。

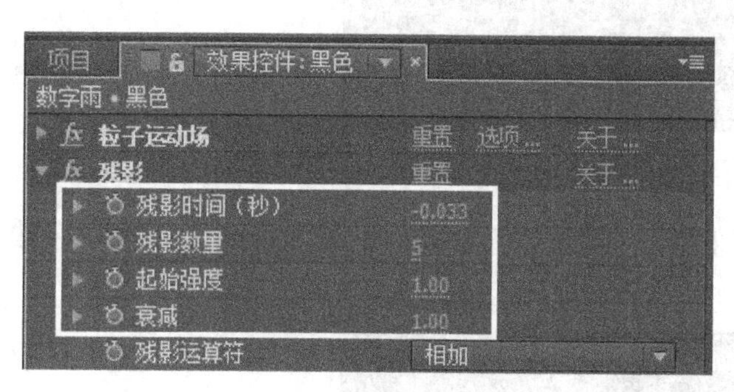

图15–22 “残影”参数设置

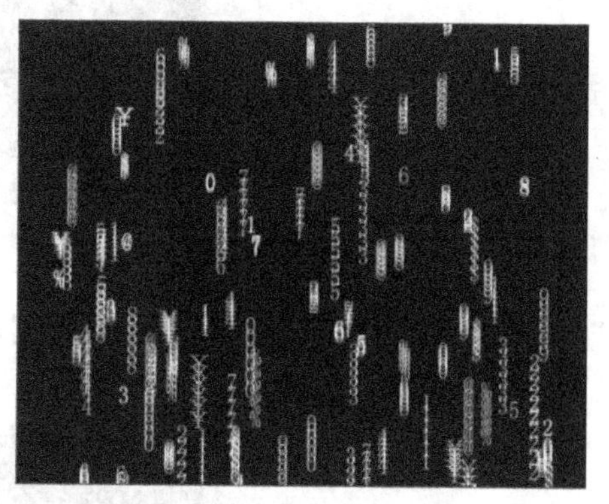
图15–23 作品最终效果

15.6 范例制作 15–2——《爆炸文字》

本例是利用粒子运动场特效制作文字爆炸效果，使已创建的文字突然爆炸飞散成无数碎片。本例先输入一个文字图层，然后再添加“cc Pixel polly”和“cc scatterize”，通过参数调节制作逼真的文字爆炸特效。

(1) 新建合成“爆炸文字”，大小为 720*576 像素，持续时间为 5 s，设置完成后单击“确定”按钮关闭对话框，如图 15–24 所示。

(2) 使用文字工具在合成中新建一个文字层并输入文字“影视后期”，这里选择的字体是“楷体”，大小为 120，颜色为蓝色，水平和垂直居中，如图 15–25 所示。

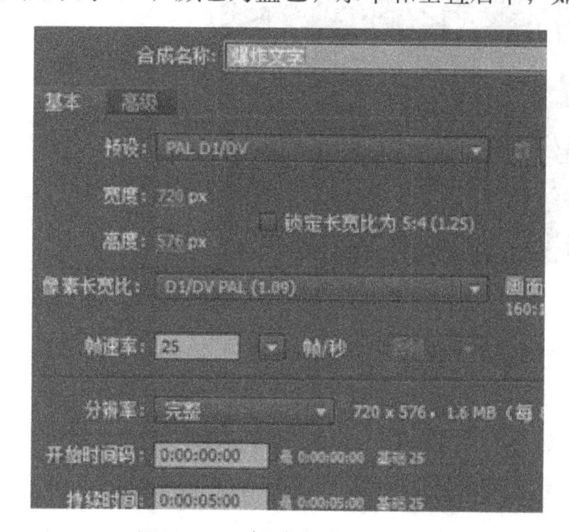

图15–24 新建合成设置对话框

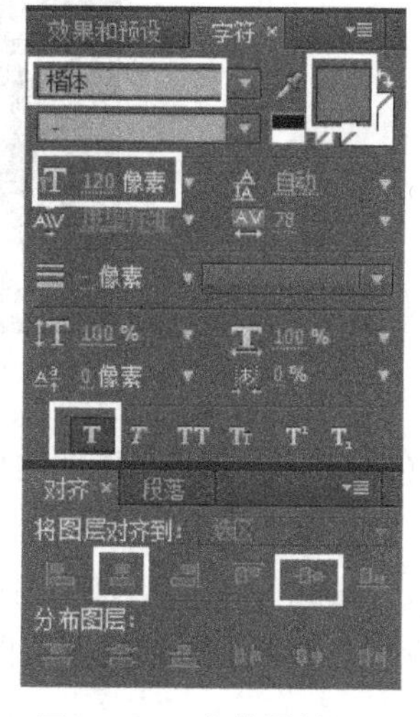

图15–25 字体属性设置

（3）选中“影视后期”图层，选择“效果”|“透视”|“斜面 alpha”命令，为文字层添加“斜面 alpha”特效，如图 15-26 所示。

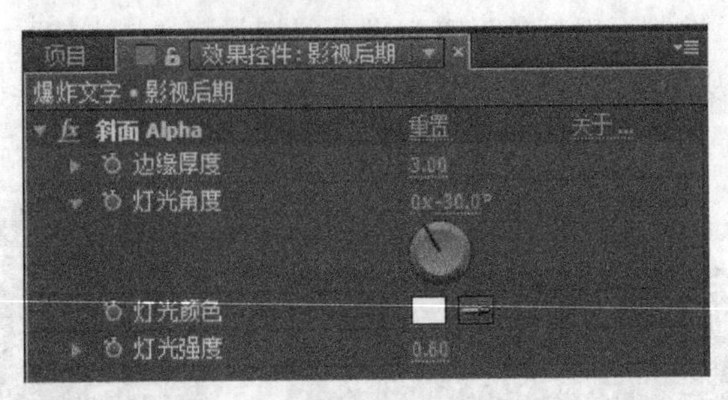

图15-26　“斜面alpha”参数设置

（4）选中“影视后期”图层，选择“效果”|“透视”|“边缘斜面”命令，为文字层添加“边缘斜面”特效，如图 15-27 所示。

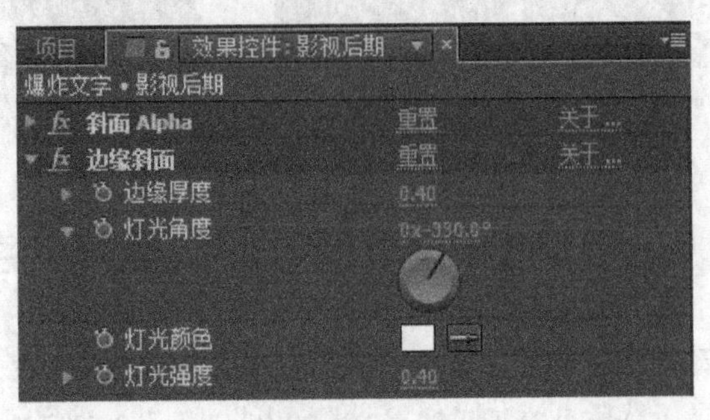

图15-27　“边缘斜面”特效参数设置

（5）选中“影视后期”图层，选择“效果”|“风格化”|“彩色浮雕”命令，添加“彩色浮雕”特效，参数设置如图 15-28 所示。

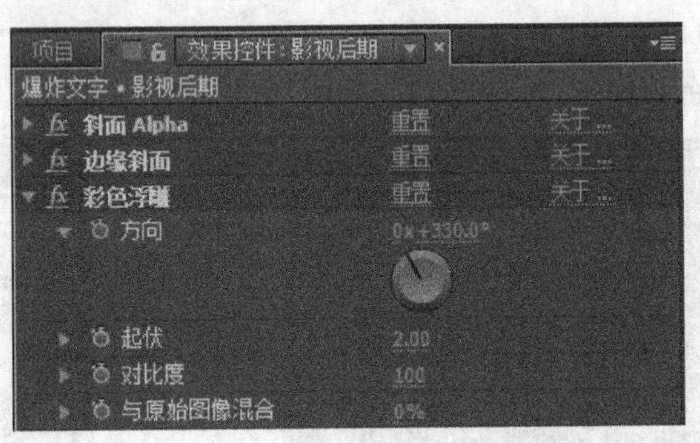

图15-28　“彩色浮雕”特效参数设置

（6）选中“影视后期”图层，选择“效果”|“透视”|“径向阴影”命令，添加“径向阴影”特效，参数设置如图 15-29 所示。

（7）选中“影视后期”图层，选择“效果”|“模拟”|“cc Pixel polly”命令，为其添加“cc pixel polly”特效，参数设置如图 15-30 所示。

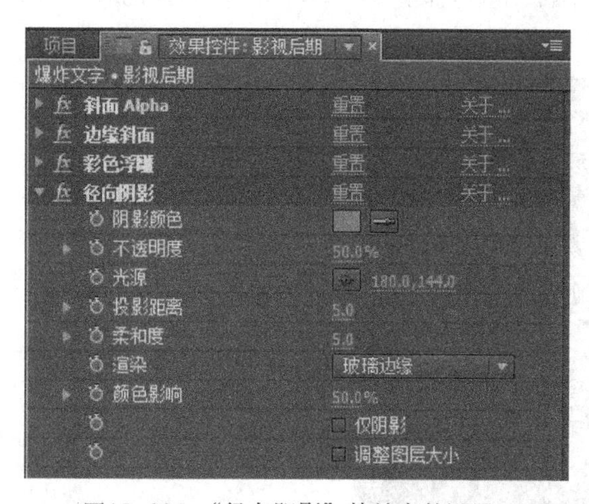

图15–29 “径向阴影”特效参数设置

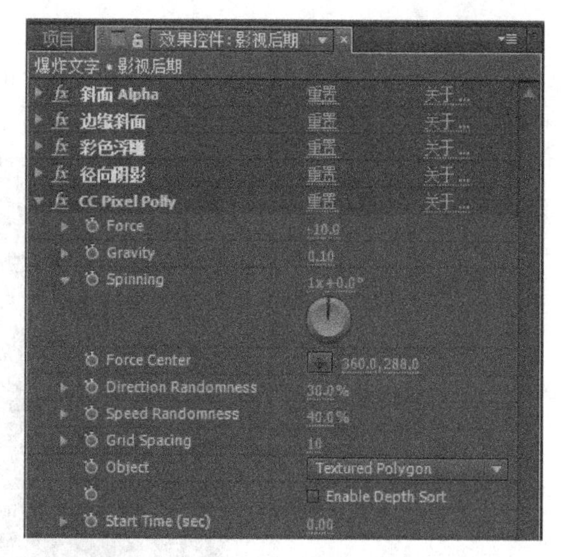

图15–30 “cc pixel polly”特效参数设置

（8）选中“影视后期”图层，选择“效果”|“模拟”|“cc scatterize”命令，为其添加“cc scatterize”特效，将时间线移至0:00:04:15处，点击“Scatter”左侧的秒表，设置值为0，将时间线移至0:00:04:24处，设置“Scatter”为50，如图15–31所示。

（9）特效设置制作完毕，可将成品输出，观看最终渲染的效果，如图15–32所示。

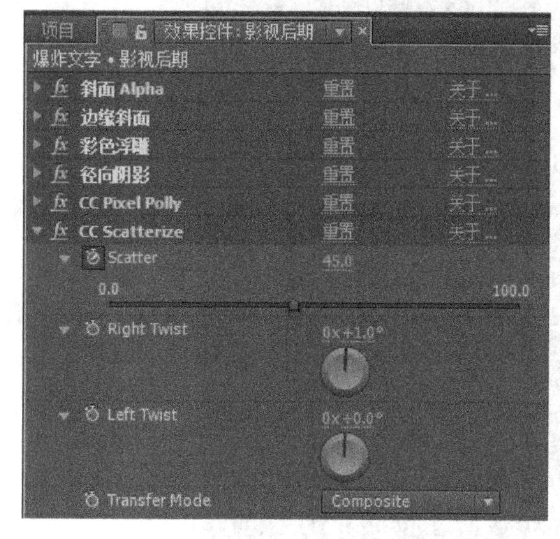

图15–31 “cc scatterize”特效参数设置

图15–32 作品最终效果

15.7 范例制作15–3——《粒子汇聚》

前面练习了文字爆炸特效的设置，如果将爆炸的过程倒置过来，形成碎片汇聚成整成图形的效果。本例将制作一个碎片不断汇聚，恢复最初完整的图片效果。

（1）新建合成“粒子破碎”，大小为720*576像素，持续时间为5 s，设置完成后单击“确定”按钮关闭对话框，如图 15–33 所示。

(2) 在项目窗口中导入“素材”文件夹下的素材“pic01.jpg”和“pic02.psd”，并拖放到“时间轴”窗口中，如图 15–34 所示。

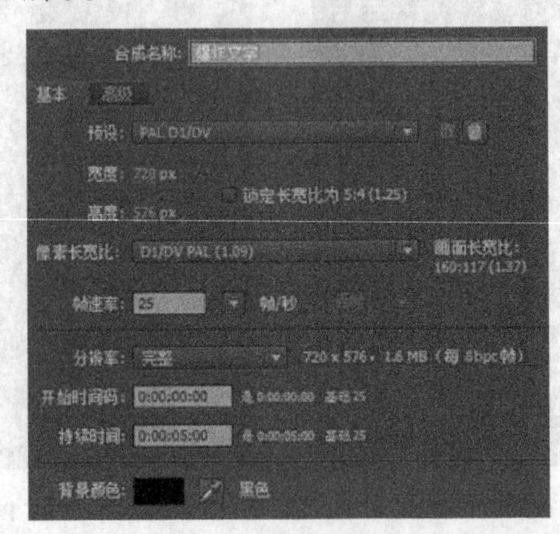

图15–33　合成参数设置

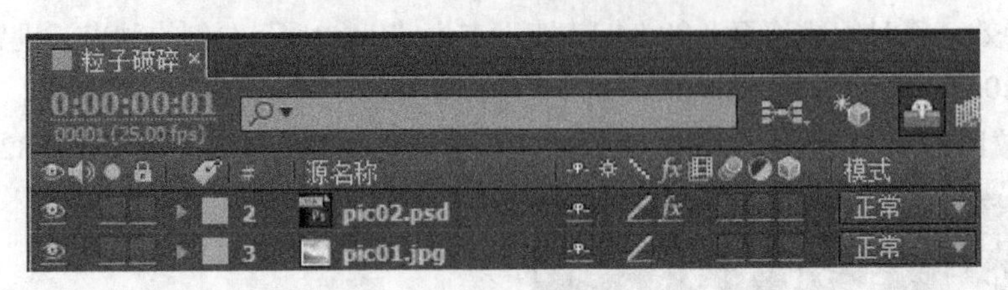

图15–34　“时间轴”窗口

(3) 设置“pic02.psd”的“位置”值为 (353.5，464.4)，“缩放”值为 15，如图 15–35 所示。

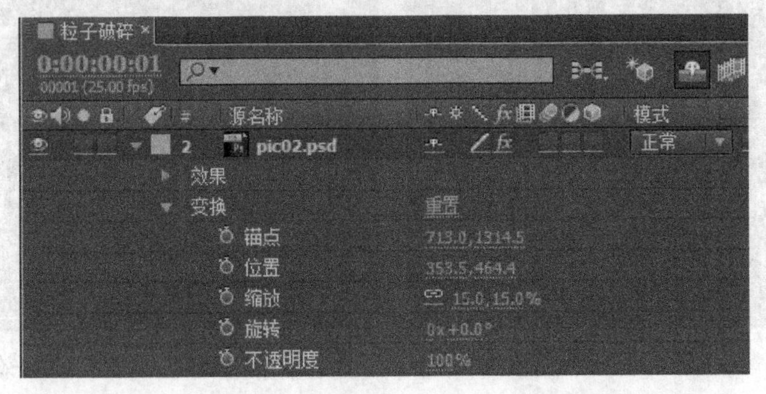

图15–35　设置“位置”和“缩放”参数

(4) 选中“pic02.psd”图层，为其添加“效果”|“模拟”|“碎片”特效，打开“效果控件”面板，设置“视图”为“已渲染”；设置“形状”的“重复”和“凸出深度”分别为 50 和 0.1；设置“作用力 1”的“位置”为 1426,1314.5，“半径”为 1；设置“作用力 2”的“位置”为 1300,1950，“半径”为 0.25，如图 15–36 所示。

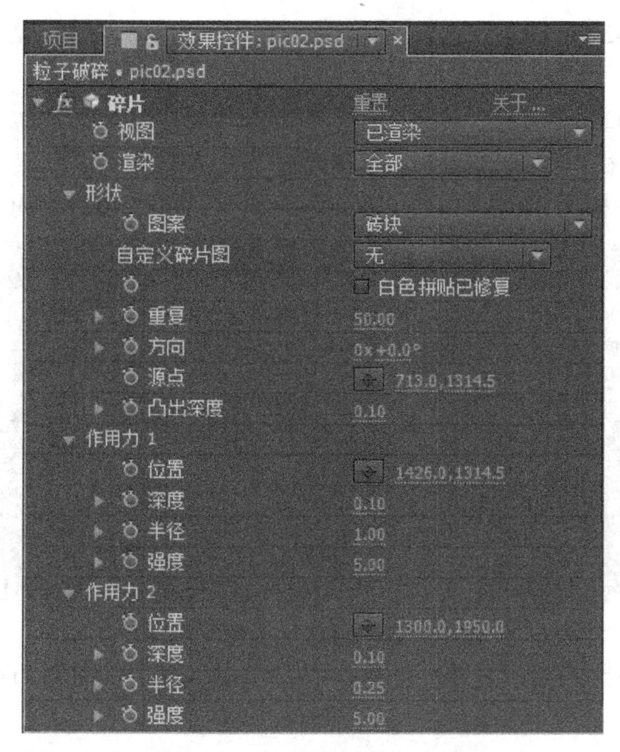

图15-36 设置“碎片”参数

(5) 选中“pic02.psd”图层，将时间线移至0:00:00:00处，单击“渐变”|“碎片阈值”左侧的秒表，设置“渐变图层”为“2.pic01.jpg”，“物理学”|“重力方向”为150°，如图15-37所示。

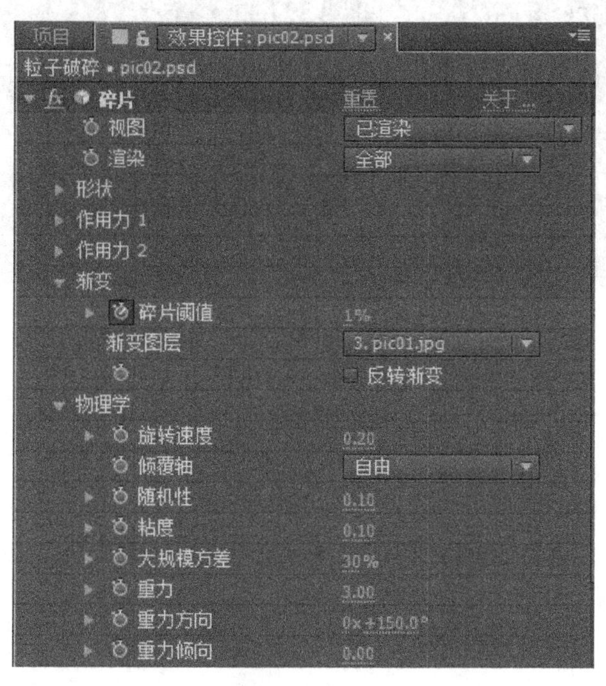

图15-37 设置“渐变图层”和“重力方向”参数

(6) 选中“pic02.psd”图层，将时间线移至 0:00:04:00 处，设置“渐变”|“碎片阈值”为 100。

(7) 选中“pic02.psd”图层，设置“纹理”|“摄像机系统”为“合成摄像机”，选择“图层”|“新建”|“摄像机”命令，新建一个“摄像机 1”，参数默认，单击“确定”按钮。

(8) 设置“摄像机 1”的“变换”|“位置”为（360,288,−500），如图 15−38 所示。

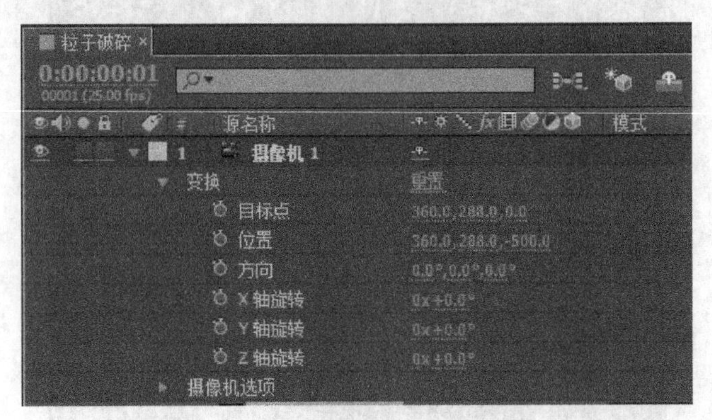

图 15−38 设置“位置”参数

(9) 设置“摄像机 1”的“摄像机选项”|“缩放”为 427，“焦距”为 427，“光圈”为 7.6，如图 15−39 所示。

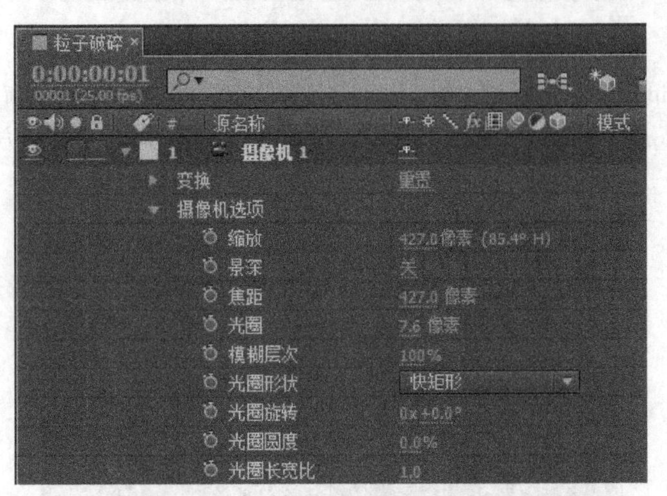

图15−39 设置“摄像机选项”参数

(10) 新建一个合成“粒子汇聚”，大小为 720*576 像素，持续时间为 5 s，设置完成后单击“确定”按钮关闭对话框。

(11) 将合成“粒子破碎”拖放到“时间轴”窗口，选中“粒子破碎”图层，然后选择“图层”|“时间”|“时间反向图层”命令。

(12) 选择“图层”|“新建”|“调整图层”命令，选中该图层，为其添加“效果”|“风格化”|“发光”特效，设置“发光阈值”为 61，“发光半径”为 30，“发光强度”为 0.5，“颜色 A”为淡蓝色，“颜色 B”为深蓝色，如图 15−40 所示。

图15–40　设置“调整图层”参数

（13）预览，效果如图 15–41 所示。

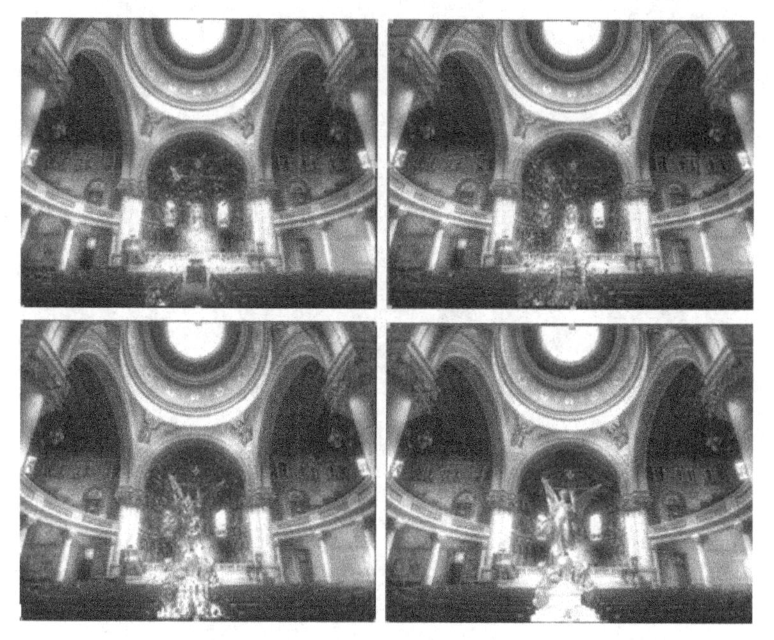

图15–41　“粒子汇聚”最终效果

本章小结

本章介绍了 after effects 中 particle playground（粒子运动场）特效的功能和效果设置方法，

如粒子发生器的类型设置、粒子物理状态的设置、粒子爆炸效果的类型等。通过数字雨粒子特效、爆炸文字特效、粒子汇聚3个完整实例的具体制作，介绍了粒子运动场、shine特效插件、shatter特效插件的添加方法、原理、属性设置和动画合成。

本章作业

（1）制作下雨天雨滴纷纷的效果。

（2）制作建筑物爆炸后又汇聚的效果。

第 16 章 跟踪运动与稳定运动

通过运动跟踪可以跟踪对象的运动，然后将该运动的跟踪数据应用于另一个对象（例如另一个图层或效果控制点）来创建图像和效果在其中跟随运动的合成。还可以稳定运动，在这种情况下，跟踪数据用来使被跟踪的图层动态化以针对该图层中对象的运动进行补偿。可以使用表达式将属性链接到跟踪数据，这开拓了广泛的用途。

运动跟踪有许多用途，比如组合单独拍摄的元素（例如将视频添加到移动的城市巴士一侧或在魔杖末端添加一颗星）、使静止的图像动态化以匹配动作素材的运动（例如使卡通大黄蜂栖息在摇摆的花上）、使效果动态化以跟随运动的元素（例如使移动的球发光）、将被跟踪对象的位置链接到其他属性（例如使立体声随小汽车在屏幕上驶过而从左向右平移）、稳定素材以使移动的对象在帧中静止不动来观察移动的对象如何随时间变化（这在科学成像工作中非常有用）、稳定素材以消除手持式摄像机的推撞（摄像机晃动）。

学习目标

- 了解跟踪运动和稳定运动的原理；
- 熟悉跟踪运动和稳定运动的属性设置；
- 熟练使用跟踪运动和稳定运动，制作丰富的合成效果。

16.1 跟 踪 器

16.1.1 “跟踪运动”和“稳定运动”面板和参数

在“时间轴”窗口中，选中要跟踪的图层，然后选择“动画”|“跟踪运动”命令，便可以对该图层应用跟踪了，同时在软件界面右下方，将自动弹出“跟踪器”窗口，可以在窗口中设置跟踪参数，如图 16–1 所示。

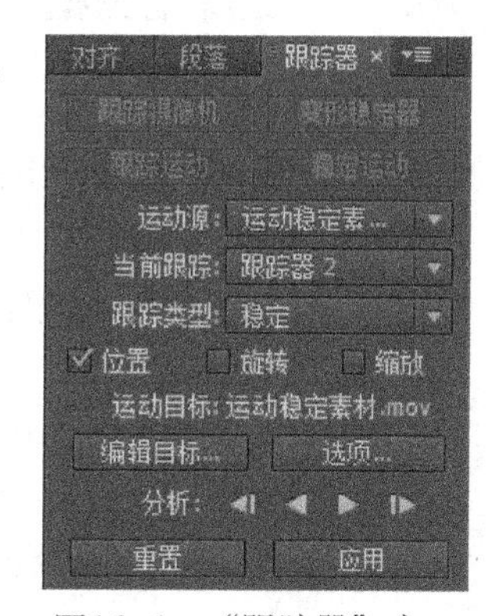

图16–1 “跟踪器”窗口

- “跟踪运动”按钮：可以对选定的图层进行“跟踪运动”效果。
- “稳定运动”按钮：可以对选定的图层进行“稳定运动”效果。
- “运动源”：可以从右侧的下拉列表中选择要跟踪的对象。
- “当前跟踪”：可以选择当前要使用的跟踪器。
- “跟踪类型”：可以选择跟踪器的类型，类型有“稳定”“变换”“平行边角定位”“透视边角定位”和“原始”，作用分别是“对稳定进行跟踪”“对位置、旋转和缩放进行跟踪”“对平面的倾斜和旋转进行跟踪”“对图像透视跟踪”和“对位移进行跟踪，跟踪结果保存在原图像属性中”。

- “编辑目标”按钮：鼠标单击可打开“运动目标”对话框，可以将跟踪好的运动轨迹应用于目标图层。
- “选项”按钮：鼠标单击可打开“动态跟踪器选项”对话框，可对跟踪进行更详细的设置，如图 16–2 所示。

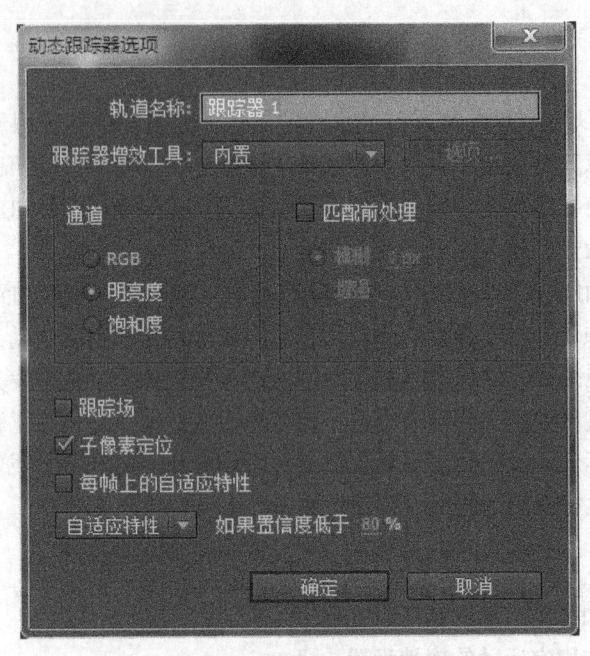

图16–2　“动态跟踪器选项”对话框

- “分析”按钮：可对跟踪进行分析，包括“向后分析一帧”“向后分析”“向前分析”和“向前分析一帧”等按钮。
- “重置”按钮：如果感觉跟踪效果不好，单击它，可清除跟踪结果。
- “应用”按钮：单击该按钮，将把跟踪结果应用于目标图层上。

16.1.2　跟踪范围框

与对所有属性一样，可以在“时间轴”面板中修改、动态化、管理和链接跟踪属性。当对图层应用跟踪命令时，将打开该图层的“图层”面板，并在图层画面的中央位置出现一个由两个方框组成的“跟踪点”，如图 16–3 所示。可以通过在“图层”面板中设置跟踪点来指定要跟踪的区域。每个跟踪点包含一个特性区域、一个搜索区域 和一个附加点（A：搜索区域；B：特性区域；C：附加点）。一个跟踪点集就是一个跟踪器。

特性区域定义图层中要跟踪的元素。特性区域应当围绕一个与众不同的可视元素，最好是现实世界中的一个对象。不管光照、背景和角度如何变化，After Effects 在整个跟踪持续期间都必须能够清晰地识别被跟踪的特性。

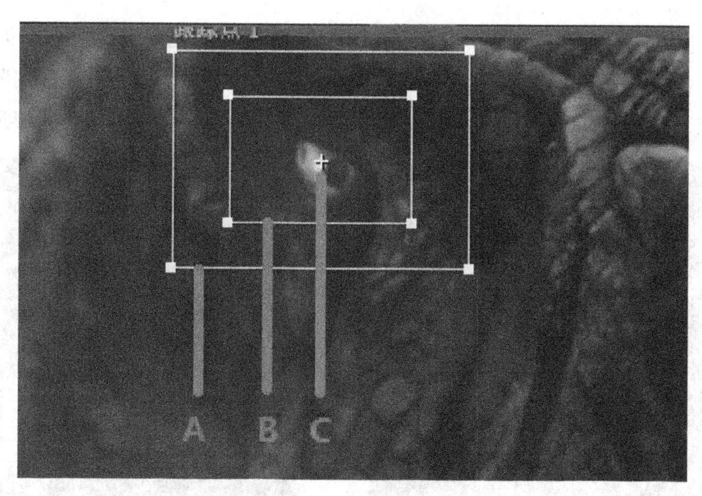

图16-3 “图层”面板

搜索区域定义 After Effects 将在其中搜索以定位被跟踪特性的区域。被跟踪特性只需要在搜索区域内与众不同，不需要在整个帧内与众不同。将搜索限制到较小的搜索区域可以节省搜索时间并使搜索过程更为轻松，但存在的风险是所跟踪的特性可能完全不在帧之间的搜索区域内。

注意：当开始跟踪时，After Effects 在“合成”与“图层”面板中将运动源图层的品质设置为“最佳”并将解析率设置为“完全”，这将使得被跟踪特性更容易发现和启用子像素处理和定位。

After Effects 使用一个跟踪点来跟踪位置，使用两个跟踪点来跟踪缩放和旋转，使用四个跟踪点来执行使用边角定位的跟踪。

16.2 范例制作 16-1——《运动稳定》

画面稳定是指在一个图层中，通过跟踪画面中的一个特征点来将晃动的视频画面处理成稳定的视频画面。画面稳定技术主要用来修复在运动拍摄中由于摄像机晃动所造成的画面抖动问题。当原始画面因晃动无法稳定时，如未带三脚架，此功能可以利用“反向动作”的动态锚点，使画面稳定下来。

（1）新建一个合成“运动稳定”，大小为 640*480，持续时间为 0:00:08:20；

（2）导入“素材”文件夹下的“运动稳定素材 .mov”，拖入“时间轴”窗口，观察该影片，发现舞者在动的同时，摄影机也在晃动。分析整个片段，发现不动的是舞台和那低头不语的男表演者，这就是进行运动稳定前需要锁定的目标。

（3）选中“运动稳定素材 .mov”图层，选择“动画”|“跟踪运动”命令，将自动打开“跟踪器”面板，在面板中单击“稳定运动”按钮，如图 16-4 所示。

（4）此时，“跟踪器”面板的“运动源”会自动找到当前唯一的图层“运动稳定素材 .mov”，“当前跟踪”为“跟踪器 2”，同时从合成窗口切换到图层窗口，并显示一个跟踪点“跟踪点 1”，如图 16-5 所示。

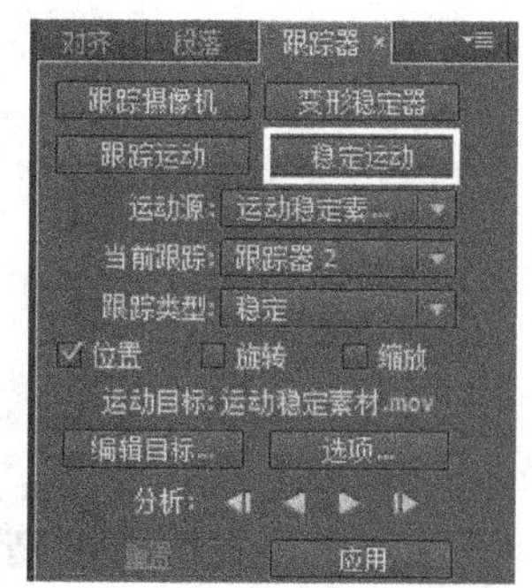

图16-4 “跟踪器”面板

(5)跟踪点的选定原则是：小的内框（“特征区域”）基本上是找色彩明确的点或某个角落（连续直线不太适合）；大的外框（“搜索区域”）要以涵盖“特征区域”以外的区域，使每一格都可以跟踪到为准。这两个框的大小有时是凭经验和试验获得的，如图 16–6 所示。

图16–5 “跟踪点”

图16–6 “特征区域”和“搜索区域”

(6) 将“跟踪点 1”移动到男表演者所坐的木箱角落。移动跟踪点时，方框会将该处放大，如图 16–7 所示。

(7) 单击“跟踪器”面板的“向前分析”按钮，如图 16–8 所示，随着播放指针的前进，跟踪器也将验证其跟踪参照物是否偏移。

图16–7 移动“跟踪点”

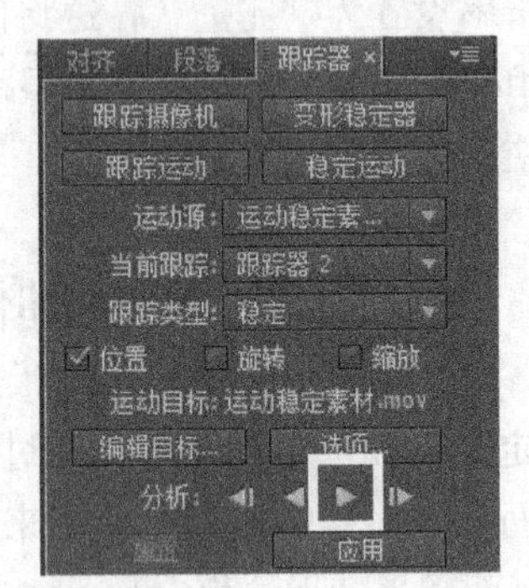

图16–8 轨迹分析

(8) 待验证完毕后，会在图层窗口中看到跟踪点所留下的轨迹，如果没有问题的话，就可以将时间线移至 0:00:00:00 处，然后单击“应用”按钮，如图 16–9 所示。

图16–9 应用轨迹

（9）在时间线中展开“跟踪器 2”，其中“可信度”都高于 99%，表示跟踪的精确度很高，如图 16–10 所示。

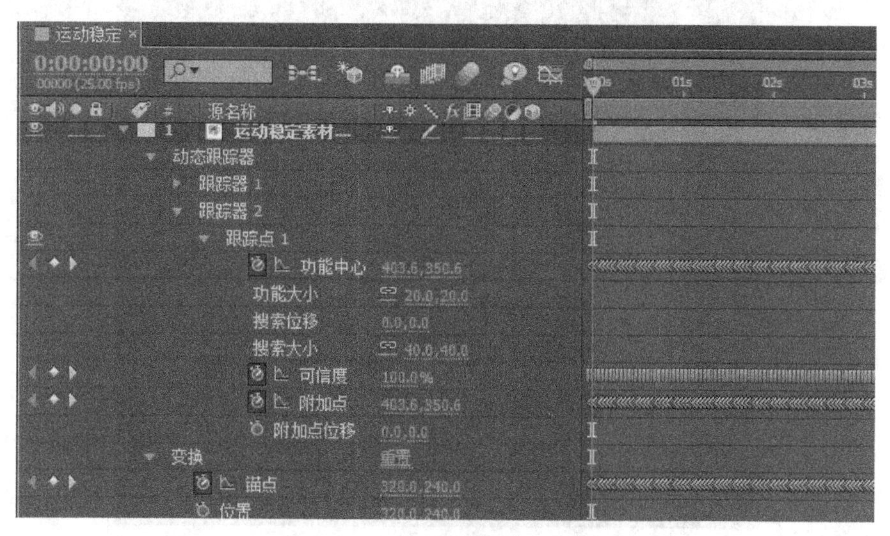

图16–10　跟踪器的“可信度”

（10）利用“运动稳定”，实际上是改变定位点的位置来获取画面的平衡稳定，所以在“变换”|“锚点”中定位点多了一连串的关键帧。播放时发现图框一直晃动，从而换得影像的稳定。

（11）预览效果如图 16–11 所示。

图16–11　“运动稳定”最终效果

16.3　范例制作 16–2——《单点跟踪》

“跟踪运动”可以通过跟踪移动影像的特定区域，把移动的位置记录为关键帧，制作出一段素材跟踪另一段素材一起移动的合成效果。本例中将会综合运用跟踪运动中的单点跟踪以及发光特效两个知识点，实现精彩的视觉效果。制作过程如下：

（1）新建一个合成“运动稳定”，大小为 1280 * 688，像素长宽比为“方形像素”，“持续时间”为 0:00:17:00，如图 16–12 所示。

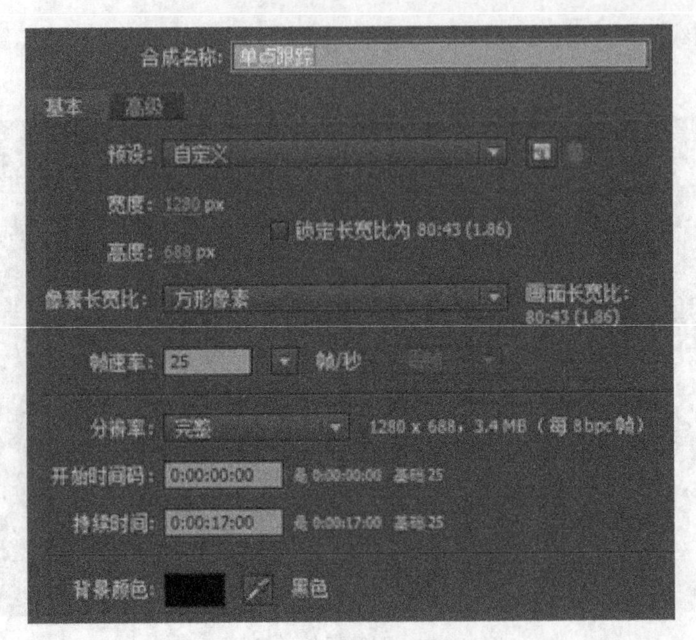

图16–12　合成参数设置

(2) 导入“素材”文件夹下的“单点跟踪素材 .mov”，拖入“时间轴”窗口。

(3) 选择“图层”|“新建”|“形状图层”命令，设置“填充”“描边”为绿色，“描边宽度”为 1 像素，然后画一个圆，如图 16–13 所示。

图16–13　设置“形状图层”参数

(4) 选中该图层“形状图层 1”，右击，选择“效果”|“风格化”|“发光”命令，在“效果控件”面板中设置“发光”的“发光阈值”为 0，“发光半径”为 60，“发光强度”为 20，“颜色 A”为亮绿色，“颜色 B”为暗绿色，如图 16–14 所示。

(5) 选中图层“形状图层 1”，设置该图层的“混合模式”为“叠加”，然后在“时间轴”窗口中展开它的“变换”属性栏，设置“不透明度”为 80，此时，就做好了一只发出绿光的圆形眼睛。

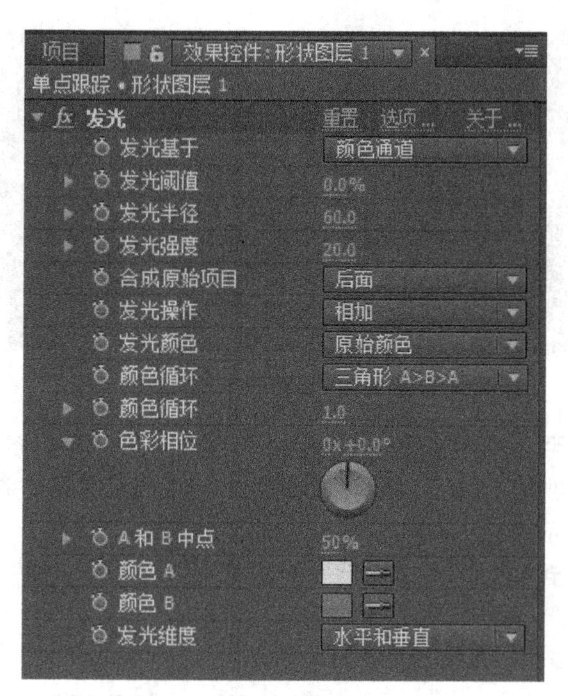

图16–14　设置“发光”参数

(6) 选中图层“形状图层 1”，展开“变换”选项栏，设置“锚点”为（–107，224），如图 16–15 所示。

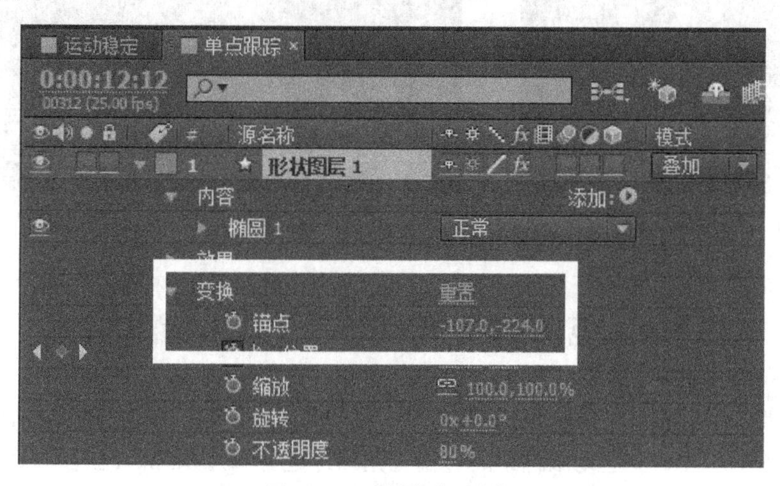

图16–15　设置“瞄点”

(7) 将时间线随意拖放（拖放到画面出现恐龙眼睛时，停止拖动），然后将“形状图层 1”与恐龙眼睛的位置对齐，接下来要运动跟踪技术将所有帧中的恐龙眼睛与“形状图层 1”对齐。

(8) 选中图层“单点跟踪素材 .avi”，选择“动画”|“跟踪运动”运动，此时，在图层窗口中出现了一个跟踪点“跟踪点 1”。

(9) 将“跟踪点 1”的十字形标记点放置在恐龙眼睛的高光点上，把眼睛的高光作为跟踪点进行位置的跟踪，如图 16–16 所示。

图16–16　移动“跟踪点”

（10）将时间线移至 0:00:00:00 处，单击“跟踪器”面板的“向前分析”按钮，这时视频开始自动捕捉跟踪点并在视窗中留下一连串的轨迹点，当视频素材播放完毕，跟踪点的位置也捕捉完毕，如图 16–17 所示。

（11）将时间线移至 0:00:00:00 处，然后单击“应用”按钮，至此，所有帧的恐龙眼睛与绘制的绿色眼睛一一贴合。

（12）渲染，导出影片，效果如图 16–18 所示。

图16–17　轨迹分析

图16–18　“单点跟踪”最终效果

16.4　范例制作 16–3——《四点跟踪》

在影视后期工作中，有时需要对带有透视、角度以及位移都有变化的素材进行跟踪，此时就会经常用到 After Effects 运动跟踪中的透视边角跟踪进行四点跟踪。比起单点跟踪（只能跟踪单个像素的移动），track motion（跟踪运动）中的四点跟踪可以跟踪四个点的移动，通过跟踪，我们能记录下四点相连内的区域的透视变化。这个技术非常实用，经常用于后期内容的替换中。本例通过四点跟踪来记录广告牌和模特一起透视变化的合成效果。

（1）新建一个合成“四点跟踪”，大小为 720 * 480 像素，“像素长宽比”为“D1/DV NTST (1.21)”，“持续时间”为 0:00:07:10，如图 16–19 所示。

（2）导入“素材”文件夹下的素材“四点跟踪素材 1.jpg”和“四点跟踪素材 2.mov”，然后将它们拖放到“时间轴”窗口中，其中“四点跟踪素材 1.jpg”图层在上，“四点跟踪素材 2.mov”图层在下，如图 16–20 所示。

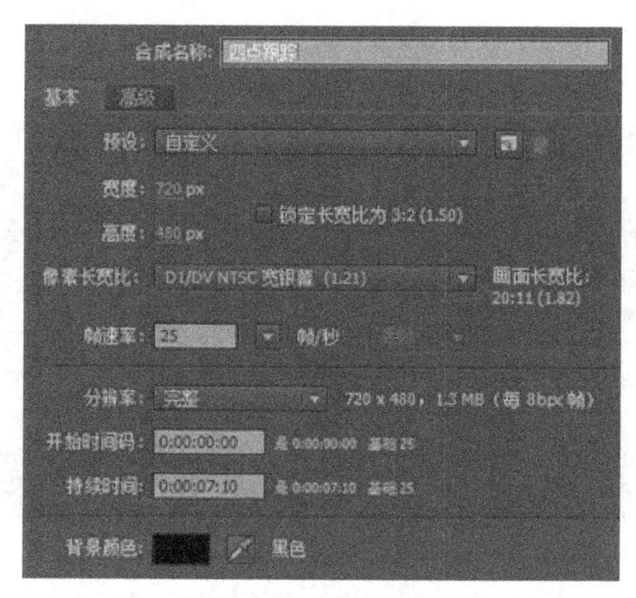

图16–19　合成参数设置

图16–20　“时间轴”窗口

（3）选中“四点跟踪素材 2.mov”图层，选择“动画”|“跟踪运动”命令，“四点跟踪素材 2.mov”的图层窗口会生成 1 个跟踪点——“跟踪点 1”，如图 16–21 所示。

图16–21　生成“跟踪点”

（4）在“跟踪器”窗口中，设置“跟踪类型”为“透视边角定位”，“四点跟踪素材 2.mov”的图层窗口就会生成 4 个跟踪点，以定位 4 个角落，如图 16–22 所示。

图16–22　设置“跟踪类型”

（5）将 Building.mov 的图层窗口放大到 200% 以方便操作。分别将 4 个跟踪点对准大厦二楼的广告牌的四角，并适当调整内框和外框，如图 16–23 所示。

图16–23　调整“跟踪点”

（6）将时间线移至 0:00:00:00 处，单击“跟踪器”面板的“向前分析”按钮，图层窗口的播放指针就会开始动作，4 个跟踪点也会跟踪广告牌的边框，留下一串轨迹，如图 16–24 所示。

图16–24　轨迹分析

（7）逐格检查每一格的跟踪状况，如果发生跟踪点无法全程对准框边的情形，就要针对偏移的部分，逐帧（利用 Page Down 前进、Page Up 后退）校正。如果发现偏移的部分很普遍，表示跟踪点的误差很大，可尝试改变内框和外框，若两者都无法改善时可能是跟踪点条件不佳，需要“重置”跟踪点了，如图 16–25 所示。

（8）如果没有问题，将时间线移至 0:00:00:00 处，然后单击“应用”按钮，进行内存预览，字幕广告就变成模特广告了，最终效果，如图 16–26 所示。

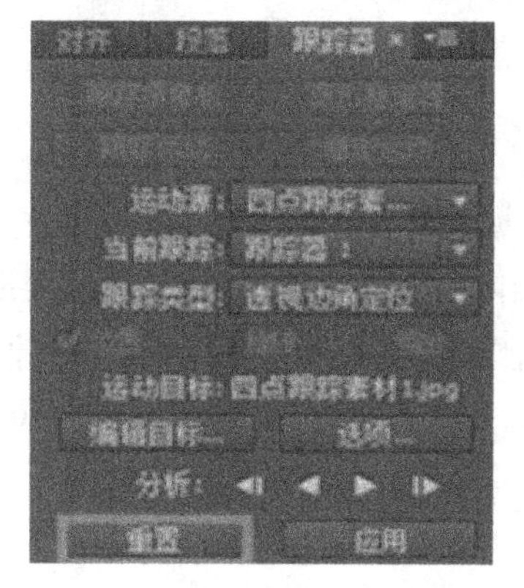

图16–25　“跟踪点”分析与重置

图16–26　“四点跟踪”最终效果

本 章 小 结

本章主要介绍了运动跟踪与运动稳定的原理以及参数，并通过“运动稳定”“单点跟踪”“四点跟踪”等 3 个实例的讲解，让读者熟悉并掌握运动跟踪与运动稳定技术在影视后期剪辑中是如何使用的。

本 章 作 业

（1）手持摄像机拍摄一段视频，然后将其进行稳定处理。

（2）拍摄一张你的学习照（人物侧面和计算机桌面出现在镜头中），然后找一游戏视频，通过“运动跟踪”，让游戏视频替换计算机桌面。

第 17 章 综合实例《环保宣传短片》

Premiere pro 的主要功能是剪辑视频，同时也具有视频采集和导入功能，而 after effects 主要用于为电影、电视、dvd 及 web 创作运动画面和视觉特效。用户可以在 after effects 和 premiere pro 这两个软件之间轻松地交换项目、合成、轨迹和图层。可以将 premiere pro 项目作为素材导入到 after effects 中进行加工创作，也可以将 after effects 项目作为素材导入到 premiere pro 中进行剪辑转场等。

17.1 实 例 简 介

通过环保宣传广告片的制作，可在一定程度上唤醒人们保护环境、爱护地球的思想。

本案例将使用一些关于水浪费、工业废气、乱伐森林以及良田干涸、家园沙漠化的素材，通过施加一些夸张的特效，告诉大家地球已不堪重负，从而让大家明白环保的重要性和急迫性。

然后通过种植树苗等绿色行动，让地球重新恢复生机，最后为短片配上背景音乐，短片时长 19 s，具体效果如图 17–1 所示。

图17–1　环保宣传短片

17.2 制作过程

（1）新建Adobe Premiere项目，名称为“环保宣传短片”，项目存储位置可通过点击“浏览”按钮，自行设定，其他选项默认，然后单击“确定”按钮，如图17–2所示。

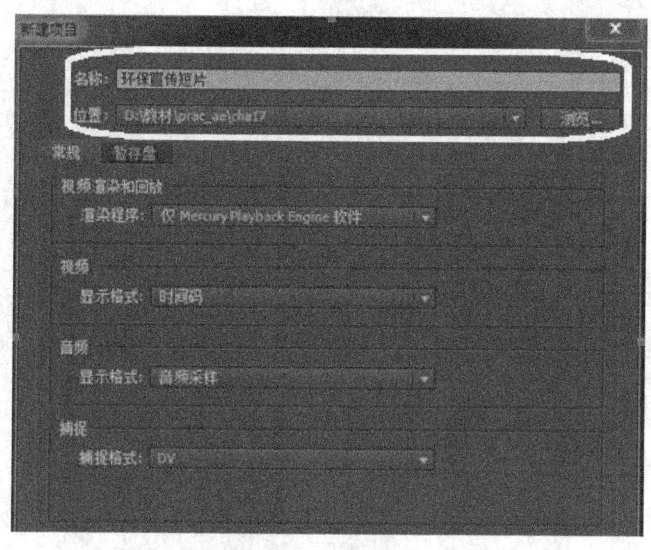

图17–2　新建项目

（2）单击“项目”窗口下方的“新建素材箱”工具按钮，新建“静态字幕”“动态字幕”和“图片”等三个素材箱，如图17–3所示。

（3）选中“图片”素材箱，右击，在弹出的菜单中选择“导入”命令，在弹出的对话框中选择“素材”文件夹下的所有图片，然后单击“打开”按钮，刚刚选中的素材图片将导入到“图片”素材箱中，如图17–4所示。

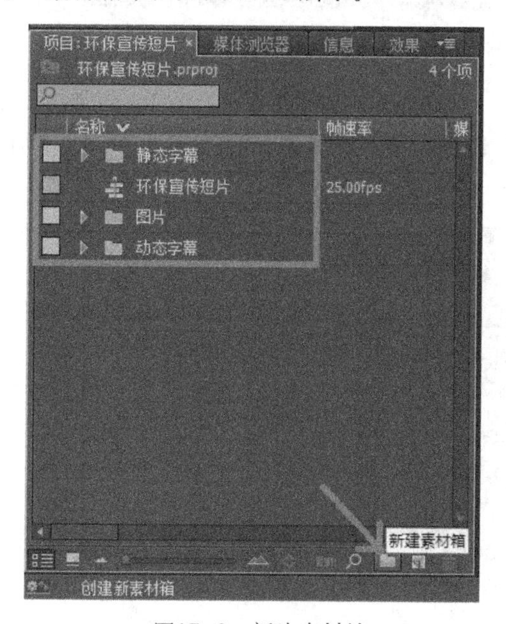

图17–3　新建素材箱

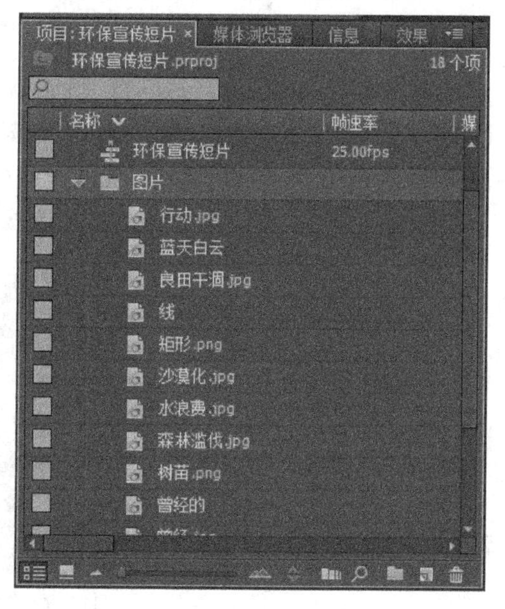

图17–4　素材导入

（4）新建序列“环保宣传短片”，“可用预设”选择“DV−PAL”的“标准 48 kHz”，选择“轨道”选项卡，设置视频“轨道”数目为 7，单击“确定”按钮，如图 17−5 所示。

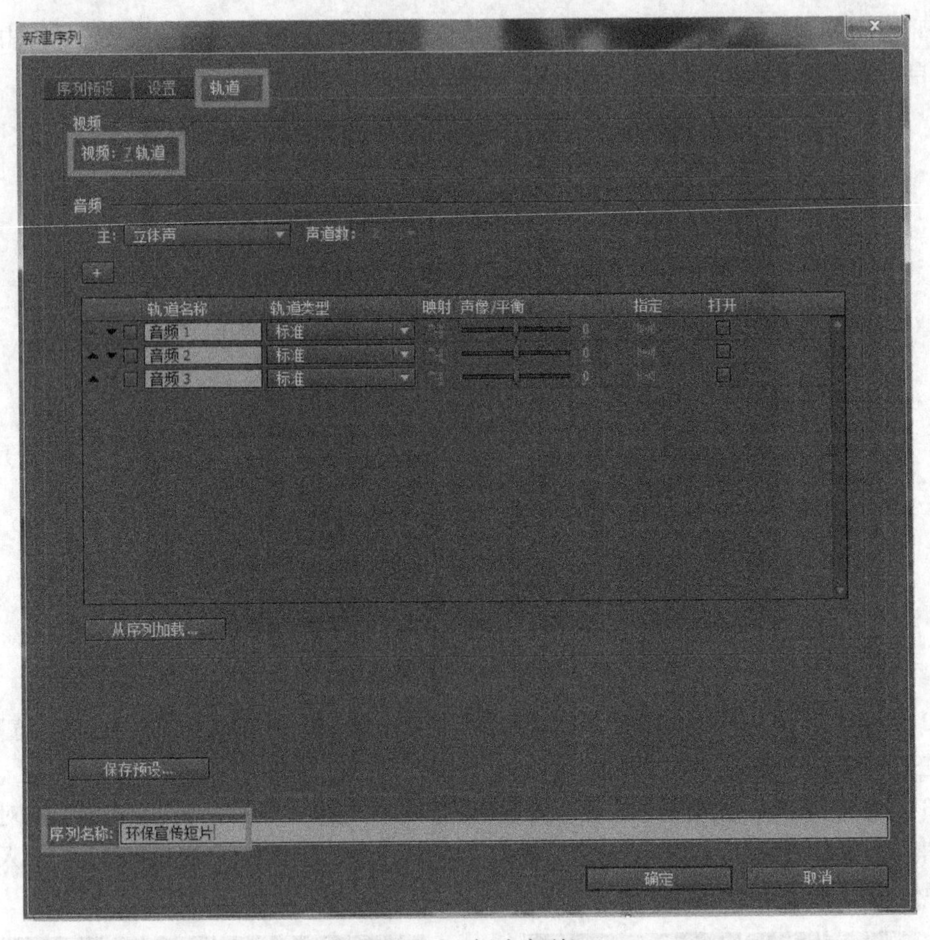

图17−5　新建序列

（5）选中“图片”素材箱中的“水浪费 .jpg”，拖放到“时间轴”窗口的 V1 轨道上，右击该图片，在弹出的菜单中选择“速度 | 持续时间”命令，在“剪辑速度 | 持续时间”对话框中，将“持续时间”设为 00:00:02:00，如图 17−6 所示。

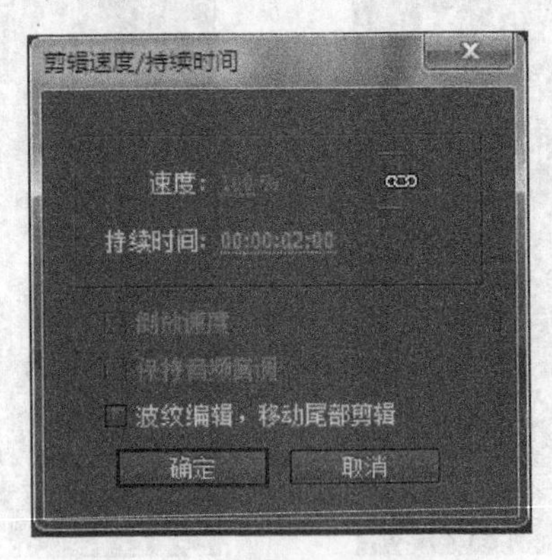

图17−6　“持续时间”设置

(6) 打开“效果”面板，选择“视频效果”|“图像控制”|“黑白”特效，将其拖放到V1轨道上的“水浪费.jpg”。

(7) 打开“效果控件”面板，展开“运动”选项，设置“位置”为（260，288），不勾选“等比缩放”，设置“缩放宽度”为147，如图17–7所示。

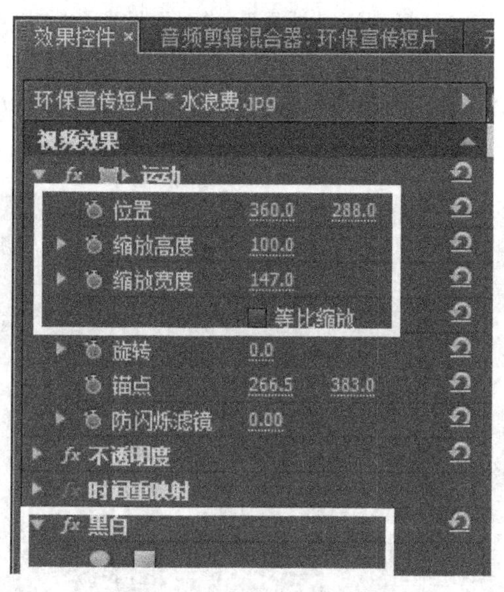

图17–7　“运动”设置

(8) 将时间线移至00:00:00:15处，打开“效果控件”面板，展开“fx不透明度”选项，设置“不透明度”为50，然后单击“添加|移除关键帧”按钮，如图17–8所示。

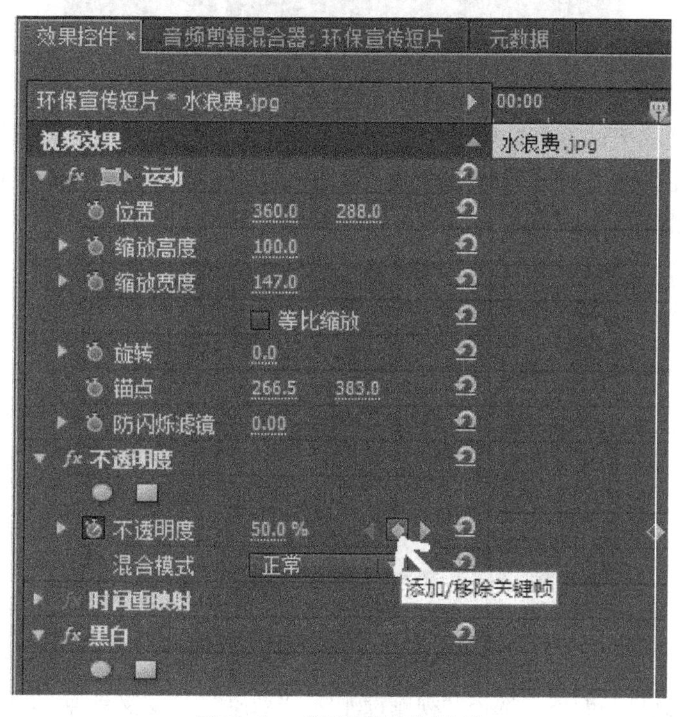

图17–8　“不透明度”设置

(9) 将时间线移至 00:00:00:17 处，设置“不透明度”为 60。

(10) 选中“图片”素材箱中的“森林滥伐 .jpg”，拖放到“时间轴”窗口的 V1 轨道上的“水浪费 .jpg”的后面，右击该图片，在弹出的菜单中选择“速度 / 持续时间”命令，在“剪辑速度 / 持续时间”对话框中，将“持续时间”设为 00:00:02:00。

(11) 打开“效果”面板，选择“视频效果”|“图像控制”|“黑白”特效，将其施加于“森林滥伐 .jpg”。

(12) 打开“效果控件”面板，展开“运动”选项，设置“位置”为 (360，288)，不勾选“等比缩放”，设置“缩放高度”为 121，“缩放宽度”为 204，如图 17–9 所示。

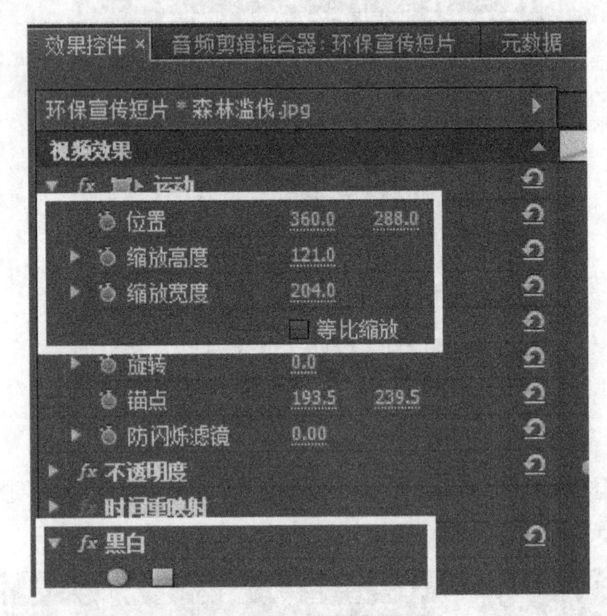

图17–9 “运动”设置

(13) 将时间线移至 00:00:02:03 处，打开“效果控件”面板，展开“fx 不透明度”选项，设置“不透明度”为 50，然后单击“添加 / 移除关键帧”按钮，然后将时间线移至 00:00:02:15 处，设置“不透明度”为 60，如图 17–10 所示。

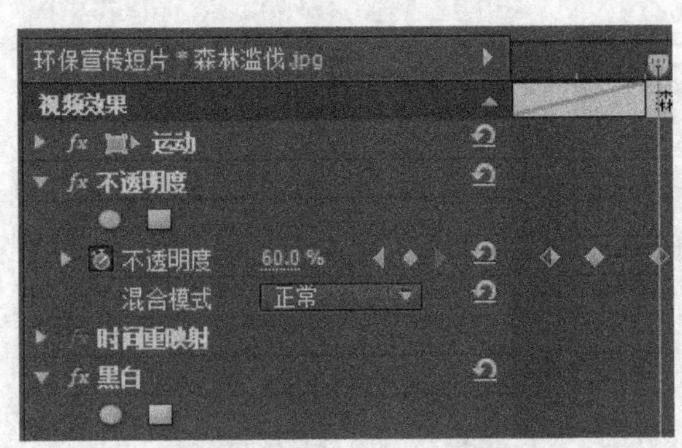

图17–10 “不透明度”设置

(14) 打开“效果”面板，选择“视频过渡”|“划像”|“交叉划像”特效，将其拖放到 V1

轨道上的“水浪费.jpg”与“森林滥伐.jpg”之间，过渡效果如图17–11所示。

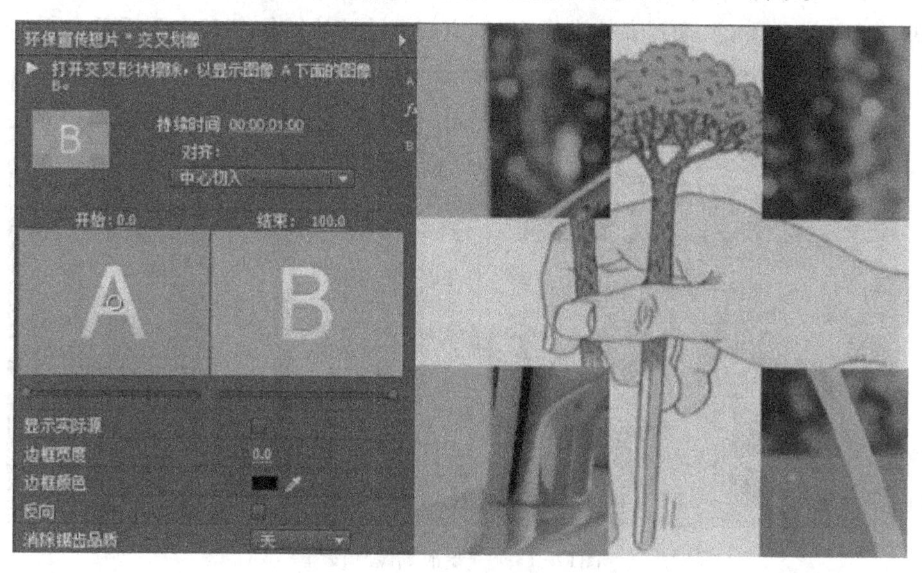

图17–11　“交叉划像”设置

（15）选中“图片”素材箱中的“废气排放.jpg”，拖放到“时间轴”窗口的V1轨道上的“森林滥伐.jpg”的后面，右击该图片，在弹出的菜单中选择“速度/持续时间”命令，在“剪辑速度/持续时间”对话框中，将“持续时间”设为00:00:02:00。

（16）打开“效果”面板，选择“视频效果”|“图像控制”|“黑白”特效，将其施加于“废气排放.jpg”。

（17）打开“效果控件”面板，展开“运动”选项，设置“位置”为（360，288），不勾选“等比缩放”，设置“缩放高度”为280，“缩放宽度”为175，如图17–12所示。

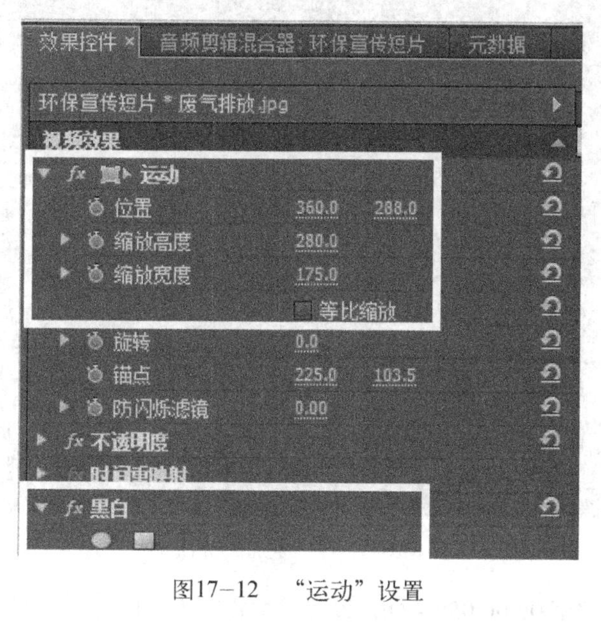

图17–12　“运动”设置

（18）打开“效果”面板，选择“视频过渡”|“划像”|“菱形划像”特效，将其拖放到 V1 轨道上的“废气排放 .jpg”与“森林滥伐 .jpg”之间，过渡效果如图 17-13 所示。

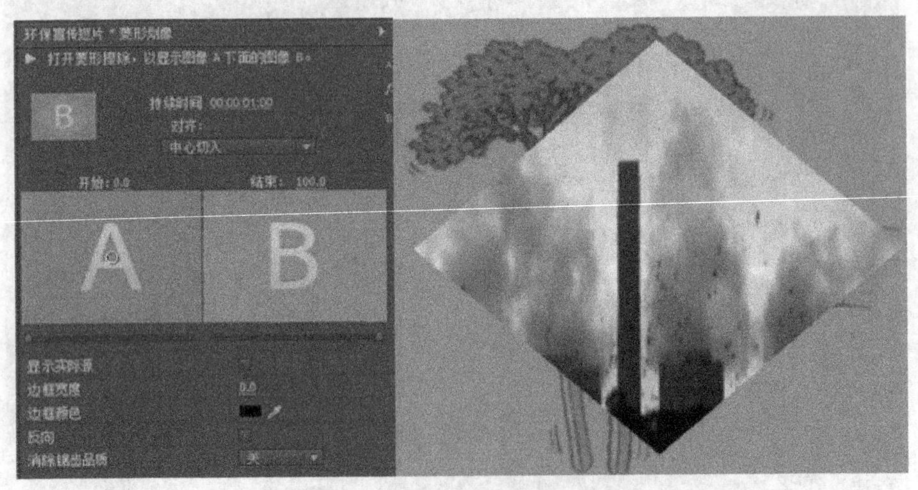

图17-13　“菱形划像”设置

（19）将时间线移至 00:00:00:00 处，选中“图片”素材箱中的“吊牌 .png”，拖放到“时间轴”窗口的 V2 轨道上（与时间线对齐），右击该图片，在弹出的菜单中选择“速度 / 持续时间”命令，在“剪辑速度 / 持续时间”对话框中，将“持续时间”设为 00:00:06:00。

（20）打开“效果控件”面板，展开“运动”选项，设置“位置”为（100，-185），然后单击“位置”左侧的秒表；将时间线移至 00:00:01:00 处，设置“位置”为（100，200）；将时间线移至 00:00:04:24 处，单击“添加 / 移除关键帧”按钮，添加一个关键帧，如图 17-14 所示。

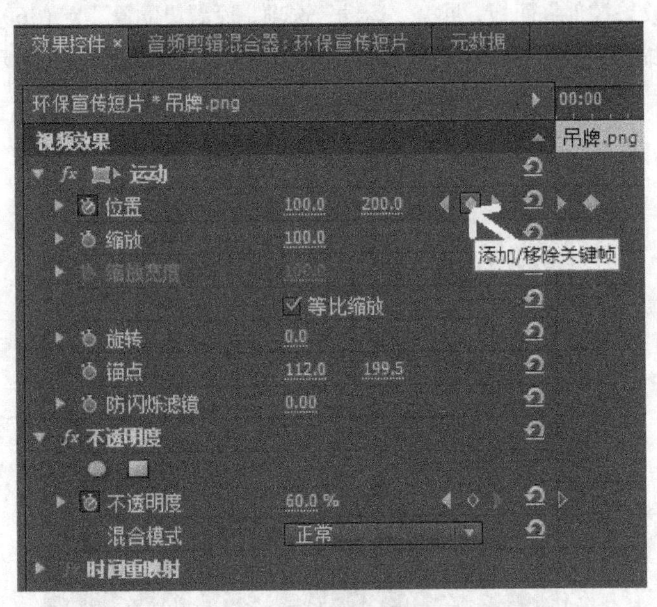

图17-14　添加关键帧

（21）将时间线移至 00:00:05:24 处，设置“位置”为（100，-185），如图 17-15 所示。

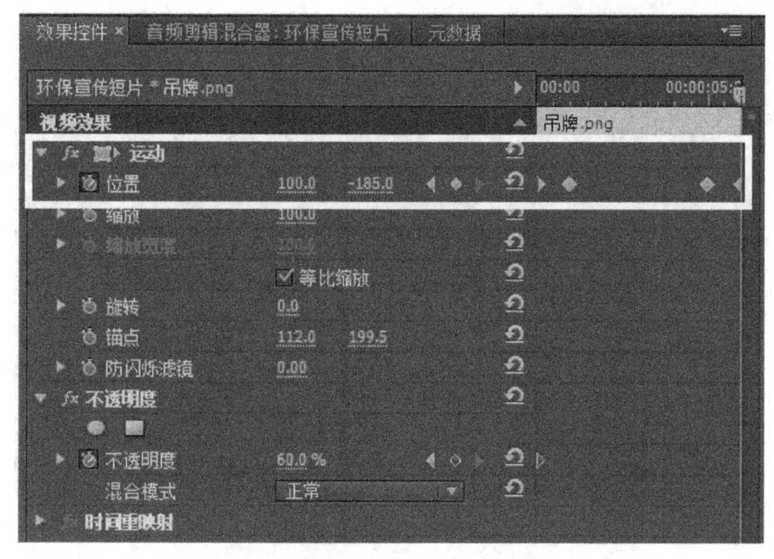

图17-15　“运动”设置

(22) 选中“项目”窗口中的“静态字幕”素材箱，选择菜单“字幕”|“新建字幕”|“默认静态字幕”命令，在弹出的对话窗口中，将“名称”设为“标语 1”，其他参数默认，如图 17-16 所示。

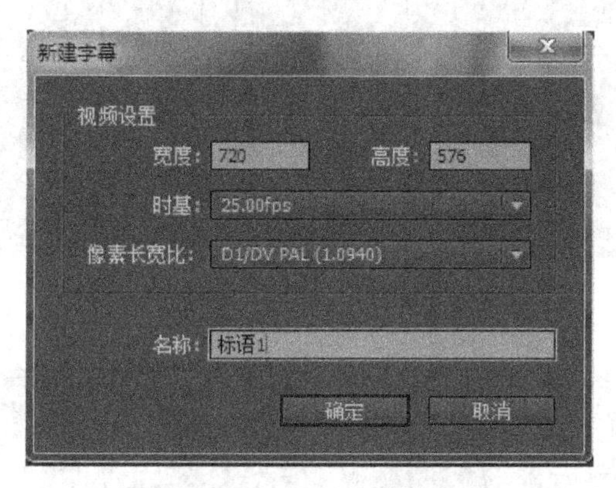

图17-16　“新建字幕”设置

(23) 在弹出的字幕编辑器中，输入文本“水浪费”。“X 位置”“Y 位置”“字体”“字体大小”和“颜色”等属性值可根据个人喜好设置，效果如图 17-17 所示。

(24) 将时间线移至 00:00:00:00 处，将字幕“标语 1”拖放到 V3 轨道上（与时间线对齐），右击该字幕，在弹出的菜单中选择“速度 / 持续时间”命令，在“剪辑速度 / 持续时间”对话框中，将“持续时间”设为 00:00:02:00。

(25) 打开“效果控件”面板，展开“运动”选项，设置“位置”为 (310, 80)，然后单击“位置”左侧的秒表；将时间线移至 00:00:00:24 处，设置“位置”为 (310，430)，如图 17-18 所示。

(26) 将时间线移至 00:00:01:18 处，展开“fx 不透明度”选项，设置“不透明度”为 100，然后单击“添加 / 移除关键帧”按钮，如图 17-19 所示，然后将时间线移至 00:00:01:24 处，设置“不透明度”为 0。

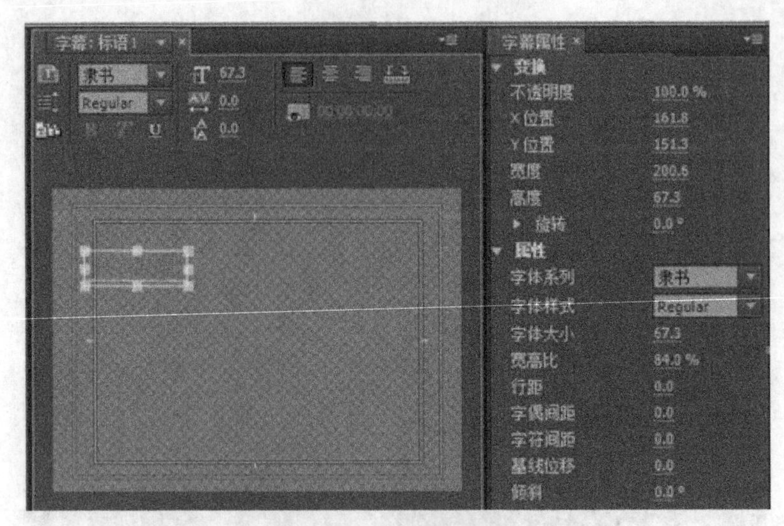

图17—17　字体属性设置

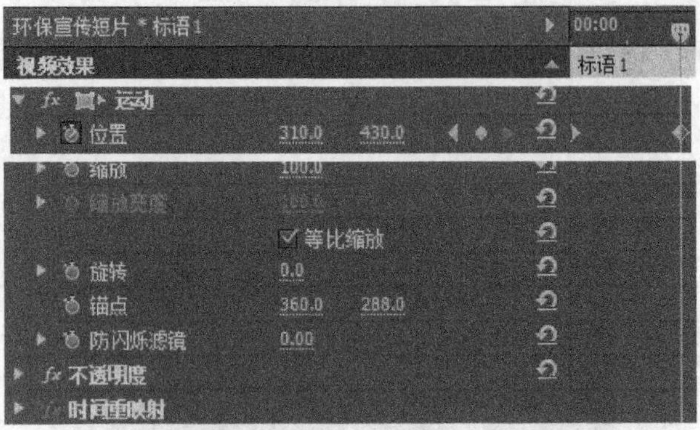

图17—18　“运动”设置

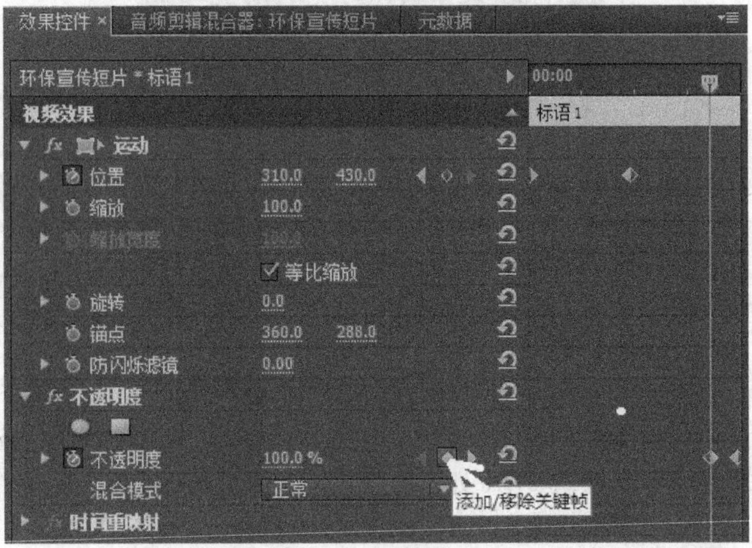

图17—19　“不透明度”设置

(27) 选中“项目”窗口中的“静态字幕”素材箱，选择菜单“字幕”|“新建字幕”|“默认静态字幕”命令，在弹出的对话窗口中，将“名称”设为“标语 2，”在弹出的字幕编辑器中，输入文本“滥伐森林”。“X 位置”“Y 位置”“字体”“字体大小”和“颜色”等属性值可根据个人喜好设置，效果如图 17–20 所示。

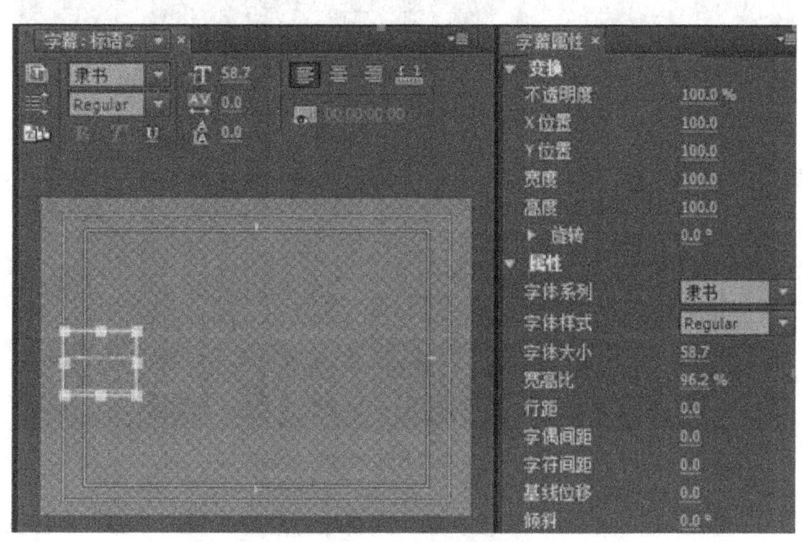

图17–20　字体属性设置

(28) 将时间线移至 00:00:01:23 处，将字幕“标语 2”拖放到 V4 轨道上（与时间线对齐），右击该字幕，在弹出的菜单中选择“速度 / 持续时间”命令，在“剪辑速度 / 持续时间”对话框中，将“持续时间”设为 00:00:02:00。

(29) 打开“效果控件”面板，展开“运动”选项，设置“位置”为 (360，288)，如图 17–21 所示。

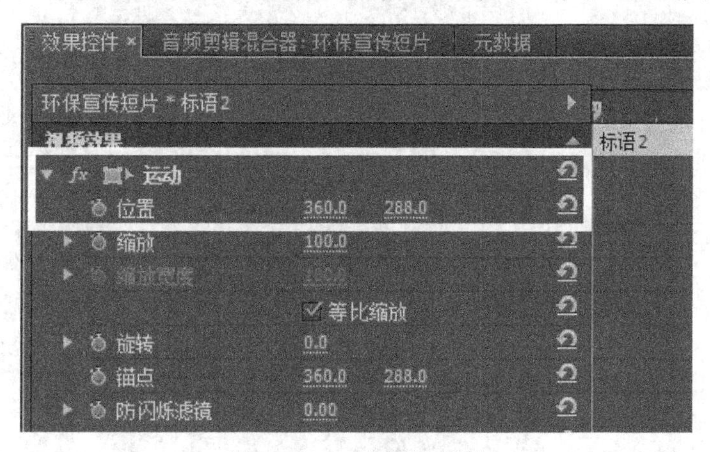

图17–21　“位置”设置

(30) 展开“fx 不透明度”选项，设置“不透明度”为 0，单击“添加 / 移除关键帧”按钮；将时间线移至 00:00:02:02 处，设置“不透明度”为 100；将时间线移至 00:00:03:18 处，单击“添加 / 移除关键帧”按钮；将时间线移至 00:00:03:22 处，设置“不透明度”为 0，如图 17–22 所示。

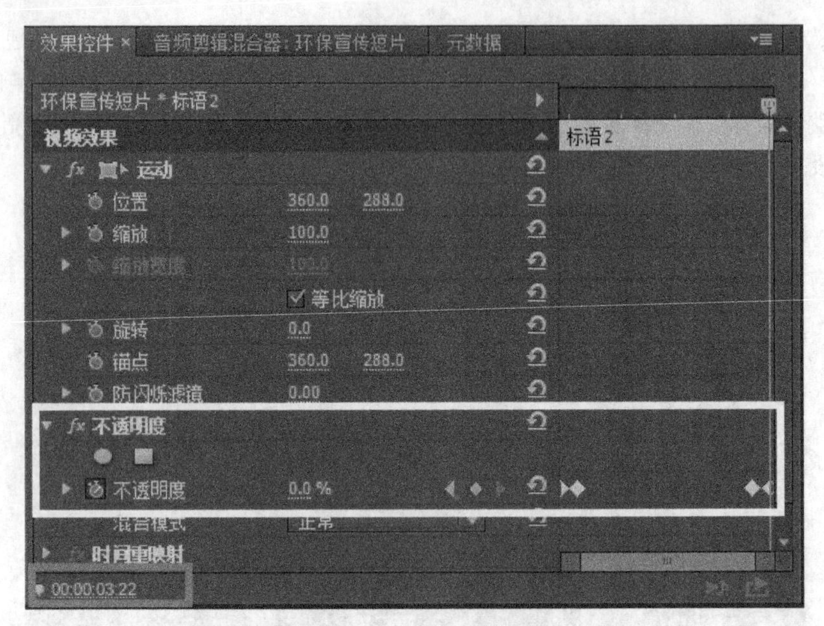

图17–22　“不透明度”设置

（31）选中“项目”窗口中的“静态字幕”素材箱，选择菜单“字幕”|“新建字幕”|“默认静态字幕”命令，在弹出的对话窗口中，将“名称”设为“标语 3，”在弹出的字幕编辑器中，输入文本“乱排废气”。“X 位置”“Y 位置”“字体”“字体大小”和“颜色”等属性值可根据个人喜好设置，效果如图 17–23 所示。

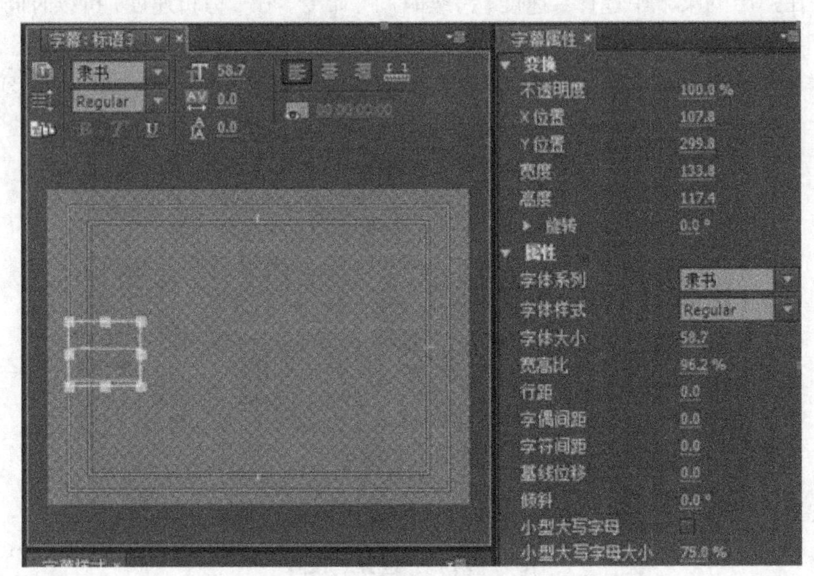

图17–23　字体属性设置

（32）将时间线移至 00:00:03:21 处，将字幕“标语 3”拖放到 V5 轨道上（与时间线对齐），如图 17–24 所示，右击该字幕，在弹出的菜单中选择“速度 / 持续时间”命令，在“剪辑速度 / 持续时间”对话框中，将“持续时间”设为 00:00:02:00。

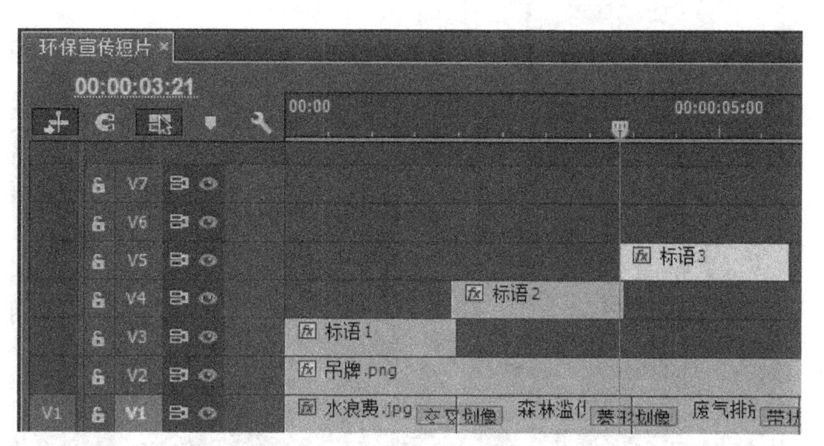

图17–24　“时间轴”窗口

（33）打开“效果控件”面板，展开“运动”选项，设置“位置”为（360，288），将时间线移至00:00:04:24处，单击“位置”左侧的秒表，将时间线移至00:00:05:20处，设置“位置”为（360，–53），如图17–25所示。

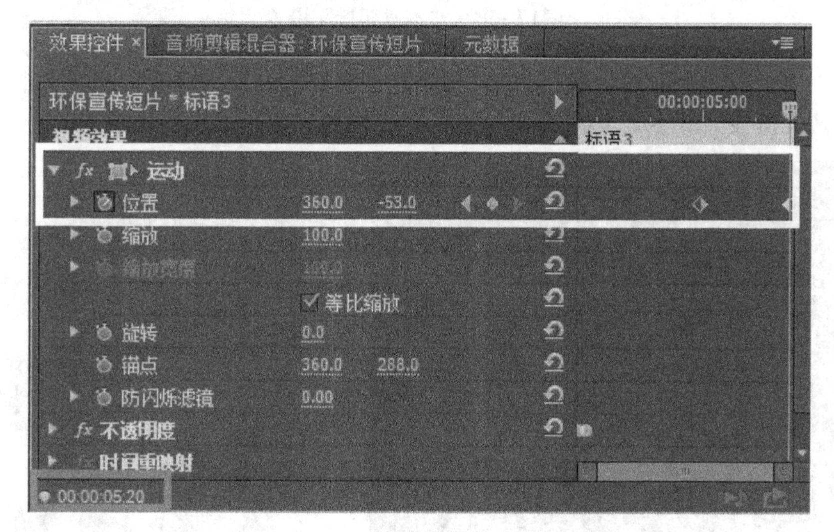

图17–25　“位置”设置

（34）展开“fx不透明度”选项，将时间线移至00:00:03:21处，设置“不透明度”为0，单击“添加/移除关键帧”按钮；将时间线移至00:00:03:23处，设置“不透明度”为100，如图17–26所示。

（35）将时间线移至00:00:05:24处，选中“图片”素材箱中的“曾经.jpg”，拖放到“时间轴”窗口的V1轨道上的“废气排放.jpg”的后面（与时间线对齐），右击该图片，在弹出的菜单中选择“速度/持续时间”命令，在“剪辑速度/持续时间”对话框中，将“持续时间”设置为00:00:08:00。

（36）打开“效果控件”面板，展开“运动”选项，设置“位置”为（360，288），不勾选“等比缩放”，设置“缩放高度”为136，“缩放宽度”为111，设置“不透明度”为80，如图17–27所示。

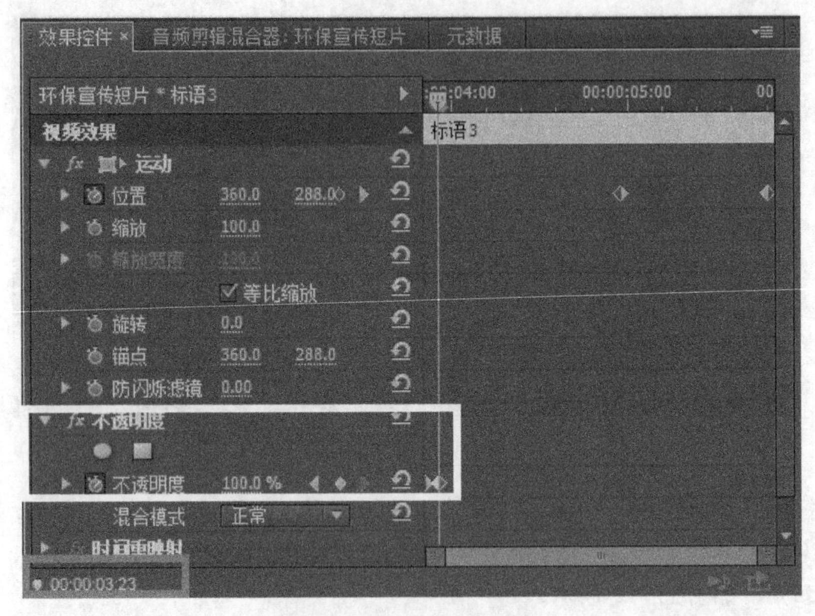

图17–26 “不透明度”设置

（37）打开“效果”面板，选择“视频过渡”|“擦除”|“带状擦除”特效，将其拖放到V1轨道上的“废气排放.jpg”与“曾经.jpg”之间，过渡效果如图17–28所示。

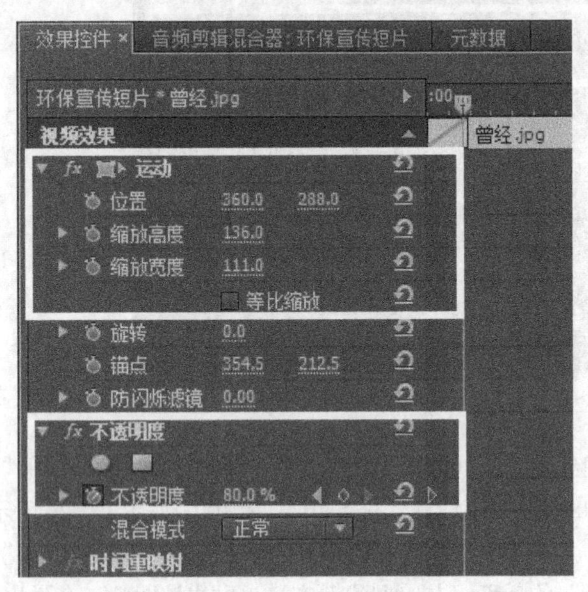

图17–27 “运动”和“不透明度”设置

图17–28 “带状擦除”设置

（38）将时间线移至00:00:09:00处，选中“图片”素材箱中的“曾经.jpg”，拖放到“时间轴”窗口的V2轨道上（素材起始时间与时间线对齐），右击该图片，在弹出的菜单中选择“速度/持续时间”命令，在“剪辑速度/持续时间”对话框中，将“持续时间”设为00:00:04:24。

（39）打开“效果控件”面板，展开“运动”选项，设置“位置”为（360，288），不勾选“等比缩放”，设置“缩放高度”为136，“缩放宽度”为111。

(40) 打开“效果”面板，选择“视频效果”|“图像控制”|“黑白”特效，将其施加于 V2 轨道上的“曾经.jpg”。

(41) 选择“视频效果”|“颜色校正”|“亮度与对比度”特效，将其施加于 V2 轨道上的“曾经.jpg”，设置“亮度”为 80，如图 17–29 所示。

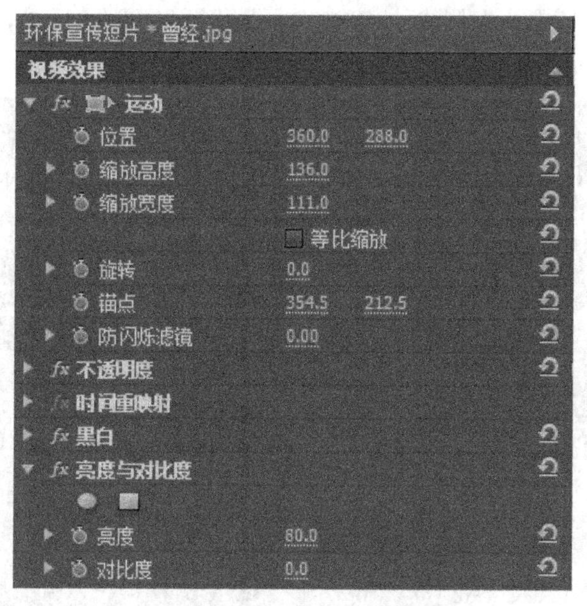

图17–29　“亮度与对比度”设置

(42) 选中“项目”窗口中的“静态字幕”素材箱，选择“字幕”|“新建字幕”|“默认静态字幕”命令，在弹出的对话窗口中，将“名称”设为“曾经的”，在弹出的字幕编辑器中，输入文本“曾经的”。“X 位置”“Y 位置”“字体”“字体大小”和“颜色”等属性值可根据个人喜好设置，效果如图 17–30 所示。

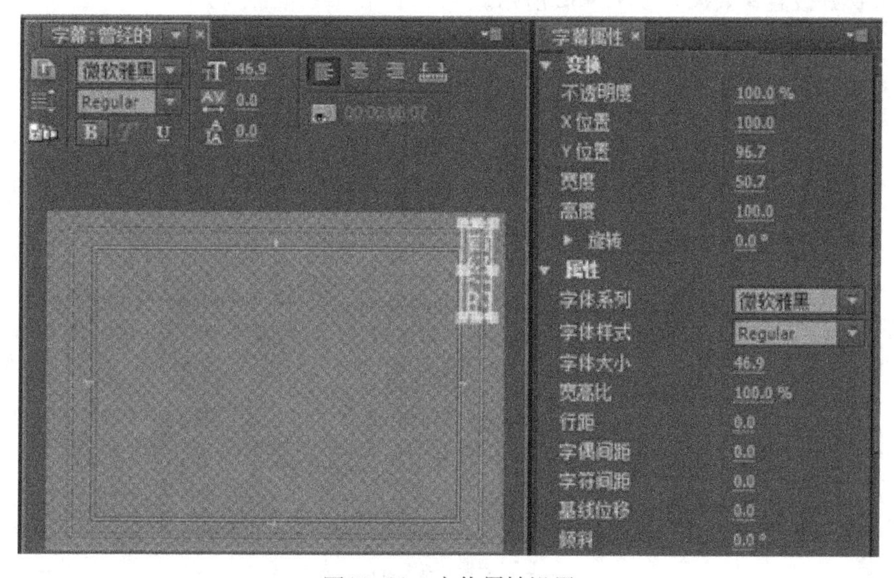

图17–30　字体属性设置

（43）将时间线移至00:00:06:04处，将字幕“曾经的”拖放到V3轨道上（与时间线对齐），右击该字幕，在弹出的菜单中选择“速度/持续时间”命令，在“剪辑速度/持续时间”对话框中，将“持续时间”设为00:00:02:21。

（44）选中字幕“曾经的”，打开“效果空间”面板，展开“运动”选项，设置“位置”为（380，270），单击“位置”左侧的秒表，将时间线移至00:00:06:12处，设置“位置”为（245，390），如图17–31所示。

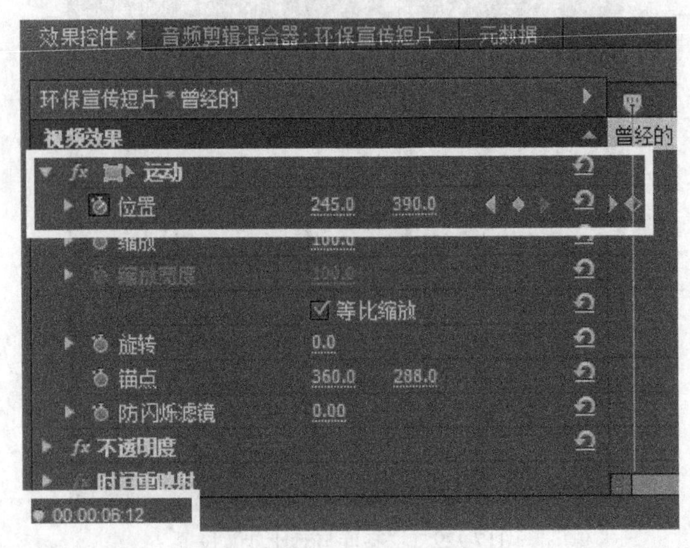

图17–31 “位置”设置

（45）选中“项目”窗口中的“静态字幕”素材箱，选择“字幕”|“新建字幕”|“默认静态字幕”命令，在弹出的对话窗口中将“名称”设为“线”，在弹出的字幕编辑器中选择“直线工具”，绘制一条垂直的白线，“线宽”设为2，“高度”设为197.8，“X位置”、“Y位置”等属性值可根据个人喜好设置，效果如图17–32所示。

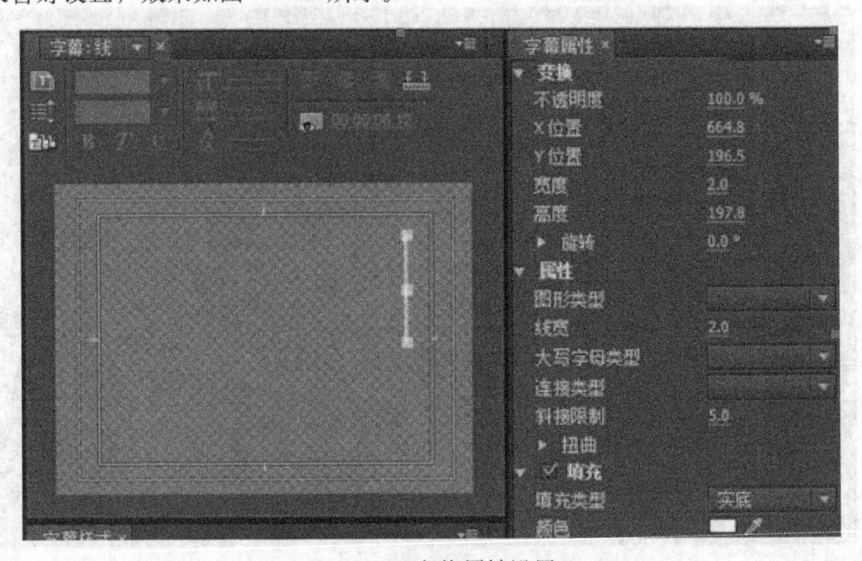

图17–32 字体属性设置

（46）将时间线移至00:00:06:12处，将字幕“线”拖放到V4轨道上（与时间线对齐），右击该字幕，在弹出的菜单中选择“速度/持续时间”命令，在“剪辑速度/持续时间”对话框中，将“持续时间”设为00:00:02:13。

（47）选中字幕“线”，打开“效果空间”面板，展开“运动”选项，设置“位置”为（281，298）。

（48）选择“视频效果”|“变换”|“裁剪”特效，将其施加于字幕“线”，设置“裁剪”的“底对齐”为84，“羽化边缘”为0；将时间线移至00:00:07:00处，设置“裁剪”的“底对齐”为63，“羽化边缘”为90，如图17-33所示。

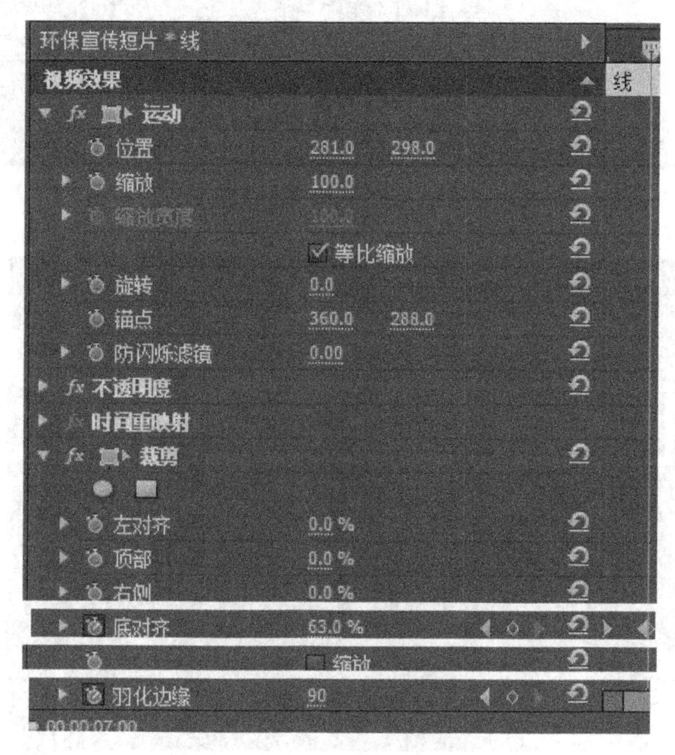

图17-33　“裁剪”参数设置

（49）选中“项目”窗口中的“静态字幕”素材箱，选择“字幕”|“新建字幕”|“默认静态字幕”命令，在弹出的对话窗口中，将“名称”设为“蓝天白云”，在弹出的字幕编辑器中，输入文本“蓝天白云”。“X位置”“Y位置”“字体”“字体大小”和“颜色”等属性值可根据个人喜好设置，效果如图17-34所示。

（50）将时间线移至00:00:07:00处，将字幕“蓝天白云”拖放到V5轨道上（与时间线对齐），右击该字幕，在弹出的菜单中选择“速度/持续时间”命令，在“剪辑速度/持续时间”对话框中，将“持续时间”设为00:00:02:00。

（51）选中字幕“蓝天白云”，打开“效果空间”面板，展开“运动”选项，设置“位置”为（177，420），展开“fx不透明度”选项，设置“不透明度”为0，单击“添加/移除关键帧”按钮；将时间线移至00:00:07:10处，设置“不透明度”为100，如图17-35所示。

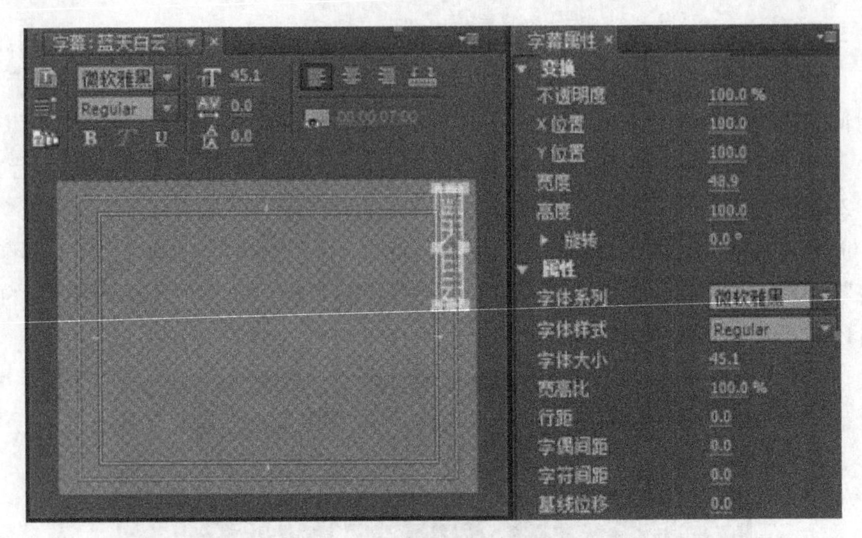

图17–34　字体属性设置

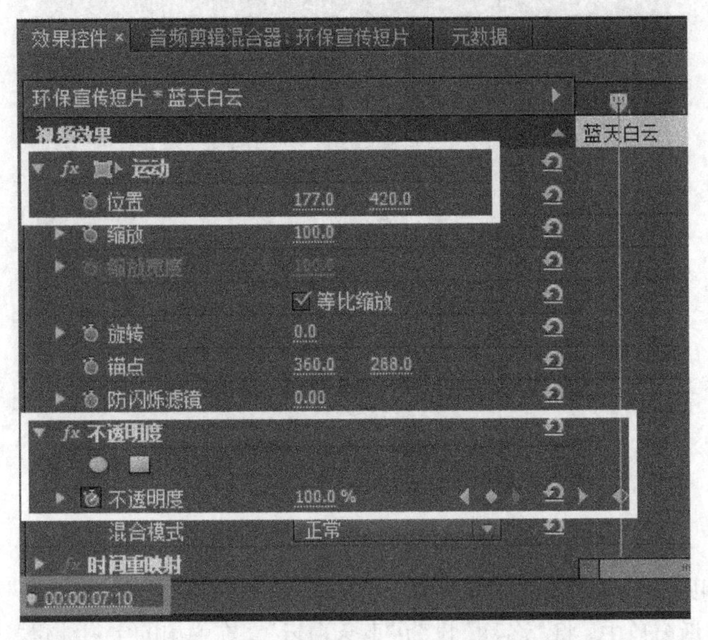

图17–35　“位置”和“不透明度”设置

（52）将时间线移至00:00:07:00处，将字幕“线”拖放到V6轨道上（与时间线对齐），右击该字幕，在弹出的菜单中选择“速度 / 持续时间”命令，在“剪辑速度 / 持续时间”对话框中，将“持续时间”设为00:00:02:00。

（53）选中字幕“线”，打开“效果空间”面板，展开“运动”选项，设置“位置”为（214，350）。

（54）选择“视频效果”|“变换”|“裁剪”特效，将其施加于V6轨道上的字幕“线”，设置“裁剪”的“底对齐”为85，“羽化边缘”为0；将时间线移至00:00:07:12处，设置“裁剪”的“底对齐”为63，“羽化边缘”为90，如图17–36所示。

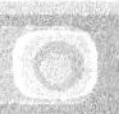

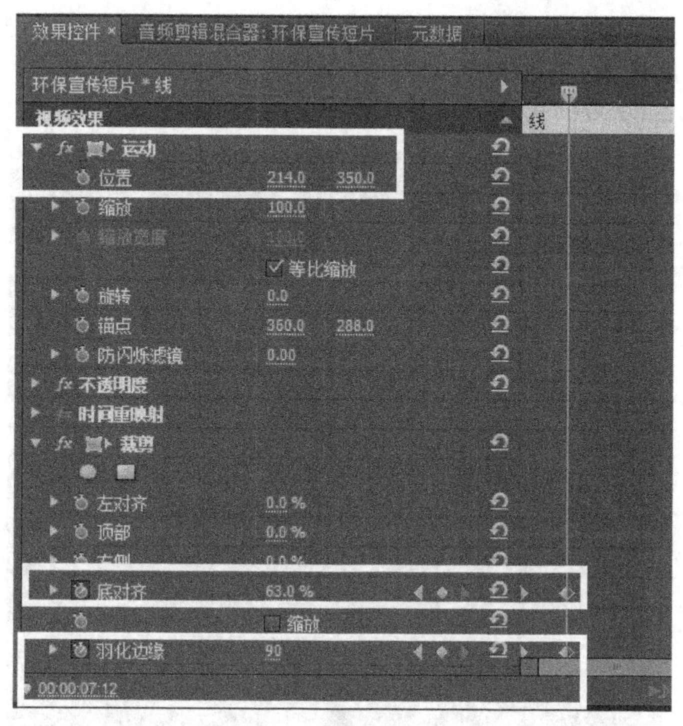

图17–36 “裁剪”参数设置

(55) 选中“项目”窗口中的“静态字幕”素材箱，选择“字幕”|“新建字幕”|“默认静态字幕”命令，在弹出的对话窗口中，将“名称”设为“秀美山川”，在弹出的字幕编辑器中，输入文本“秀美山川”。“X位置”“Y位置”“字体”“字体大小”和“颜色”等属性值可根据个人喜好设置，效果如图17–37所示。

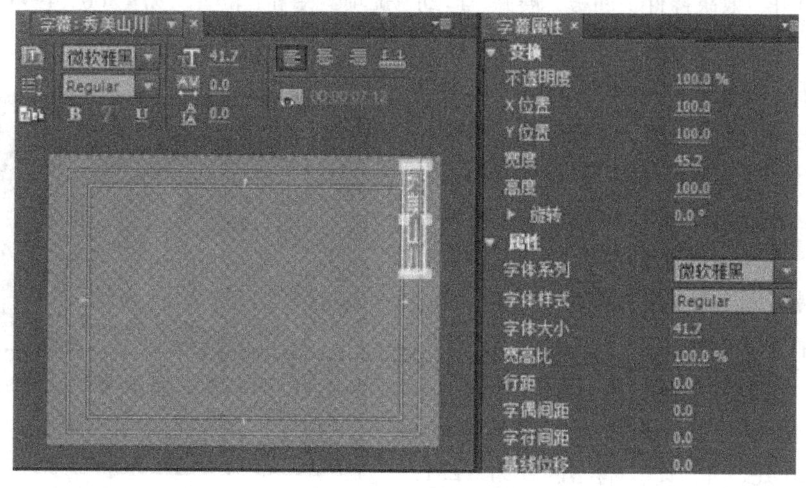

图17–37 字体属性设置

(56) 将时间线移至00:00:07:12处，将字幕“秀美山川”拖放到V7轨道上（与时间线对齐），右击该字幕，在弹出的菜单中选择“速度/持续时间”命令，在“剪辑速度/持续时间”对话框中，将“持续时间”设为00:00:01:13。

（57）选中字幕“秀美山川”，打开“效果空间”面板，展开“运动”选项，设置“位置”为（114，452），展开“fx 不透明度”选项，设置“不透明度”为0，单击“添加 / 移除关键帧”按钮；将时间线移至00:00:07:22处，设置“不透明度”为100，如图17–38所示。

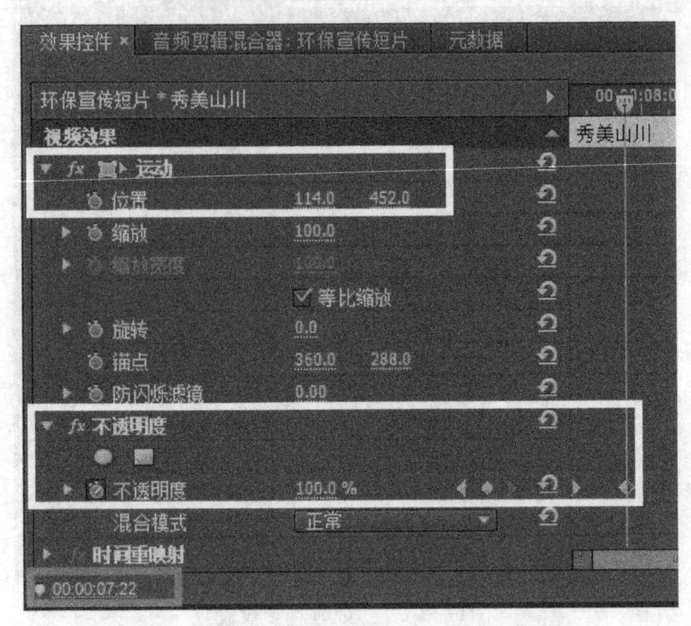

图17–38　“位置”和“不透明度”设置

（58）将时间线移至00:00:09:00处，选中“图片”素材箱中的“矩形 .png”，拖放到“时间轴”窗口的V3轨道上（素材起始时间与时间线对齐），右击该图片，在弹出的菜单中选择“速度 / 持续时间”命令，在“剪辑速度 / 持续时间”对话框中，将“持续时间”设为00:00:03:05。

（59）打开“效果控件”面板，展开“运动”选项，设置“位置”为（360，499），不勾选“等比缩放”，设置“缩放高度”为50，“缩放宽度”为213，如图17–39所示。

（60）将时间线移至00:00:12:05处，选中“图片”素材箱中的“吊牌 .jpg'”，拖放到“时间轴”窗口的V3轨道上（素材起始时间与时间线对齐），右击该图片，在弹出的菜单中选择“速度 / 持续时间”命令，在“剪辑速度 / 持续时间”对话框中，将“持续时间”设为00:00:01:19。

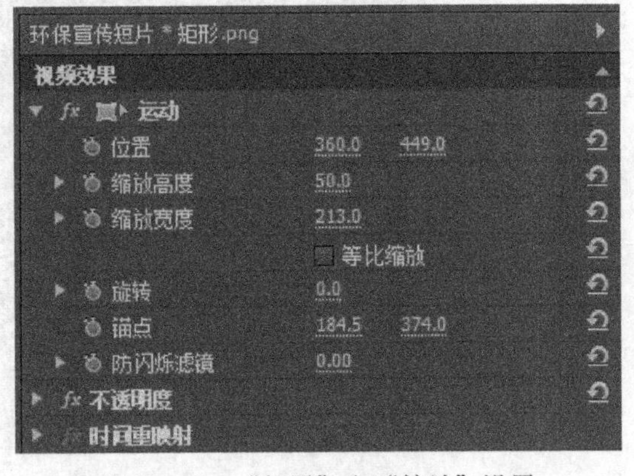

图17–39　“位置”和“缩放”设置

（61）打开“效果控件”面板，展开“运动”选项，设置“位置”为（231，–185），然后单击“位置”左侧的秒表；将时间线移至00:00:12:20处，设置“位置”为（231，203）；将时间线移至00:00:13:03处，单击“添加 / 移除关键帧”按钮，添加一个关键帧；将时间线移至00:00:13:23处，设置“位置”为（231，–185），如图17–40所示。

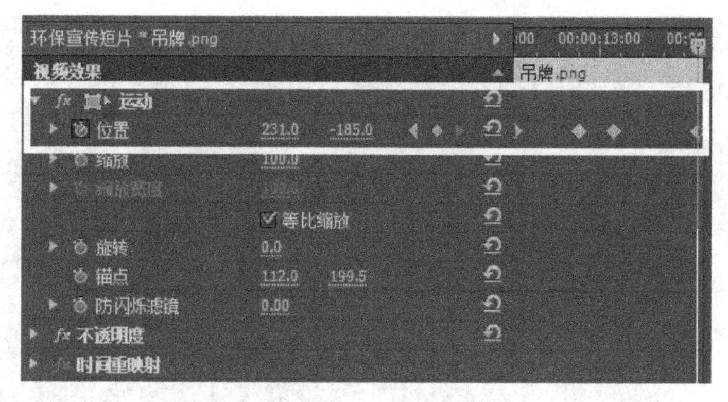

图17–40　“位置”设置

(62) 将时间线移至00:00:09:00处，选中“图片”素材箱中的“沙漠化.jpg”，拖放到“时间轴”窗口的V4轨道上（素材起始时间与时间线对齐），右击该图片，在弹出的菜单中选择“速度 / 持续时间”命令，在“剪辑速度 / 持续时间”对话框中，将“持续时间”设为00:00:03:05。

(63) 打开“效果控件”面板，展开“运动”选项，设置“位置”为（–190，420），然后单击“位置”左侧的秒表；将时间线移至00:00:09:15处，设置“位置”为（190，420）；展开“fx不透明度”选项，设置“不透明度”为50，单击“添加 / 移除关键帧”按钮；将时间线移至00:00:09:16处，设置“不透明度”为100，如图17–41所示。

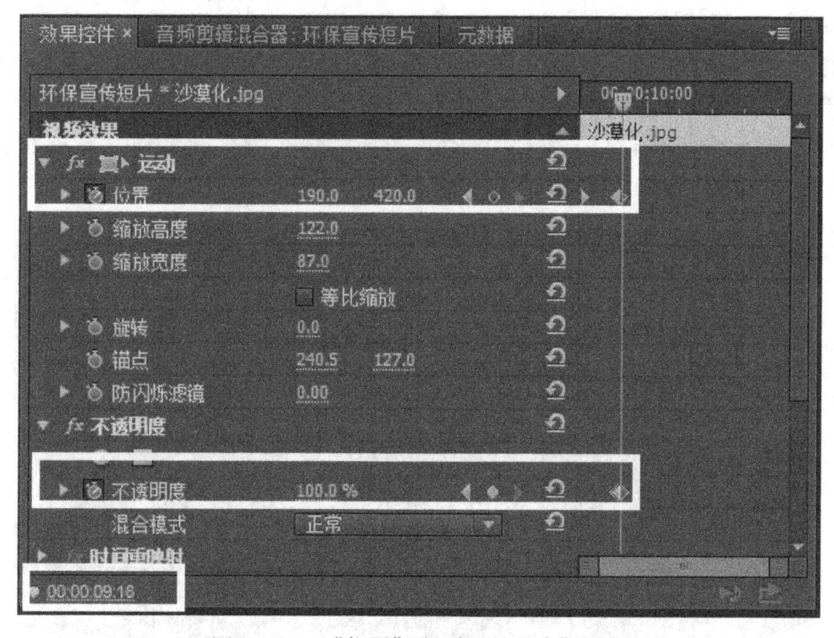

图17–41　“位置”和“不透明度”设置

(64) 选中“项目”窗口中的“静态字幕”素材箱，选择“字幕”|“新建字幕”|“默认静态字幕”命令，在弹出的对话窗口中，将“名称”设为“标语4”，在弹出的字幕编辑器中，输入文本“赶紧行动 拯救家园”。“X位置”“Y位置”“字体”“字体大小”和“颜色”等属性值可根据个人喜好设置，效果如图17–42所示。

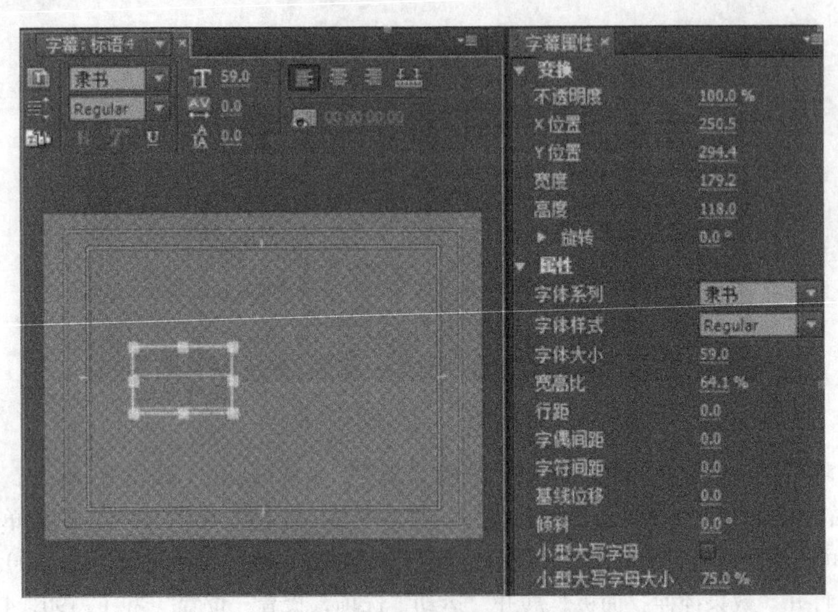

图17-42　字体属性设置

（65）将时间线移至00:00:12:05处，将字幕“标语4”拖放到V4轨道上（素材起始时间与时间线对齐），右击该图片，在弹出的菜单中选择“速度/持续时间”命令，在“剪辑速度/持续时间”对话框中，将“持续时间”设为00:00:01:19。

（66）打开“效果控件”面板，展开“运动”选项，设置“位置”为（360，−55），然后单击“位置”左侧的秒表；将时间线移至00:00:12:20处，设置“位置”为（360，280）；将时间线移至00:00:13:03处，单击“添加/移除关键帧”按钮，添加一个关键帧；将时间线移至00:00:13:23处，设置“位置”为（360，−55），如图17-43所示。

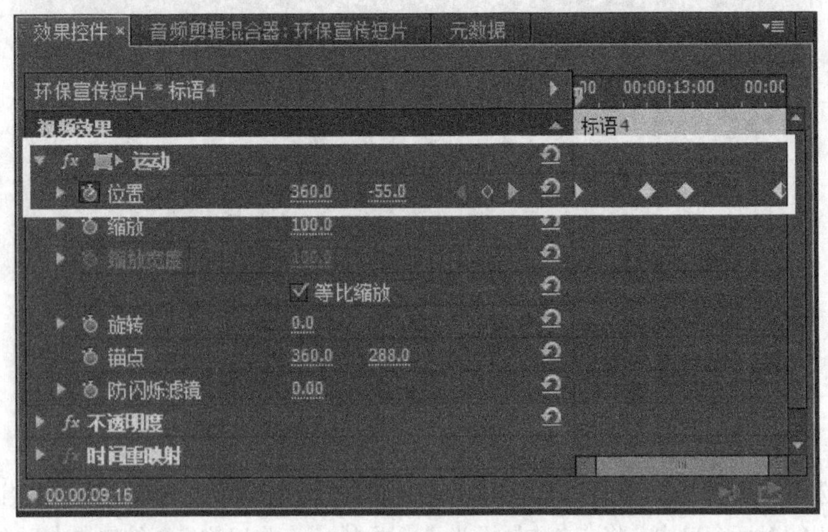

图17-43　“位置”设置

（67）将时间线移至00:00:09:15处，选中“图片”素材箱中的“良田干涸.jpg”，拖放到“时间轴”窗口的V5轨道上（素材起始时间与时间线对齐），如图17-44所示，右击该图片，在弹出的菜单中选择“速度 / 持续时间”命令，在“剪辑速度 / 持续时间”对话框中，将“持续时间”设为 00:00:02:15。

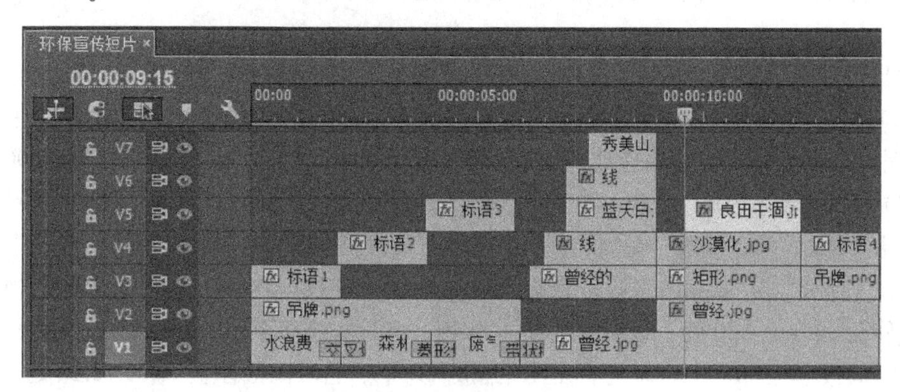

图17–44　“时间轴”窗口

(68) 打开“效果控件”面板，展开“运动”选项，设置“位置”为（188，419），单击“位置”左侧的秒表，不勾选“等比缩放”，设置“缩放高度”为 86，“缩放宽度”为 77，展开“fx 不透明度”选项，设置“不透明度”为 0，单击“添加 / 移除关键帧”按钮。将时间线移至 00:00:09:20 处，设置“位置”为（558，419），设置“不透明度”为 100。

(69) 打开“效果”面板，选择“视频效果”|“图像控制”|“黑白”特效，将其施加于 V5 轨道上的“良田干涸 .jpg”。

(70) 选择“视频效果”|“颜色校正”|“亮度与对比度”特效，将其施加于 V2 轨道上的“良田干涸 .jpg”，设置“亮度”为 –60，如图 17–45 所示。

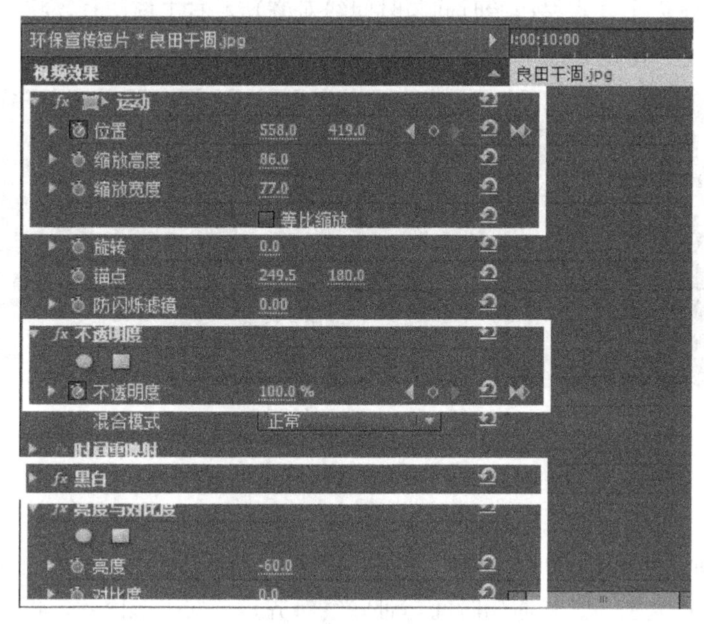

图17–45　“亮度与对比度”设置

(71) 将时间线移至 00:00:13:24 处，选中“图片”素材箱中的“憧憬 .jpg”，拖放到“时间轴”窗口的 V1 轨道上（素材起始时间与时间线对齐），右击该图片，在弹出的菜单中选择“速

度 / 持续时间”命令，在“剪辑速度 / 持续时间”对话框中，将“持续时间”设为 00:00:03:00。

（72）打开“效果控件”面板，展开“运动”选项，设置“位置”为（360，288），设置“缩放”为 32。

（73）将时间线移至 00:00:13:24 处，选中“图片”素材箱中的“树苗 .png”，拖放到“时间轴”窗口的 V2 轨道上（素材起始时间与时间线对齐），右击该图片，在弹出的菜单中选择“速度 / 持续时间”命令，在“剪辑速度 / 持续时间”对话框中，将“持续时间”设为 00:00:03:00。

（74）打开“效果控件”面板，展开“运动”选项，设置“位置”为（−60，350），设置“缩放”为 40，单击“位置”和“缩放”左侧的秒表；将时间线移至 00:00:14:10 处，设置“位置”为（170，350），单击“缩放”的“添加 / 移除关键帧”按钮；将时间线移至 00:00:14:15 处，设置“缩放”50；将时间线移至 00:00:14:20 处，设置“缩放”为 40；将时间线移至 00:00:15:05 处，设置“缩放”为 50；将时间线移至 00:00:15:20 处，设置“缩放”为 40；将时间线移至 00:00:16:10 处，设置“缩放”为 50；将时间线移至 00:00:16:20 处，单击“位置”的“添加 / 移除关键帧”按钮，设置“缩放”为 40；将时间线移至 00:00:16:23 处，设置“位置”为（320，240），设置“缩放”为 0。

（75）将时间线移至 00:00:14:10 处，选中“图片”素材箱中的“树苗 .png”，拖放到“时间轴”窗口的 V3 轨道上（素材起始时间与时间线对齐），右击该图片，将“持续时间”设为 00:00:02:14。

（76）将时间线移至 00:00:14:20 处，选中“图片”素材箱中的“树苗 .png”，拖放到“时间轴”窗口的 V4 轨道上（素材起始时间与时间线对齐），右击该图片，将“持续时间”设为 00:00:02:04。

（77）将时间线移至 00:00:15:05 处，选中“图片”素材箱中的“树苗 .png”，拖放到“时间轴”窗口的 V5 轨道上（素材起始时间与时间线对齐），右击该图片，将“持续时间”设为 00:00:01:09，如图 17−46 所示。

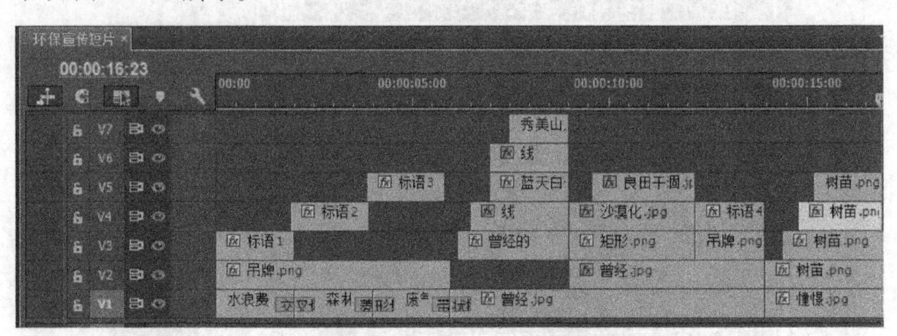

图17−46 “时间轴”窗口

（78）依据步骤 74，分别给轨道 V3、V4 和 V5 上的“树苗 .png”作从上、从下和从右飞入，且忽大忽小的动画，效果如图 17−47 所示。

（79）将时间线移至 00:00:16:24 处，选中“图片”素材箱中的“行动 .jpg”，拖放到“时间轴”窗口的 V1 轨道上（素材起始时间与时间线对齐），右击该图片，将“持续时间”设为 00:00:02:01，打开“效果控件”面板，展开“运动”选项，设置“位置”为（360，288），不勾选“等比缩放”，设置“缩放高度”为 37，“缩放宽度”为 77。

（80）选择“视频效果”|“颜色校正”|“亮度与对比度”特效，将其拖放到 V2 轨道的“行

动.jpg”上，设置“亮度”为 −50，“对比度”为 −30，如图 17−48 所示。

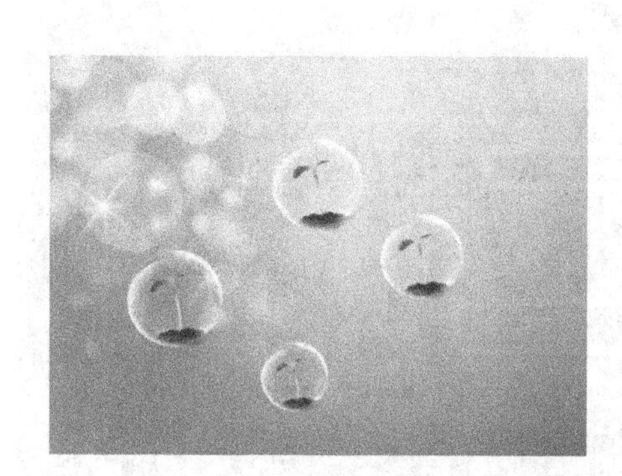

图17−47　“树苗”动画效果

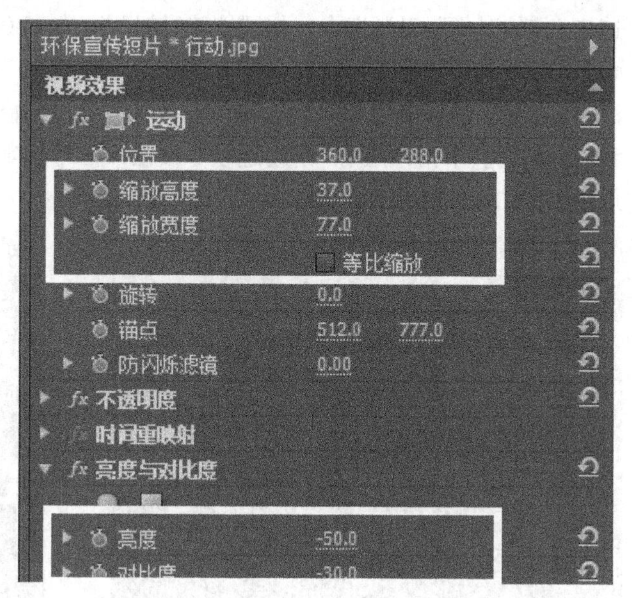

图17−48　“缩放”与“亮度与对比度”设置

（81）打开“效果”面板，选择“视频过渡”|“溶解”|“交叉溶解”特效，将其拖放到 V1 轨道上的“行动.jpg”上。

（82）选中“项目”窗口中的“动态字幕”素材箱，选择“字幕”|“新建字幕”|“默认游动字幕”命令，在弹出的对话窗口中，将“名称”设为“从我开始”，在弹出的字幕编辑器中，输入文本“从我开始”。“X 位置”“Y 位置”“字体”“字体大小”和“颜色”等属性值可根据个人喜好设置，效果如图 17−49 所示。

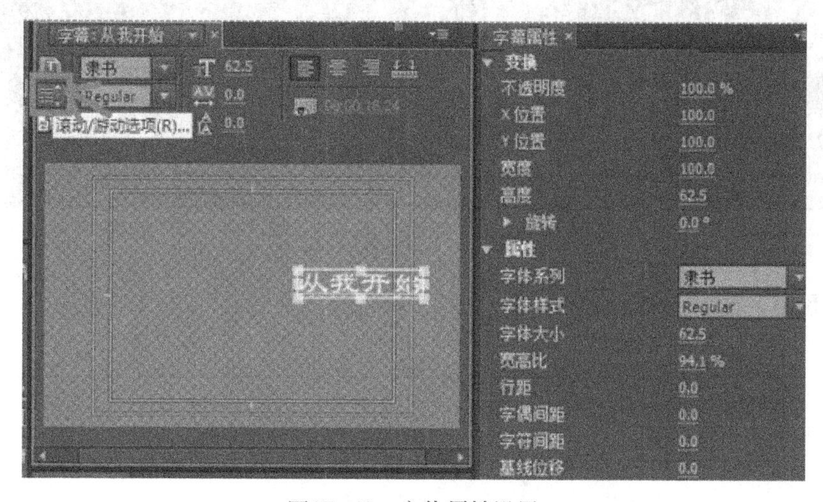

图17−49　字体属性设置

（83）单击“滚动/游动选项”按钮，在对话窗口中，选择“向左游动”和“开始于屏幕外”选项，如图 17−50 所示。

（84）将时间线移至 00:00:16:24 处，将游动字幕“从我开始”拖放到 V4 轨道上（素材起始时间与时间线对齐），右击该图片，在弹出的菜单中选择“速度 / 持续时间”命令，在“剪辑速度 / 持续时间”对话框中，将“持续时间”设为 00:00:02:01。

(85) 选中“项目”窗口中的“动态字幕”素材箱，选择“字幕”|“新建字幕”|“默认滚动字幕”命令，在弹出的对话窗口中，将“名称”设为“从心开始”，在弹出的字幕编辑器中，输入文本“从我心开始”。单击“滚动 / 游动选项”按钮，在对话窗口中，选择“滚动”和“开始于屏幕外”选项，如图 17–51 所示。

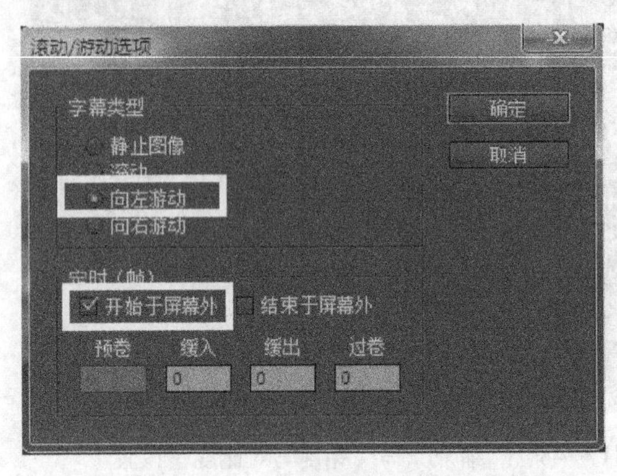

图17–50 “滚动/游动选项”设置

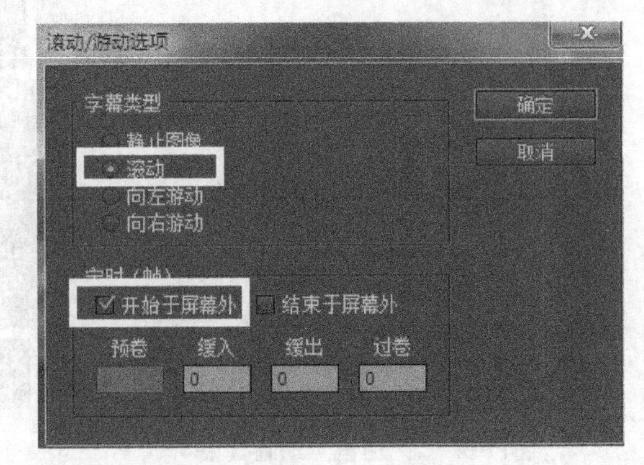

图17–51 “滚动/游动选项”设置

(86) 将时间线移至 00:00:16:24 处，将滚动字幕“从心开始”拖放到 V3 轨道上（素材起始时间与时间线对齐），如图 17–52 所示，右击该图片，在弹出的菜单中选择“速度 / 持续时间”命令，在“剪辑速度 / 持续时间”对话框中，将“持续时间”设为 00:00:02:01。

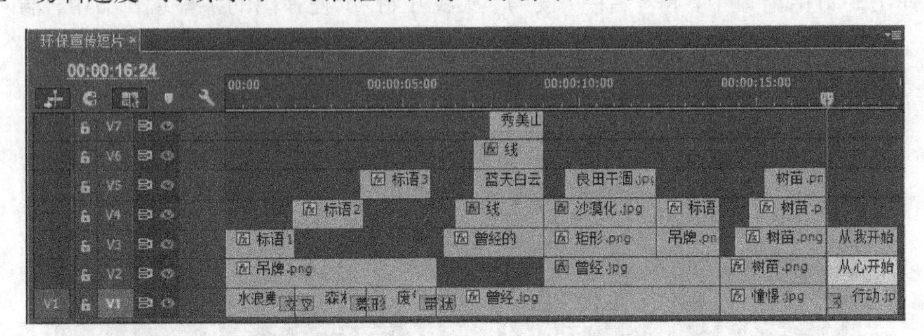

图17–52 “时间轴”窗口

(87) 预览，导出视频。